GONGYE JIQIREN XITONG CAOZUO YU WEIHU

工业机器人
系统操作与维护

郝　飞　　主　编

郝立果　贾亦真　　副主编

化学工业出版社

·北京·

内 容 简 介

本书首先介绍了工业机器人的系统分类、应用及安全防护，在此基础上，介绍工业机器人集成与应用、工业机器人的示教操作、工业机器人的接口组态、工业机器人的结构化编程、工业机器人与PLC综合应用、工业机器人在智能制造系统中的应用，最后介绍工业机器人控制系统的调整与保养。

本书适合从事工业机器人操作和维护等相关工作的技术人员学习，同时适用于工业机器人系统操作员和工业机器人系统运维员等职业资格认定及职业技能培训指导。

图书在版编目（CIP）数据

工业机器人系统操作与维护/郝飞主编．—北京：化学工业出版社，2021.2

ISBN 978-7-122-38133-0

Ⅰ.①工… Ⅱ.①郝… Ⅲ.①工业机器人 Ⅳ.①TP242.2

中国版本图书馆 CIP 数据核字（2020）第 243447 号

责任编辑：宋　辉　　　　　　　　　　文字编辑：毛亚囡
责任校对：李雨晴　　　　　　　　　　装帧设计：王晓宇

出版发行：化学工业出版社（北京市东城区青年湖南街 13 号　邮政编码 100011）
印　　装：三河双峰印刷装订有限公司
787mm×1092mm　1/16　印张 19½　字数 511 千字　2021 年 3 月北京第 1 版第 1 次印刷

购书咨询：010-64518888　　　　　　　售后服务：010-64518899
网　　址：http://www.cip.com.cn
凡购买本书，如有缺损质量问题，本社销售中心负责调换。

定　价：68.00 元

前言

随着工业机器人技术及智能化水平的不断提高，工业机器人已在众多领域得到了广泛的应用。为适应国家产业转型升级和工业机器人产业需求发展，满足不同层次技术与操作人员学习工业机器人相关技术知识和专业技能的需求，编写本书。

本书共8章。第1章进行工业机器人概述，主要包括工业机器人的分类、应用及安全防护；第2章讲解工业机器人集成与应用，主要包括工业机器人的组成与安装、工业机器人的电气连接、工业机器人搬运工作站集成与应用；第3章详细讲解工业机器人的示教操作，包括示教器的结构与操作、工业机器人坐标设定、工业机器人运动指令应用、工业机器人基础逻辑编程；第4章讲解工业机器人的接口组态，包括控制器内部信号与接口关联、系统的外部信号连接与软件组态、物料检测系统的接口组态与应用；第5章讲解工业机器人的结构化编程，包括工业机器人编程语法、结构化编程、典型龙门检测案例应用；第6章讲解工业机器人与PLC综合应用，包括工业机器人与PLC的电气连接应用、工业机器人与PLC的通信应用、机器人码垛案例应用；第7章讲解工业机器人在智能制造系统中的应用，包括工业机器人在机床上下料工作站的应用、工业机器人在产品装配工作站的应用、工业机器人在智能制造工厂的联动应用；第8章讲解工业机器人控制系统的调整与保养，包括工业机器人控制系统的调整、工业机器人控制系统的保养等内容。

本书适合从事工业机器人操作和维护等相关工作的技术人员学习，同时适用于工业机器人系统操作员和工业机器人系统运维员等职业资格认定及职业技能培训指导。

本书由郝飞主编，郝立果、贾亦真副主编，郝飞负责全书的统稿。参加编写的还有孙玲、王林芝、王晶、静燮平、曹建薇、张芳芳、李景哲。其中，王晶编写了第1章，孙玲编写了第2章第1、2节，王林芝编写了第2章第3节，郝飞编写了第3、5章，郝立果编写了第4章，静燮平编写了第6章，曹建薇编写了第7章的第1节，张芳芳编写了第7章的第2节，李景哲编写了第7章的第3节，贾亦真编写了第8章。本书在编写过程中参考了《工业机器人系统操作员》等国家职业技能标准，参考了世界技能大赛机器人系统集成赛项技能标准。本书在编写过程中得到了杨宗强老师、闫虎民老师、肯拓（天津）智能制造有限公司的大力支持与帮助，在此深表谢意！

由于编者水平有限，书中难免有不足之处，敬请读者批评与指正。

编者

目录

283　第 8 章

工业机器人控制系统的调整与保养

第 **1** 章

工业机器人概述

1.1 工业机器人分类

工业机器人是集机械、电子、控制、计算机、传感器、人工智能等诸多学科先进技术于一体的机械电气自动化设备。工业机器人的种类繁多，一般按工业机器人的控制方式、结构坐标系特点以及组成结构等进行分类。

1.1.1 按机器人的控制方式分类

工业机器人按照控制方式可分为非伺服控制机器人和伺服控制机器人。

（1）非伺服控制机器人

非伺服控制机器人是一种单向无反馈的开环机制机器人，主要用在较小型机器人控制领域，其关节伺服控制结构如图1-1所示。这种工业机器人的工作能力比较有限，基本是按照预先设定好的程序顺序进行运行，通过外围限位开关、制动器、插销板以及定序器完成机器人的运动控制。插销板是一种可以调节并且专门用来预先设定机器人的运动顺序的单元模块。定序器是一种定序开关或步进装置，它可以按照预定的顺序接通驱动装置所用的能源。定序器使能源接通后，进行电力变换促使驱动机构执行任务，然后就带动机器人的手臂、腕部和手部等装置运动。当机器人的关节部位移动到由限位开关规定的位置后切换工作状态，定序器接收到此信号并使制动器动作，切断驱动能源，最终机器人停止工作。

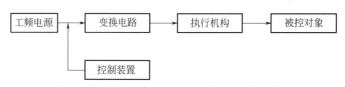

图1-1　非伺服控制机器人关节伺服控制结构图

（2）伺服控制机器人

伺服控制机器人比非伺服控制机器人有更强的工作能力，是一种可以精确跟随及复现某个过程的闭环反馈控制系统，其关节伺服控制结构如图1-2所示。伺服系统的被控制量可以是机器人手部执行装置的位置、速度、加速度以及力矩等物理量。其通过传感器检测到的反馈信号与给定装置的控制信号进行比较运算后得到偏差信号，经过控制电路放大作用后产生的控制信号触发机器人的电机等驱动装置，进而带动机器人的末端执行器以一定规律运动，达到预定的位置或速度。

图1-2　伺服控制机器人关节伺服控制结构图

工业现场应用中，常使用的伺服控制机器人包括点位伺服控制机器人和连续轨迹伺服控制机器人。

① 点位伺服控制机器人

点位伺服控制机器人可以以最快、最直接的路径从一个目标点移动到另一个目标点，在机器人目标点完成响应的操作。点位伺服控制机器人通常用于在终端位置而对目标点之间的路径和速度不进行主要考虑的工业生产现场，如图 1-3（a）和（b）所示为点焊及搬运机器人。

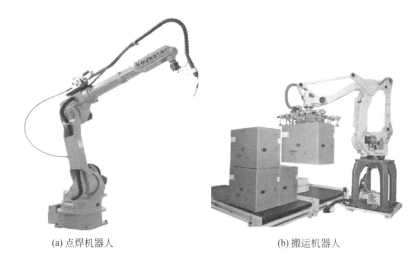

(a) 点焊机器人　　　　　　　(b) 搬运机器人

图 1-3　点位伺服控制机器人

② 连续轨迹伺服控制机器人

连续轨迹伺服控制机器人通过最优化的路径完成曲线轨迹运动。机器人的轨迹通常是某条不在预先编程点停留的曲线路径，其具有良好的控制和运行特性。这种机器人系统中的数据是依据时间采样而不是依据预先规定的空间点进行采样，因此机器人的运行速度较快，功率较小，负载能力也较小。在工业领域中，其主要用于弧焊及喷涂等，具体如图 1-4（a）和（b）所示。

(a) 弧焊机器人　　　　　　　(b) 喷涂机器人

图 1-4　连续轨迹伺服控制机器人

1.1.2　按机器人的结构坐标系特点分类

工业机器人按照结构坐标系可分为直角坐标型机器人、圆柱坐标型机器人、极坐标型机器人以及多关节坐标型机器人。

（1）直角坐标型机器人

直角坐标型机器人的运动轨迹以笛卡儿坐标系为基本数学模型，可同时沿 X、Y、Z 轴进行移动。如图 1-5 所示，其驱动部分通常采用伺服电机、步进电机作为驱动单元；机械传动部分通常采用滚珠丝杠、同步带、齿轮齿条等常用的传动方式，可以实现在三维坐标系中任意一点的位置控制可控的运动轨迹。

图 1-5　直角坐标型机器人

直角坐标型机器人在工业当中通常应用在涂胶、滴塑、喷涂、码垛、分拣、包装、焊接、金属加工、搬运、上下料、装配、印刷等常见的生产领域，它作为一种经济性好、结构简单的自动化机器人系统，可以以很高的性价比来替代人工，提高生产效率，稳定产品质量。

可以根据实际情况，对直角坐标型机器人进行不同的设计。例如，采用的传动方式不同，就意味着机器人的速度和精度不同；生产工艺要求不同，就要求机器人末端的执行装置不同；工业机器人的应用领域不同，就要求机器人的示教编程、坐标定位、视觉识别的工作模式不同。

（2）圆柱坐标型机器人

圆柱坐标型机器人的运动轨迹，类似空间直角坐标系，如图 1-6 所示。空间任一点 M，可看作是在 XOY 平面内，以 r 为半径、φ 为夹角、Z 为变量的数学表达。在以 r、φ、Z 为基本数学模型的三维坐标系中，可以完成任意一点的到达和可控的运动轨迹。

同直角坐标型机器人相比，圆柱坐标型机器人除了保持运动直观性强的优点外，还具有占据空间较小、结构紧凑、工作范围大的特点，如图 1-7 所示。

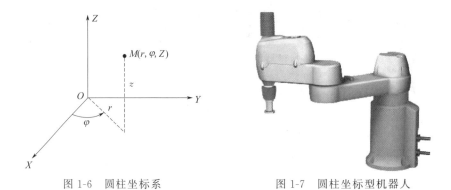

图 1-6　圆柱坐标系　　　　　　　图 1-7　圆柱坐标型机器人

（3）极坐标型机器人

极坐标是一个二维坐标系统。极坐标系也有两个坐标轴：半径坐标 r 和角坐标 θ（有时也表示为 φ 或 t，极角或方位角）。r 坐标表示与极点的距离，θ 坐标表示按逆时针方向坐标距离 0°射线（有时也称作极轴）的角度，极轴就是在平面直角坐标系中的 X 轴正方向。以这种坐标系运动的机器人所形成的轨迹表面是半球面，如图 1-8 所示。

（4）多关节坐标型机器人

多关节坐标型机器人（也称关节手臂机器人或关节机械手臂），由多个可旋转和摆动的机构组合而成。如图 1-9 所示，一般具有 5～6 个自由度。其运动轨迹适用于任何角度，有着很高的自由度。在当今的工业领域中非常常见，可以自由编程，提高生产效率，完成全自动化的工作过程。

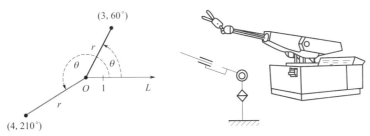

图 1-8　极坐标型机器人

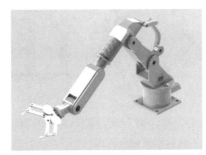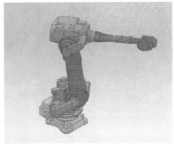

图 1-9　多关节坐标型机器人

1.1.3　按机器人的组成结构分类

工业机器人按照其关节的组成形式可分为串联机器人、并联机器人、混联机器人等形式。

（1）串联机器人

串联机器人是由一系列连杆通过转动关节或移动关节串联形成的一种开式运动链机器人。如图 1-10 所示，各个关节的运动由伺服电机作为驱动单元，从而带动连杆的相对运动，使最终的执行终端到达指定位置。

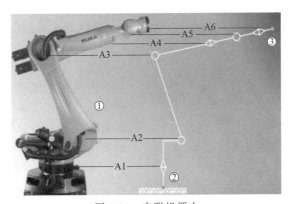

图 1-10　串联机器人

对串联机器人的研究较为成熟，具有结构简单、成本低、控制简单、运动空间大等优点，已成功应用于很多领域，如各种机床、装配车间等。串联机器人的不足之处是运动链较长，系统的刚度和运动精度相对较低，各臂的运动惯量相对较大，因而不宜实现高速或超高速操作。

（2）并联机器人

并联机器人同时具有动平台和定平台，平台间通过至少两个独立的运动支链相连接，每个独立的运动链都以并联的方式同时驱动，运动平台和运动支链之间构成一个或多个闭环机构，通过改变各个支链的运动状态，从而实现多自由度控制。它和串联机器人在应用上构成互补关系。

如图1-11(a)、(b)、(c)和（d）所示，其中末端执行件为动平台，与定平台之间由若干个运动支链连接。每一个运动链可以独立控制其运动状态，其中运动支链的形式可以为移动副或转动副，可实现多自由度的并联。

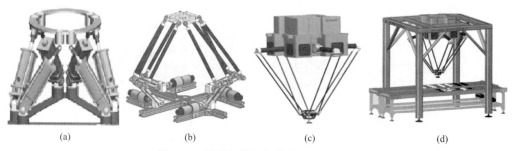

| | | | |
| (a) | (b) | (c) | (d) |

图1-11　并联机器人机构的原理及应用

并联机器人具有几大特点：

① 无累积误差，精度较高；

② 伺服驱动装置可置于定平台上或接近定平台的位置，这样动平台的重量轻、速度高、动态响应好、刚度高、承载能力大；

③ 整体结构紧凑，工作空间较小但工作范围宽；

④ 并联机构的对称性特点，体现了其具有较好的各向同性。

根据这些特点，并联机器人在工业领域中常用于需要高刚度、高精度或者大载荷而无须很大工作空间的领域。

（3）混联机器人

混联机器人其实是对并联机器人结构的一种补偿和优化，它以并联机器人为基础，在其机构中嵌入多个自由度的串联机构，构成了一个复杂的联动系统。作为一种新兴结构，此类机器人在继承了并联机器人的诸多优点的同时也拥有了串联机器人运动空间大、控制简单、操作灵活等特性，且末端执行器也多用于高运动精度控制的场合。实际生产生活中，在食品、医药、3C、日化、物流等行业中其承担理料、分拣、转运外，凭借多角度拾取优势扩大了工业机器人的应用范围。

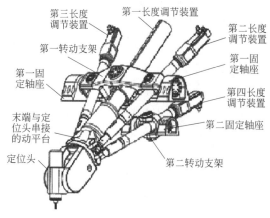

图1-12　混联五轴机器人的组成

混联机器人常见有3P-2R和3P-3R（R表示转动副，P表示移动副）两种组成结构。

常见混联五轴机器人组成如图1-12所示，混联五轴由3P-2R结构组成，即由三自由度（3P）的并联机构与二自由度（2R）的串联机构组成。这种组合形式结合了并联机构的快速处理、高精度与串联机构末端位姿灵活的特点，其拾取的物料既可沿平行方向 X 轴±360°放置，也可沿竖直方向 Y 轴±90°翻转放置。其运动范围覆盖上半曲面。

另一系列混联六轴由 3P-3R 结构组成，如图 1-13 所示，即由三自由度（3P）的并联机构与三自由度（3R）的串联机构组成，这种组合形式在保持了原有并联机构特点之外，增加了串联机构末端拾取物品位姿随机、末端摆放自由灵活、理料与分拣双工艺结合的特点，实现了更大空间的运行。

图 1-13 勃肯特 HD-1200 混联六轴机器人

若在串联机构末端加上 3D 相机成像技术，将物料的视觉信息转换成三维空间内的位置与角度判断，这样，机器人就可以实现对叠加的物料进行快速整理，同时开拓了更多应用场景。

混联机器人集合了串联机器人运动空间大及并联机器人高速高精度的优势，其特点在于应用中可以实现六自由度抓取放置，机器人运动范围更灵活。

混联机器人的应用场景更加丰富，能更加有效地结合市场需求，满足客户个性化定制需要，同时可建立独有的工业领域自动化系统解决方案。

1.2 工业机器人应用

工业机器人最早应用于汽车制造行业，代替人从事车身焊接、喷漆、搬运等工作。现在，随着工业机器人技术的发展和应用范围的延伸，工业机器人主要应用于以下几个方面。

① 恶劣工作环境及危险工作 在铸造锻压车间等危险作业环境中、核工业等有害身体健康的作业环境中或各种危险性因素很大的作业环境中，利用工业机器人替代人工作业。

② 特殊作业场合和极限作业 在火山地质勘探、深海环境研究、外太空探索等极限作业领域，可利用机器人来执行采集样本、环境探索、回收卫星等工作。

③ 自动化生产领域 前面提到早期的工业机器人大都应用于汽车制造行业中的焊接、喷漆等作业中。随着柔性自动化技术的出现，机器人在自动化生产领域扮演了更重要的角色。

1.2.1 焊接机器人

焊接机器人是指工业机器人末端夹持焊接工具（焊枪），严格按照焊接轨迹，以一定的焊接速度进行焊接作业。通过严格的路径规划，可以保证焊接质量的一致性和稳定性。此外，操作者可以远离焊接场地，减少了有害烟尘对工人的侵害，改善了劳动条件，减轻了劳动强度。

焊接机器人主要由机器人和焊接设备两部分组成。机器人由机器人本体和机器人控制柜（也称为控制箱）组成，其中包括机器人控制系统、传感系统等。而焊接部分，则由焊接电源、送丝机、焊枪（钳）等部分组成，如图 1-14 所示。

焊接机器人分为点焊机器人和弧焊机器人。

（1）点焊机器人

点焊是将被焊物体放置在两个柱状电极之间，给电极通电，使被焊物在电极接触处被加热、熔化形成熔核。电极断电后进行加压，使熔核在压力下凝固结晶，形成组织致密的焊点，如图 1-15 所示。

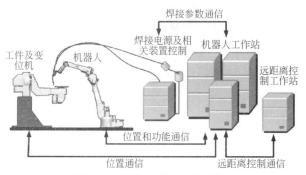

图 1-14　焊接机器人系统结构

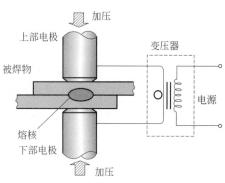

图 1-15　点焊原理

图 1-16　点焊机器人

点焊只需对焊钳进行精确的点位控制，至于焊钳在点与点之间的移动轨迹没有严格要求，这也是机器人最早用于点焊的原因。点焊对焊接机器人的运动精度要求不是很高，但是要求有足够的负载能力，而且在点与点之间移位时速度要快捷，动作要平稳，定位要准确，以减少移位的时间，提高工作效率，一种典型的点焊机器人见图 1-16。

点焊机器人通常采用气动焊钳。气动焊钳两个电极之间的打开程度受到气缸冲程的限制，且一旦给电极加压，压力值是不能随意变化的，这样就使气动焊钳的应用受到制约。

为了避免气动焊钳的缺陷，可采用伺服驱动的焊钳，如图 1-17 所示。这种焊钳的两个电极之间的打开与闭合，由伺服电机驱动，并由编码器反馈。这样就使焊钳的张开程度随被焊工件的实际情况调整，而且电机间的压力值也可随时调整。

在汽车制造企业中，汽车底盘、座椅骨架、液力变矩器等关键零部件的焊接均由焊接机器人完成。小型轿车的后桥、车架、悬架、减振器等受力安全零件的焊接大都以 MIG（熔化极气体保护电弧焊）焊接工艺，以搭接、角接接头形式为主。MIG 焊接工艺几乎可以焊接所有的金属，尤其适合焊接铝及铝合金、铜及铜合金以及不锈钢等材料，焊接过程中几乎没有氧化烧损，只有少量的蒸发损失，冶金过程比较简单。应用机器人焊接后，大大提高了焊接件的外观和内在质量，并保证了质量的稳定性和降低了劳动强度，改善了劳动环境。

(a) C形焊钳   (b) X形焊钳

图 1-17 焊钳形式

点焊机器人的特点：

点焊机器人焊接部分的焊接变压器装在焊钳后面，所以变压器必须尽量小型化。当采用容量较小的变压器时，可以用 50Hz 工频交流电；当需要容量较大的变压器时，可采用逆变技术把 50Hz 工频交流变为 600～700Hz 交流，也可以再进行二次整流，用直流电焊接。

（2）弧焊机器人

弧焊是以电弧作为热源，利用空气放电的物理现象，放电所产生的热量熔化焊条和工件，并将其冷却凝结在一起的过程，如图 1-18 所示。

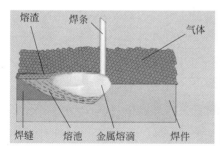 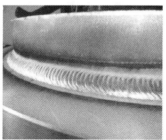

图 1-18 弧焊原理

机器人进行弧焊作业时的过程比点焊要复杂得多，焊枪的运动轨迹、姿态、焊接参数都需要精确控制，所以对弧焊用机器人的功能要求更高。

当弧焊机器人沿"之"字形焊接轨迹作业或进行小直径圆焊缝焊接时，要求既要贴近示教轨迹，又要具备摆动焊的功能，使机器人能够精准地停顿在每一个摆动周期，以满足工艺要求。此外，其还应具备接触寻位、自动寻找焊缝起点位置、电弧跟踪及自动再引弧功能等。

目前应用于工业领域的大部分弧焊机器人都配有焊缝自动跟踪和熔池状态控制系统，可对环境的变化进行一定范围的适应性调整。除了汽车行业外，在通用机械、航空航天、机车车辆及造船行业都有应用，一种典型的弧焊机器人如图 1-19 所示。

当前，焊接生产系统柔性化是焊接生产自动化的主要标志之一。以弧焊机器人为主体，末端环节采用多自由度变位机，中间环节利用先进的传感控制设备，以及先进的弧焊电源、精确的焊缝跟踪系统和焊接参数的在线调整，实现整个过程以智能控制为发展方向。

图 1-19　弧焊机器人

图 1-20 是弧焊机器人柔性加工单元，该系统由中央控制计算机、机器人控制器、弧焊电源、焊缝跟踪系统和熔透控制系统五部分组成，各部分由独立的计算机控制，通过总线实现各部分与中央控制计算机之间的双向通信。

采用 6 自由度工业机器人，各关节采用交流伺服电机及驱动器驱动，基于工业 PC 构成机器人控制系统。

弧焊电源采用专用的 IGBT 逆变电源，利用单片机实现焊接电流波形的实时控制，可满足 TIG（非熔化极惰性气体保护电弧焊）和 MIG（熔化极气体保护电弧焊）焊接工艺的要求。

焊缝跟踪系统采用基于三角测量原理的激光扫描式视觉传感器，除完成焊缝自动跟踪外，还同时具备焊缝接头起始点的寻找、焊枪高度的控制及焊缝接头剖面信息的获取等功能。

熔透控制系统是利用焊接熔池谐振频率与熔池体积之间存在的函数关系，采用外加激振脉冲的方法实现 TIG 焊缝熔透情况的实时监测与控制。

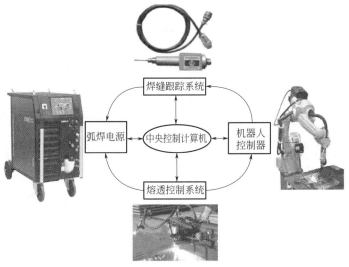

图 1-20　弧焊机器人柔性加工单元

弧焊机器人的特点如下。

① 稳定和提高焊接质量，保证其均一性。采用机器人焊接时，焊缝跟踪系统使每条焊缝的焊接参数都是恒定的，焊缝质量受人的因素影响较小，降低了对工人操作技术的要求。人工焊接时，焊接速度、焊缝轨迹等都是不可控的，因此很难做到焊缝质量的一致性。

② 采用机器人焊接时，工人远离了焊接弧光、粉尘、放射性物质等有害环节，改善了工人的劳动条件。

③ 提高劳动生产率。机器人可以一天 24 小时连续生产，另外随着高速高效焊接技术的应用，使用机器人焊接，效率提高得更加明显。

④ 产品周期明确，容易控制产品产量。机器人的生产效率是固定的，因此安排生产计划非常明确。

⑤ 可缩短产品换代的周期，减小相应的设备投资。机器人可以通过修改程序以适应不同工件的生产。

弧焊机器人的优势如下。

① 弧焊机器人系统优化集成技术：弧焊机器人各个关节的电气驱动部分采用交流伺服电机及驱动器，机械传动部分采用高精度、高刚性的 RV 减速机或谐波减速器，具有良好的低速稳定性和高速动态响应。

② 采用 PLC 控制技术：协调多机器人同时工作和变位机的姿态运动，又能避免焊枪和工件的碰撞。

③ 协调控制技术：为满足焊接时的工艺要求，需要时刻保持焊枪和工件的相对姿态，结合激光传感器和视觉传感器实现焊接过程中的焊缝跟踪，当传感器捕获残余偏差时，将偏差计算后以补偿数据的形式进行机器人的运动轨迹修正，提升焊接机器人对复杂工件进行焊接的柔性和适应性，能保证焊接质量的稳定性。

1.2.2 喷涂机器人

喷涂机器人是可以根据预定的轨迹进行自动喷漆或喷涂其他涂料的工业机器人，也可称为喷漆机器人，如图 1-21 所示。

图 1-21 喷涂机器人

喷涂机器人主要由机器人本体、控制系统、涂料供给系统组成，如图 1-22 所示。机器人本体多采用 5 或 6 自由度关节式结构，手臂有较大的运动空间，并可做复杂的轨迹运动。喷涂机器人的末端环节大都采用柔性手腕，其动作类似人的手腕，既可向各个方向弯曲，又可转动。控制其手腕直径，以便能伸入工件内部，喷涂其内表面。

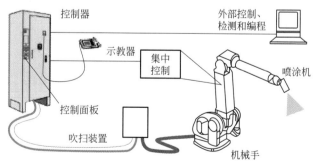

图 1-22 喷涂机器人控制系统组成

目前，大部分的喷涂材料都可被喷涂机器人使用，例如溶剂型喷漆、水质喷漆或粉末材料等。大部分喷涂机器人可以利用仿真程序实现对喷涂的过程进行仿真，以此优化喷漆轨迹，涂料沉积、厚度以及覆盖面。

喷涂机器人一般分为液压喷涂机器人和电动喷涂机器人两类。

液压喷涂机器人多采用六轴多关节式串联机器人，包括一套液压设备，如油泵、油箱和液压马达等。工作时机器人的腰部回转采用液压马达驱动，手臂采用液压缸驱动。末端环节采用柔性手腕结构，由于柔性腕部不存在奇异位形，所以能喷涂形态复杂的工件并具有很高的效率。

电动喷涂机器人每个关节的驱动部分采用耐压或内压防爆结构的高速伺服电机及高性能的伺服驱动器，其惯性小、控制轨迹精度高，具有与液压喷涂机器人完全一样的控制功能且维修保养方便。

1.2.3 装配机器人

装配是产品生产的后续工序，在制造业中占有重要地位，装配机器人是专门为装配工序而设计的工业机器人。装配机器人由机器人本体、机器人控制系统、末端执行器和传感系统组成，是柔性自动化装配系统的核心设备。为适应不同的装配对象，机器人的末端执行器设计成各种形式的手爪和手腕；机器人本体与外围系统其他部件之间的协调动作、与装配对象之间的位置关系，由传感系统来获取，如图 1-23 所示。

图 1-23　装配机器人

装配机器人的任务主要是将一些对应的零件装配成一个部件或产品。比如在汽车装配生产线上，使用装配机器人可以轻松自如地将发动机、后桥、油箱等大部件装配到汽车上，或将车门、仪表盘、挡风玻璃、座椅、轮胎等中小型部件装配到车身上，最终装配成车体，极大地提高生产效率，与一般的工业机器人比较，装配机器人具有控制精度高、柔顺性好、承载能力强、能与其他系统配套使用等特点。

装配机器人进行作业时，除机器人本体、末端执行器、传感器等部件间的相互配合外，还需要与零件供给装置和工件输送装置等外围设备相互配合。

零件供给装置主要有给料器和托盘等，给料器和托盘的作用是将零件按一定精度要求送到指定位置，然后由机器人逐个取出。一般大零件或者容易磕碰划伤的零件放在托盘容器中运输。工件输送装置承担把工件搬运到各个作业地点的任务。

1.2.4 搬运机器人

搬运机器人是专门为自动化搬运作业设计的工业机器人。搬运机器人末端可根据不同形状和状态的工件设计安装不同形式的执行器以完成各种搬运工作，大大减轻了人类繁重的体力劳动，被广泛应用于机床上下料、冲压机自动化生产线、集装箱码垛等需要搬运的场合。

典型的末端执行器分为吸附式和抓取式两种，见图 1-24。

(a) 吸附式　　　　　　　　　　　　(b) 抓取式

图 1-24　搬运机器人末端执行器的形式

搬运机器人有以下主要特点。

① 占地面积少。有利于客户厂房中生产线的布置，并可留出较大的库房面积。机器人可以设置在狭窄的空间，即可有效地使用。

② 结构简单、零部件少。前文中提到的直角坐标型机器人、圆柱坐标型机器人都可以作为搬运机器人，这种机器人的零部件的故障率低、性能可靠、保养维修简单。

③ 适用性强。当客户产品的尺寸、体积、形状及外形尺寸发生变化时只需调整末端执行器的抓取形式，停机时间短，不会影响客户的正常的生产。

1.2.5　AGV 机器人

AGV（Automated Guided Vehicle），又名自动导航车、无人搬运车，见图 1-25。其显著特点是凭借自身的自动导向系统，在不需要人工干预的情况下就能够沿预定的路线自动行驶，将货物或物料从起始点运送到目的地，实现无人驾驶。AGV 一般配备有装卸机构，可以与其他物流设备自动接口，实现货物和物料装卸与搬运全过程自动化。

（1）AGV 的应用领域

① 仓储业

AGV 在仓储业的应用最为广泛，主要用于实现货物的自动搬运，如图 1-26 所示。AGV 的行驶路径可以根据仓储货位要求、生产工艺流程的改变而灵活改变，并且 AGV 的运行路径的改变比传统的输送带或刚性的传送线造价低廉。

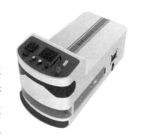

图 1-25　AGV 机器人

② 制造业

AGV 在制造业的生产线中，可以高效、准确、灵活地完成物料的搬运任务，如图 1-27 所示。此外，还可由多台 AGV 组成柔性物流搬运系统，搬运路线可以随着生产工艺流程的调整而及时调整，大大提高了企业的生产效率。

③ 港口、码头和机场

在物流吞吐量极大的场合，例如港口、码头和机场，物品的运送存在着作业量变化大、作业流程经常调整、运送的物品多样性以及运送过程单一性等特点。AGV 的并行作业、自动化、智能化和柔性化的特性能够很好地满足上述场合的搬运要求。

图 1-26　仓储业的应用

图 1-27　制造业的应用

④ 烟草、医药、食品、化工

对搬运作业有清洁、安全、无排放污染等特殊要求的烟草、医药、食品、化工等行业中，AGV 的应用也受到重视。

⑤ 危险场所和特种行业

AGV 也广泛应用于各种危险场所和特种行业中：在军事领域，自动侦察车就是在 AGV 的自动驾驶系统的基础上集成特殊用途的探测功能；在核电站或有核辐射的场所，采用 AGV 运送物品，避免了危险的辐射；在胶卷和胶片仓库，AGV 可以在黑暗的环境中，准确可靠地运送物料和半成品。

（2）AGV 的引导方式

AGV 自身的引导系统是它能够正确地按照预定路径行驶的关键，对 AGV 的引导方式可分为以下几种。

① 电磁感应引导式 AGV

电磁感应引导式的原理就是利用电磁感应。在地面上，沿预先设定的行驶路径埋设电线，当高频电流流经导线时，导线周围产生电磁场，AGV 的底部，左右对称安装有两个电磁感应器，将所接收的电磁信号的强度差异反馈到控制系统，控制系统将这种差异转化为偏差信号来控制车辆的方向，连续的闭环控制能够保证 AGV 对设定路径的稳定自动跟踪。

② 激光引导式 AGV

AGV 上安装有可旋转的激光扫描器，依靠激光扫描器发射激光束，AGV 运行路径沿途的墙壁或支柱上安装有高反光性反射板的激光定位标志，然后 AGV 的控制系统接收由定位标志反射回的激光束，通过内置的数字地图进行对比来校正方位，从而实现自动搬运。

依据类似的引导原理，若将激光扫描器更换为红外发射器或超声波发射器，则激光引导式 AGV 可以变为红外引导式 AGV 或超声波引导式 AGV。

③ 视觉引导式 AGV

该种 AGV 上装有视觉设备和传感器，在控制系统中设置有 AGV 行驶路径和周围环境图像数据库。AGV 行驶过程中，摄像机随时获取车辆周围环境图像信息并传送给控制系统，并与图像数据库进行比较，从而确定当前位置并对下一步行驶路线做出决策。

随着计算机图像采集、储存和图像处理技术的飞速发展，该种 AGV 的实用性越来越强。

④ 光学引导式 AGV

在地面上，按照规划的行驶路线涂上与地面有明显色差的具有一定宽度的漆带，AGV 上装有光敏元件，当 AGV 偏离引导路径时，两套光敏元件检测到的亮度不等，由此形成信号差值，用来控制 AGV 的方向，使其回到预定的引导路径上。光学引导方式的引导信息媒介物比较简单，漆带可在任何类型的地面上涂制，路径易于更改与扩充。

⑤ 路径轨迹推算引导式 AGV

此种 AGV 的引导方式类似于差动仪。信号来自车轮上的光电编码器。将光电编码器的反馈信号转换成 AGV 车轮每一时刻的角度以及沿某一方向行驶过的距离。通过与计算机中存储着距离表的方位信息比较，控制系统就能算出 AGV 的移动方向。

此种引导方式最大的优点在于改动路径布局时，只需改变软件即可；其缺点在于若是车轮在运动过程中产生打滑，会造成控制精度降低，从而影响行驶路径。

1.2.6　其他类型的工业机器人

随着工业机器人技术的发展和配套技术的成熟，工业机器人的应用范围也在不断延伸。

（1）数控加工机器人

把机器人的终端执行器变为具有铣削、钻削、雕刻等功能的主轴系统，配置专业的控制软件，就使机器人成为机加工机床。

机器人本体与数控机床比较，结构完全不一样。但关节型机器人和数控机床一样，具有多轴控制功能，且每个轴的运动都由伺服电机驱动。但是机器人的控制器、编程软件和数控机床的数控系统不一样，因而导致机器人与 CNC 机床的用途不一样。只要实现机器人的控制器和编程软件具有数控机床数控系统的相同功能，机器人就完全具备 CNC 机床所具备的多轴驱动功能，从而使机器人有可能成为数控机床，如图 1-28 所示。

（2）数控机床上下料机器人

数控机床上下料机器人是指对数控机床或产品生产线的加工件进行自动上料、自动下料、自动装夹、自动吹屑，并将加工完成的工件自动放置在料仓，且能连续性动作的自动化装备，完全代替了人工装夹，如图 1-29 所示。

图 1-28　数控加工机器人　　　　　图 1-29　数控机床上下料机器人

数控机床上下料机器人近年来得到数控行业的青睐，同时对数控机床生产线的智能化发展也有重要的意义。根据产品的规格、重量和机床的加工节拍，可以把数控机床上下料机器人分成桁架式机械手与六关节机器人两大类。

① 桁架式机械手：末端执行装置的运行轨迹建立在直角 X、Y、Z 三坐标系统基础上，就像前面提到的直角坐标型机器人。其控制核心通过工业控制器（如 PLC、运动控制、单

片机等）实现。通过控制器对各种输入（各种传感器、按钮等）信号的分析处理，作出一定的逻辑判断后，对各个输出元件（继电器、电机驱动器、指示灯等）下达执行命令，完成 X、Y、Z 三轴之间的联合运动，以此实现一整套的全自动作业流程，如图1-30所示。

② 六关节机器人：针对数控机床自动化生产的要求，采用以六关节机械手为核心自动化单元的解决方案，具备适用性广、灵活多样、协同性强、快速大批量生产等优势，最大程度满足柔性生产工艺的要求，可以满足圆盘类、长轴类、变速箱体、不规则形状、金属板类等工件进行自动上下料、自动翻转、自动检测、自动转序等生产要求，如图1-31所示。

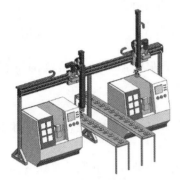 

图1-30　桁架式机械手　　　　图1-31　数控机床上下料机器人（六关节机器人）

（3）喷丸机器人

喷丸的工艺原理是利用高速运动的弹丸流对金属表面进行冲击，使金属表面产生塑性应变层，由此导致该层的显微组织发生有利的变化并使表层引入残余压应力，表层的显微组织和残余压应力是提高金属零件抵抗疲劳断裂和应力变形的两个强化因素，其结果是提高零件的可靠性和耐久性。

飞机、机车、汽车、汽轮机等机械中的一些重要零部件，如弹簧、轴、齿轮、连杆、叶片、轮毂等承受循环交变载荷，容易发生疲劳断裂失效。喷丸强化工艺是提高机器零部件疲劳寿命最为有效的手段。

采用工业机器人进行喷丸作业，可将末端装置改为喷嘴，选用最适合工件的磨料，利用高压气流将磨料喷射到工件表面。调整控制系统，选择适当的压力、喷嘴与工件之间的间隔，以及丸料喷射的正确角度等参数，确保机器人喷丸后，获得较高的表面粗糙度和质量。同时，喷丸机器人可以在艰苦环境中不中断地运作，实现高的工作效率。一种典型的喷丸机器人装置见图1-32。

 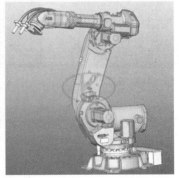

图1-32　喷丸机器人

1.3　工业机器人安全防护

和其他普通自动化设备不同，机器人的机械手臂可以在一定的操作空间移动，很灵活，但同时也具有一定的危险性。机器人出现危险失效时，可能造成设备损坏和工人受伤。

机器人通常与自动化系统的外围设备连接。为了确保工人和机器人本身以及整个外围设备的安全，必须对整个系统采取安全防护措施，如图 1-33 所示。

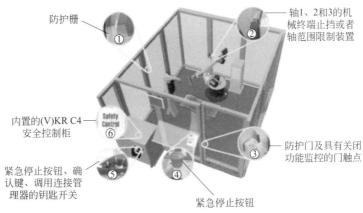

防护栅　①

轴1、2和3的机械终端止挡或者轴范围限制装置　②

内置的(V)KR C4安全控制柜　⑥

防护门及具有关闭功能监控的门触点　③

紧急停止按钮、确认键、调用连接管理器的钥匙开关　⑤

紧急停止按钮　④

图 1-33　机器人工作站安全措施示意图

（1）安全防护装置

① 警示灯和安全标志　用警示灯或警示牌显示机器人正在工作。

② 急停按钮　工业机器人自身的紧急停止装置是位于手持操作器（示教器）上的紧急停止按钮，如图 1-34 所示。在出现危险情况或紧急情况时必须按下此按钮。

图 1-34　手持操作器上的紧急停止按钮

按下紧急停止按钮时，工业机器人的反应如下。

a. 机械手及附加轴（可选）以安全停止 1 的方式（能耗制动，各轴的伺服电机延时抱闸，机器人不会偏离轨迹）停机。

b. 若欲继续运行，则必须旋转紧急停止按钮以将其解锁，接着对停机信息进行确认。

至少要安装一个外部紧急停止装置，以确保即使在示教器已拔出的情况下也有紧急停止装置可供使用。在操作者容易接近的地方安装紧急停止按钮。在接收到紧急停机信号时，控制器会立即停止机器人的运行。在自动模式下，紧急停止功能将通过驱动器的电源达到顺序停止的目的，一旦机器人处于停止状态，驱动器便会断开连接。

如果应对危险情况，需要安置附加急停或者几个急停系统连在一起，它可以使用一个专用接口达到目的。

③ 安全栅栏与安全门锁 在机器人工作站的作业区域设置有保护性围栏（安全栅栏），如图 1-35 所示。这样，仅操作者可以打开围栏进入操作区。设计使围栏打开时，机器人停止工作。

使用安全栅栏，必须具有在 DINEN294、DINEN349 和 DINEN811 中指定的网孔尺寸，必须有足够的高度防止任何人进入，栅栏部分的尺寸必须具有一致性和强度性。栅栏入口的数目必须最小限度地受人控制。安全门锁信号用于锁闭隔离性防护装置（如防护门、防护栅栏），如图 1-36 所示。没有此信号，就无法使用自动运行方式。如果在自动运行期间出现信号缺失的情况（例如防护门被打开），则机器人将以安全停止 1 的方式停机。所有的入口都必须把安全装置和全部的急停系统连接在一起。当围栏门打开时，系统停止运行。

图 1-35 机器人工作站保护围栏

图 1-36 安全门锁

④ 安全光幕 安全光幕由两部分组成，投光器发射出调制的红外光，由受光器接收，形成了一个保护网，当有物体进入保护网，或当从中有光线被物体挡住，通过内部控制线路，受光器电路马上作出反应，即在输出部分输出一个信号用于设备的紧急刹车。在操作人员送取料时，只要有身体的任何一部分遮挡光线，就会导致机器进入安全状态而不会给操作人员带来伤害，如图 1-37 所示。

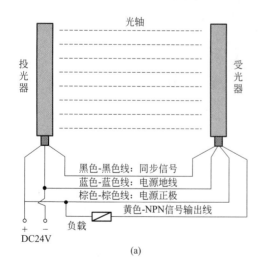
(a)

(b)

图 1-37 机器人工作站安全光幕原理

光幕的控制回路应和急停回路、安全门回路连接在一起，起到安全保护作用。

关于重启后的操作方式，只能选择自动或手动复位，不允许自动启动。

（2）其他安全防护

① 操作人员必须接受专业的培训。

② 操作人员需穿着合适的工装。

③ 运输和安装机器人，应严格按照厂商建议的程序进行，错误的运输和安装可能会使机器人滑落，对工人造成严重的伤害。

④ 机器人安装后的第一次运行，应该限制在低速运转。然后逐渐增加速度，检查机器人的运行情况。

⑤ 操作维护人员在调试、编程时，应在安全区域内操作，并随时准备按下急停按钮。编程调试完成后，应给出相应的文字说明。

⑥ 在维护中，机器人和系统应在断电的状态。

⑦ 在对气动系统进行维护前，应该关闭供压系统并且排放管道内的气体使气压降至零。

第 2 章

工业机器人
集成与应用

2.1　工业机器人的组成及安装

2.1.1　工业机器人的组成

（1）**工业机器人基本组成**

工业机器人总体由机械系统和控制系统两部分组成，主要包括执行机构、驱动部分、控制部分和传感部分。工业机器人的机械系统一般指执行机构，即机器人本体、末端执行器及变位器等。工业机器人的控制系统一般包括控制部分、驱动部分以及传感部分等。机器人的执行机构包括臂部、腕部、手部、腰部及基座部，有的机器人包括行走机构；驱动部分包括动力装置和传动机构，用以使执行机构产生相应的动作，一般由电气、气动及液压驱动装置组成；控制部分（控制器）是按照输入的程序对驱动系统和执行机构发出指令信号，并进行控制，一般由运动控制装置、位置检测装置及示教再现装置组成；传感部分用于采集机器人的内部信息或机器人与外部物体之间的状态关系，一般包括触觉、视觉、听觉、嗅觉、语音识别、逻辑判断及学习装置。工业机器人基本组成如图 2-1 所示。

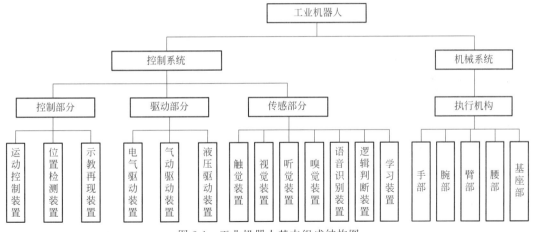

图 2-1　工业机器人基本组成结构图

一般工业机器人在工业现场应用中是一个集网络信息技术、电气电子信息、机械技术、测量传感技术、智能控制技术为一体的闭环控制系统。如图 2-2 所示，其为一机器人控制系统的组成示意图。

（2）**工业机器人系统组成**

作为机器人使用者接触到的实际现场中的基本结构由机械手、控制系统、驱动系统、连接电缆、软件及附件等具体实物部件组成。如图 2-3 所示为 KUKA 工业机器人，在工业现场多使用六轴式自由度运动控制系统设计，一般机械部件采用铸铁结构制造生产。

① **执行机构**

机械手执行机构是机器人赖以完成工作任务的实体，通常由一系列连杆、关节或其他形式的运动副组成。机械手的各关节既可以独立驱动，又相互连接在一起，扭矩变化非常复杂，对刚度、间隙和运动精度都有较高的要求，这些被称为运动链。

如图 2-4 所示为典型机器人机械手结构，主要由手腕、小臂、大臂、平衡配重、腰部及底座足部组成。机器人的手腕用来安装末端执行器，它既可以安装类似人类的手爪，也可以安装焊枪、吸盘、喷漆嘴等各行各业的作业工具；大臂、小臂、腰部可以实现前后左右大范围运动，可以改变机器人作业的方向；底座足部是机器人的支持部分。

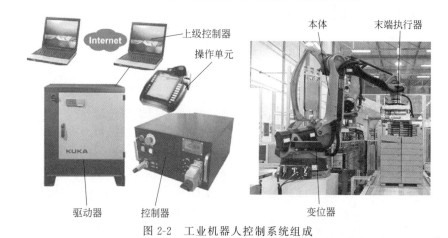

图 2-2　工业机器人控制系统组成

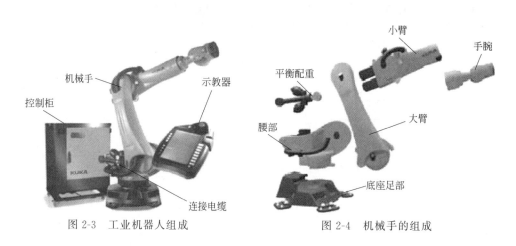

图 2-3　工业机器人组成　　　　图 2-4　机械手的组成

工业机器人配有 3 轴式腕部，包括机器人的四、五及六轴，由安装在小臂背部的三个伺服电机通过联轴驱动。工业机器人的小臂是腕部和大臂之间的连接杆，用来固定四、五及六轴的手轴电机和三轴电机，小臂通过轴 3 的两个电机驱动。大臂是腰部和小臂之间的连接部件，位于转盘腰部两侧的齿轮箱中，由两个电机驱动。转盘腰部有轴一和二的电机，轴一由转盘腰部驱动，转盘内部装有驱动轴一的电机，在背部有平衡配重的轴承座。底座足部是机器人的基座，用螺栓与变位器固定，在底座装有电气设备和拖链系统的接口。

② 控制部分

机器人控制部分作为工业机器人最为核心的部分之一，对机器人的性能有着决定性的影响，在一定程度上影响着机器人的发展。机器人机械系统由伺服电机控制运动，而该电机则由控制系统控制。其主要任务是控制机器人在工作空间中的运动位置、姿态和轨迹、操作顺序及动作的时间等。它同时具有编程简单、可软件菜单操作、友好的人机交互界面、在线操作提示和使用方便等特点。

在机器人控制部分中，上级控制器仅用于复杂系统各种工业机器人设备协调控制、运动管理和编程调试，通常以网络通信的方式与工业机器人控制器进行交互信息。一般工业机器人控制系统中，控制器、操作单元、伺服驱动及辅助控制电路是必不可少的重要部件。

机器人控制器是用于机器人坐标轴位置和运动轨迹控制的装置，输出运动轴的插补脉冲，通常是工业 PLC 等可编程序控制器结构。如图 2-5 所示为工业机器人控制器实物图。

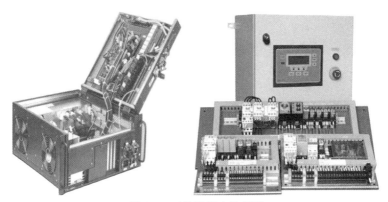

图 2-5　工业机器人控制器

　　工业机器人的操作单元一般指示教编程器，它对操作单元的移动性能和手动性能的要求较高，主要以手持式为主，并且具有良好的人际交互界面。示教器的具体使用在第 3 章详细阐述。控制系统中一般还包括辅助电路，主要用于控制器、驱动系统电源的通断控制及 I/O 接口信号转换。

　　③ 驱动部分

　　工业机器人的驱动部分包括驱动器和传动机构两部分，是向执行机构各部件提供动力的装置，它们通常与执行机构以及控制部分电路连接成一体。驱动器是用于控制器的插补脉冲功率放大的装置，实现驱动电机位置、速度、转矩的控制，一般安装在控制柜内。驱动器通常是把电气、液压以及气动驱动装置结合起来应用的综合系统。常用的传动机构有谐波传动、螺旋传动、链传动、带传动以及各种齿轮传动等。

　　电力驱动具有电源易取得，无环境污染，响应快，驱动力较大，信号检测、传输、处理方便，可采用多种灵活的控制方案，运动精度高，成本低，驱动效率高等优点，是目前机器人使用最多的一种驱动方法。驱动电动机一般采用步进电动机、直流伺服电动机以及交流伺服电动机。如图 2-6 所示为工业机器人驱动系统，由伺服电机和 RV 减速器实现驱动功能。

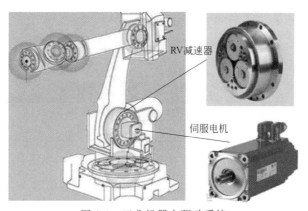

RV减速器

伺服电机

图 2-6　工业机器人驱动系统

　　气动驱动通常由气缸、气阀、气罐、压缩机、气路等组成，主要以压缩空气驱动执行机构进行工作。液压驱动通常由马达、液压阀、油泵、油箱、油缸、回路等组成，主要以压缩液压油来驱动执行机构进行工作。

力觉传感器　环境监测传感器　内部有位置传感器

图 2-7　工业机器人传感器应用

④ 传感部分

机器人传感部分主要包括机器人视觉、触觉、嗅觉、听觉、位置、接近觉、姿态、力觉等传感器。工业机器人根据所完成任务的不同，配置传感器的类型和型号规格也不同，按采集信息的位置可以分为内部和外部两大类传感器。内部传感器是完成机器人运动控制必需的传感器，如机器人的位置、速度的控制；外部传感器是机器人检测工作环境、外部物体状态、机器人与外部物体的关系的器件，如触觉传感器、视觉传感器、温度传感器等。如图 2-7 所示为工业机器人传感器应用。

2.1.2　工业机器人的安装

（1）工业机器人的安装方式

在工业现场中，机器人的安装方式有好多种，一般常见的有地面固定式、地面行走式、吊挂式及吊挂行走式。

① 地面固定式安装

多数机器人工作站采用地面固定式安装，该系统以六轴机器人为中心，外围设备在其周围作环状布置，进行设备件的工件转送。集高效生产、稳定运行、节约空间等优势于一体，适合狭窄空间场合的作业，高刚性的手臂和最先进的伺服技术保证高速作业时运动平稳无振动。利用视觉可实现工件的快速识别与高速取放。如图 2-8 所示为汽车生产线工业机器人地面固定安装方式的应用。

图 2-8　工业机器人地面固定安装方式应用

② 地面行走式安装

一般机器人配置了第 7 轴，可利用扩展地装导轨安装的方式固定机器人，利用行走导轨来进行工件的转送，运行速度快，有效负载大，有效地扩大了机器人的动作范围，使得该系统具有高效的扩展性。

机器人行走轴单元具备多种优势：一是可根据实际使用的需要，对有效行程进行调整（定制）；二是运动由机器人直接控制，不需要增加控制系统；三是其防护性能好，可适用于点焊、涂胶、搬运等行业；四是使用原装伺服电机控制，通过精密减速机、齿轮、齿条进行传动，重复精度高；五是结构简单，易于维护。如图 2-9 所示为生产线产品搬运工业机器人地面行走式安装方式的应用。

③ 吊挂式安装

工业机器人吊挂式具有普通机器人同样的机械和控制系统，区别于地装式工业机器人的是安装在设备上方，有节约地面空间的优点。安装时不需要非常高的车间空间，需要牢靠的上梁即可。如图 2-10 所示为工业机器人吊挂固定安装方式的应用。

图 2-9　工业机器人地面行走式安装方式的应用

图 2-10　工业机器人吊挂固定安装方式应用

④ 吊挂行走式安装

工业机器人吊挂行走安装方式一般有吊挂水平行走安装和吊挂垂直行走安装方式。一般通过工业机器人的第 7 轴扩展安装导轨进行固定工业机器人，具有普通机器人同样的机械和控制系统，和地装机器人拥有同样实现复杂动作的可能。区别于地装式，吊挂行走式的行走轴在设备上方，拥有节约地面空间的优点，且可以轻松适应机床在导轨两侧布置的方案，缩短导轨的长度，方便行车的安装和运行。如图 2-11 所示为工业机器人吊挂行走安装方式的应用。

图 2-11　工业机器人吊挂行走安装方式的应用

（2）工业机器人的安装步骤

工业机器人是精密的机电一体化智能设备，对于运输及安装都有专业的要求，每个品牌的机器人都有专门的安装手册及说明。每一个品牌的机器人安装流程大致相同，具体如图 2-12 所示。

① 检查机器人的安装位置和运动范围

安装工业机器人的第一步就是确认工业现场的空间布局、地面环境和供电电源情况。通

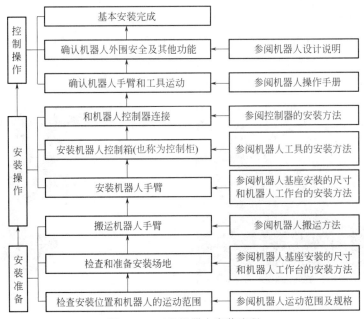

图 2-12　工业机器人安装流程

过设计图纸和机器人手册计算和标出运动范围，确定安装方案。如图 2-13 所示为工业机器人典型安装案例。

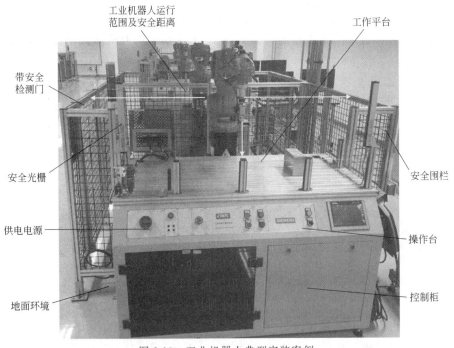

图 2-13　工业机器人典型安装案例

　　a.在工业机器人周围设置安全围栏，保证机器人在最大空间内运动，喷涂、焊接机器人也必须保证安全范围，并且不伤害、不影响周围环境。

　　b.必须安装带安全门锁的安全门。

c. 机器人操作台及控制柜要安装在便于操作的布局内，必须不能受机器人运动干扰及出现异常的影响。

d. 安全围栏设计完全考虑工作环境，并设有安全光栅保护，必须科学合理。

② 检查和准备安装场地

机器人本体的安装要满足如下要求。

a. 当在地面安装机器人时，必须保证地面水平度，保证±2°以内。

b. 地面和安装台必须有足够的强度和刚度，保证机器工作稳定。

c. 保证机器人基座的水平度，遇到不太满足时，需要垫衬使其水平。

d. 工作环境必须在 0~45℃。温度太低，齿轮等机构油脂太大，会产生偏差或者超负荷。

e. 确保安装位置没有处在灰尘、烟雾、腐蚀性气体液体、潮湿的环境中。

f. 确保安装位置没有太大的振动，必要时可安装防振装置。

g. 确保周围环境没有电磁干扰等。

③ 机器人搬运

工业机器人搬运注意事项如下。

a. 当使用起重机或者叉车搬运机器人时，不允许人工支撑机器人设备。

b. 机器人搬运过程中，不要趴在机器人机身上或者站在机器人机身上，避免互相伤害。

c. 安装之前必须放置安装施工标志，断开总电源开关。

d. 启动机器人时，必须确认其安装状态是否异常，正常后接通电源开关，并将机器人的手臂调整到原点，注意在安全防护栏外操作，不要接近机器人。

e. 工业机器人由精密器件组成，搬运时务必不要对机器人有冲击和振动。

f. 用起重机或者叉车搬运机器人时，事先处理障碍物，确保完全送到指定位置。

> **工业机器人搬运的方法：**
>
> 　工业机器人出厂时一般有木箱或者木栏支撑包装，可以用叉车进行搬运。注意叉车对应支撑包装箱的位置、起重机吊绳位置，确保机器人平稳。

④ 工业机器人基座及台架的安装

安装工业机器人的基座时，必须认真阅读工业机器人安装手册，清楚机器人基座的安装尺寸、基座安装的横截面、紧固力矩，需要使用高质量高强度的螺栓通过安装孔极性锁紧固定。如图 2-14 所示为工业机器人固定式基座和移动式基座。

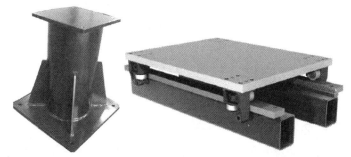

图 2-14　工业机器人固定式基座和移动式基座

安装工业机器人台架时，认真阅读安装连接手册，固定装置包括带固定件的销栓、剑形栓、六角螺栓及碟形垫片。如图 2-15 所示为工业机器人台架安装案例。

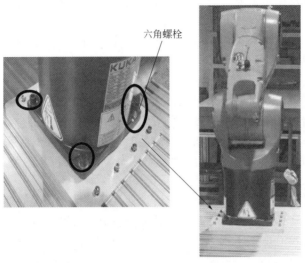

图 2-15　工业机器人台架安装案例

⑤ 机器人控制箱的安装

机器人控制系统安装前不要连接任何线路，所有的开关必须处于闭合状态，防翻架必须固定在机器人控制箱上。

a. 用叉车或者起重机将控制箱缓慢平稳地放置在指定位置。

b. 根据机器人技术安装手册连接机器人本体到控制箱的线路，包括动力线路和信号线路。仔细核对各线路的接口方向，按标准要求插接动力线路和信号线路。如图 2-16 所示为工业机器人控制箱电气安装实例。

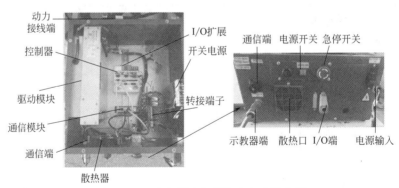

图 2-16　工业机器人控制箱电气安装实例

2.2　工业机器人电气连接

2.2.1　认识工业机器人电气控制系统

工业机器人电气控制系统是工业机器人重要的组成部分，它使工业机器人能够按照一定要求完成规定任务。不同类型的工业机器人的电气控制系统也不尽相同，但是结构基本一致，如图 2-17 所示。工业机器人电气控制系统主要由电源系统、示教单元、伺服驱动器和控制器单元等组成。示教器单元是工业机器人的人机交互系统，操作人员可以通过示教器对机器人发布各种命令、编写控制程序、查看和监控机器人的运行状态等。伺服驱动器是工业机器人伺服电机控制的核心部件，控制器通过收发其脉冲信号来控制伺服电机的运行，从而控制机器人各轴的运动。控制器单元是工业机器人应用当中重要的运算系统，可以与外部各种控制器（如 PLC）协同配合更好地完成任务。工业机器人控制系统是由各部件之间通过电缆等线路连接而成的电气系统，所以必须认识工业机器人的基本电气部件和电气图，才能更好地掌握机器人集成应用技术。

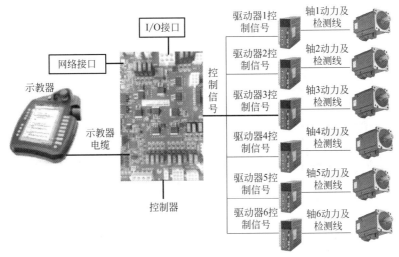

图 2-17　工业机器人电气控制系统结构

（1）工业机器人主要电气部件

①　电源模块　小型工业机器人一般是单相 AC220V 供电，大型工业机器人是三相 AC380V 供电，这两种电源作为动力供电电源。机器人控制器的电源为 DC24V，基本都是使用开关电源部件。开关电源又称交换式电源、开关变换器，是一种高频化电能转换装置，其功能是将一定范围内的交流电源通过不同形式电力转换，最终为用户提供 DC24V 电源。如图 2-18 所示是一开关电源实物，其中 AC 电源输入供电一般为 AC220V，DC24V 电源给机器人控制单元供电（有的机器人为 DC27V 供电），接地保护为系统接地线端子。如图 2-19 所示为一开关电源在机器人控制箱中的应用，开关电源在使用中一般安装在控制箱的外壳上，便于散热，同时远离控制器，仿真高频干扰信号影响控制器正常工作。

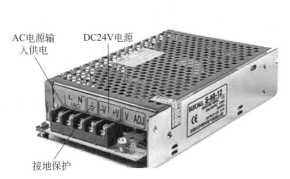

图 2-18　开关电源

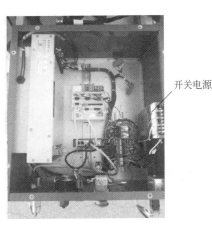

图 2-19　开关电源在机器人控制箱中的应用

② 伺服驱动器　一般的工业机器人有六个伺服电机驱动的轴，这六个伺服电机需要六个驱动器，驱动器的作用是驱动并控制伺服电动机运动，从而控制机器人各轴平稳运动。伺服器又称为"伺服控制器""伺服放大器"，作用类似于变频器作用于普通交流马达，属于伺服系统的一部分，主要应用于高精度的定位系统。一般是通过位置、速度和力矩三种方式对伺服马达进行控制，实现高精度的传动系统定位。大型工业机器人的伺服驱动器模块及其内部结构如图 2-20 所示，主要包括电源及电机接口、编码器接口、通信及信号接口等，其中内部电路板结构由 IGBT 器件、电容、检测电路及控制电路等组成。如图 2-21 所示为一大型工业机器人控制柜中的伺服驱动器应用。

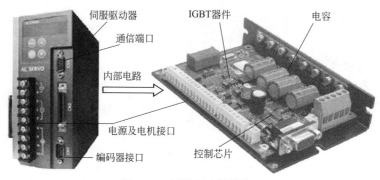

图 2-20　伺服驱动器模块

图 2-21　伺服驱动器在工业机器人系统中的应用

③ 伺服电机　伺服电机主要靠脉冲来定位，即伺服电机接收到 1 个脉冲转子就会旋转 1 个脉冲对应的角度，从而实现高精度位移，所以控制速度、位置精度非常准确。伺服电机的转子转速受输入信号控制并能快速反应，在工业机器人等系统中作为执行元件，且具有机电时间常数小、线性度高等特性，可把所收到的电信号转换成电动机轴上的角位移或角速度输出，当信号电压为零时无自转现象，转速随着转矩的增加而匀速下降。工业机器人的伺服电机用于驱动机器人的关节运动，对功率质量比、扭矩惯量比、高启动转矩等要求较高，所以伺服电机的小体积集成和大功率的应用成为关键技术。一般伺服电机在机器人电气系统的接口包括动力供电接口、检测及控制信号接口，如图 2-22 所示。

动力供电　检测及控制信号
图 2-22　伺服电机及其接口

伺服电机是工业机器人的动力核心，安装在工业机器人的各"关节"处，驱动机器人各关节运动。工业机器人各轴上的伺服电机是将电机本体、安装在电机本体机壳内的抱闸制动装置以及旋转编码器集成在一体的装置，由于抱闸制动装置内置在伺服电机当中，因此常规伺服电机通常都比较长，在机器人本体上占用空间也大，具体如图 2-23 所示。

④ 控制器　控制器作为工业机器人的控制核心，是影响机器人性能的关键部件之一，是根据指令以及传感信息控制机器人完成一定动作或者作业任务的部件。

工业机器人控制器按控制算法的处理方式可分为串行和并行两种结构类型。所谓的串行处理结构，是指机器人的控制算法是由串行机来处理，这种类型的控制器从计算结构和控制方式分为单 CPU 结构、二级 CPU 结构和多级 CPU 结构。目前工业机器人控制器基本都是多 CPU 结构的控制器。多 CPU 结构属于分布式控制方式，采用上、下位机二级分布式结构，上位机负责整个机器人系统的管理、运动学计算、轨迹规划等；下位机由多 CPU 组成，每个 CPU 控制一个关节运动，这些 CPU 和主控机通过总线连接，这种结构 CPU 具有运算

图 2-23　工业机器人本体上的伺服电机

速度快等优点。并行处理结构是指机器人的控制算法是由并行机来处理，采用多 CPU 结构分布式控制，芯片是根据具体算法单独设计的，不利于系统的维护和开发，所以只有在特殊场合使用这种结构的控制器。如图 2-24 所示为通用的基于串行分布式结构的工业机器人控制器，并且多数都为智能控制器。如图 2-25 所示为工业机器人控制器的应用。

图 2-24　通用工业机器人控制器

图 2-25　工业机器人控制器的应用

⑤ 其他电器元件　工业机器人电气控制系统中的电气元件除以上核心器件外，还包括传感器、PLC、按钮、开关、接触器、继电器、断路器、航空插头、I/O 模块、端子及指示灯等元件。这些元件和机器人的控制箱、机器人本体、示教器等通过电气连接构成完整工业

机器人系统。

（2）工业机器人电气连接图

电气连接图为进行装置、设备或成套装置的布线提供各个安装接线图项目之间电气连接的详细信息，包括连接关系、线缆种类和敷设线路。工业机器人电气连接图主要包括机器人动力电路电气连接图、控制电路电气连接图。

① 工业机器人动力电路电气连接图　工业机器人动力电路是指控制柜端口与机器人支架座上端口相连接的电气线路。各种品牌的工业机器人动力电气线路原理基本一致，主要是航空插头的样式和电气线路编号有所区别，其电路主要是伺服电机的动力电缆、机器人编码器数据电缆的连接。如图 2-26、2-27 所示为库卡 KRC4 工业机器电机驱动器到机器人本体的动力端口 X20 的电气连接图，图中 KSP T1~2 为控制柜伺服驱动器接口与外部动力端口 X20 的电气连接，最终连接伺服电机 M1~6 的接线端。

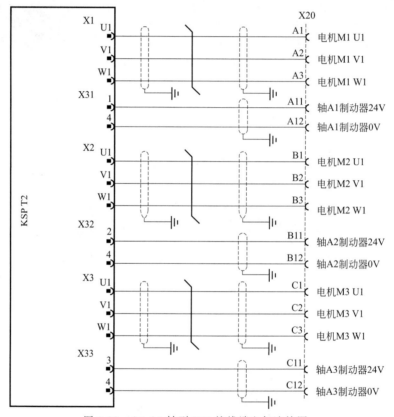

图 2-26　A1-A3 轴到 X20 接线端电气连接图

机器人编码器数据电缆应用于伺服编码系统中，作为编码器信号传输和反馈电缆被广泛使用，主要应用于工业伺服编码器电子系统等。如图 2-28 所示为库卡 KRC4 工业机器人电气控制箱内接口板的编码器数据信号到机器人本体编码器的数据信号端口 X21 的电气连接图，具体表述了信号的连接方式及作用。

② 工业机器人控制电路的电气连接图　工业机器人工作原理基本一致，控制电路主要指机器人控制箱内部控制板 I/O 端口与外部控制 I/O 端口的电路，包括安全接口、通用 I/O 接口电路。如图 2-29 所示为库卡 KRC4 工业机器人控制箱内部控制器的安全接口到外壳安全接口 X11 的电气连接图，详细表达了 X11 插头各引脚的信号流向及具体功能。

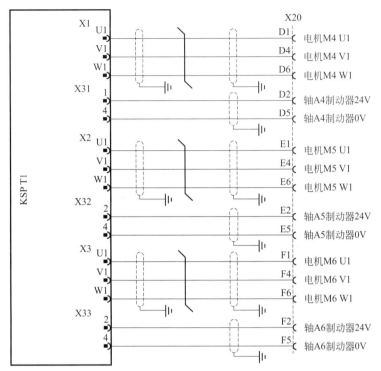

图 2-27　A4-A6 轴到 X20 接线端电气连接图

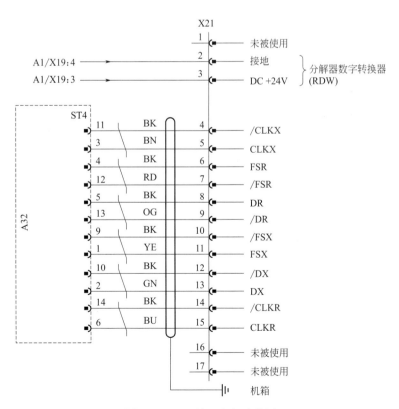

图 2-28　X21 端口电气连线图

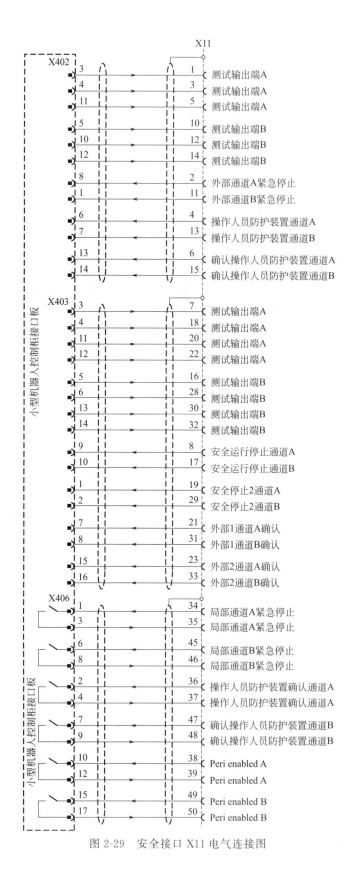

图 2-29　安全接口 X11 电气连接图

工业机器人安全接口主要与外部急停、安全门、安全光栅等信号连接，这些接口一般要接入相应的安全装置，如果确定不需要接入外部安全信号，必须将相应的通道短接。图 2-30 所示为库卡机器安全接口 X11 设置紧急停止装置的电气线路图设计案例。图 2-31 所示为库卡机器安全接口 X11 设置防护门的电气线路图设计案例。需要注意的是在工业机器人可重新启动自动运行模式之前，必须用确认键确认防护门关闭。

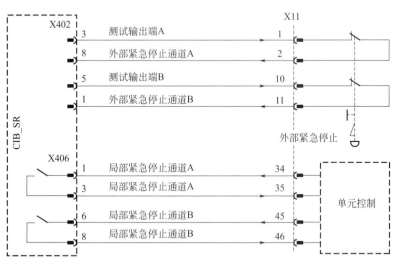

图 2-30　安全接口 X11 与外部紧急停止按钮的电气连接

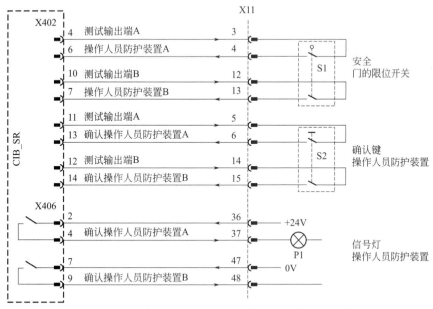

图 2-31　安全接口 X11 与外部防护门信号的电气连接

机器人的通用 I/O 接口一般包括数字量接口、模拟量接口以及通信接口等，是机器人与外部控制信号的连接端口。如图 2-32 所示为库卡工业机器人电气控制箱内接口板的 I/O 端口 X12 与 CTATC-J25-B 控制接线端 TB4、TB5 I/O 接口的电气连接图。TB4 的数字量端口 DO0～7 与 X12 的 1～8 引脚连接，TB4 的数字量端口 DI0～7 与 X12 的 17～24 引脚连接。TB5 的数字量端口 DO0～7 与 X12 的 9～16 引脚连接，TB5 的数字量端口 DI0～7 与

X12 的 25～32 引脚连接。表 2-1 为 X12 端引脚号 1～32 的说明。如图 2-33 所示为西门子 PLC 的 I/O 口和 TB4 的 I/O 端口连接图，这样实现机器人与 PLC 控制的系统电气连接图。

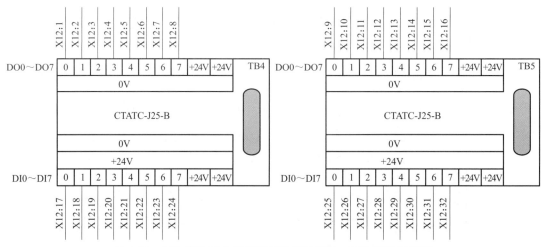

图 2-32　I/O 端口 X12 与外部接线端板 TB4、TB5 的电气连接

表 2-1　库卡机器人 I/O 端口 X12 的引脚说明

引脚	说明	功能	引脚	说明	功能
1	数字输入端 1		17	数字输出端 17 高端	
2	数字输入端 2		18	数字输出端 18 高端	
3	数字输入端 3		19	数字输出端 19 高端	
4	数字输入端 4		20	数字输出端 20 高端	
5	数字输入端 5		21	数字输出端 21 高端	
6	数字输入端 6		22	数字输出端 22 高端	
7	数字输入端 7		23	数字输出端 23 高端	
8	数字输入端 8	参考点 0V	24	数字输出端 24 高端	24V 开关
9	数字输入端 9		25	数字输出端 25 高端	
10	数字输入端 10		26	数字输出端 26 高端	
11	数字输入端 11		27	数字输出端 27 高端	
12	数字输入端 12		28	数字输出端 28 高端	
13	数字输入端 13		29	数字输出端 29 高端	
14	数字输入端 14		30	数字输出端 30 高端	
15	数字输入端 15		31	数字输出端 31 高端	
16	数字输入端 16		32	数字输出端 32 高端	

2.2.2　工业机器人的电气连接

工业机器人的电气连接是机器人集成应用的关键技术技能，主要是技术人员根据机器人电气图纸把控制柜、机器人本体、示教器、传感器及 PLC 等电气部件按照生产工艺标准进行电气线路装配。要进行机器人的电气连接必须了解机器人本体、控制柜及示教器等接口的功能、编号、连接电缆以及电气连接方法等，前面章节介绍了机器人的主要部件、电气连接

机器人TB4(散头线)

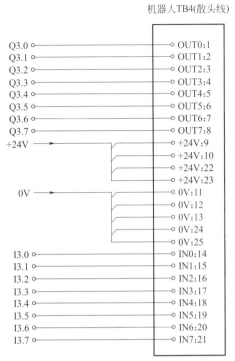

图 2-33　西门子 PLC 的 I/O 端与 TB4 端的电气连接图

图等内容，图中也表述了具体接口的功能，这里不再赘述。下面通过典型案例介绍工业机器人的电气连接。在实际工程中，要进行机器人的电气连接首先要进行机器人部件的实物端口认知，然后根据图纸进行电气线路连接。图 2-34 和图 2-35 分别为库卡 KRC4 工业机器人本体和控制柜电气接线端的具体说明。

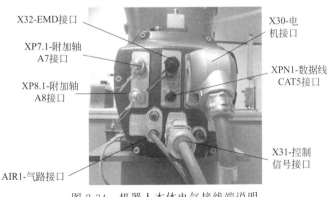

图 2-34　机器人本体电气接线端说明

（1）工业机器人本体与控制柜的电气连接

各品牌工业机器人的机械手本体与控制柜之间是通过专用动力电缆和信号电缆连接的。如图 2-36 所示为库卡工业机器人 KR C4 本体支脚上电气端和控制柜的电气连接。本电气连接通过库卡专用动力电缆和信号电缆连接，插头形式见图中所给。动力电缆两头分别用 X20和 X30 表示，机器人本体和控制柜的动力插座也分别用 X20 和 X30 表示，电缆 X20 插头连接控制柜的 X20 插座，电缆 X30 插头连接机器人本体的 X30 插座。信号电缆两头分别用X21 和 X31 表示，机器人本体和控制柜的信号插座也分别用 X21 和 X31 表示，电缆 X21 插

图 2-35　机器人控制柜电气接线端说明

头连接控制柜的 X21 插座，电缆 X31 插头连接机器人本体的 X31 插座。具体如图 2-37 所示。

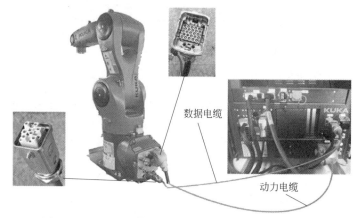

图 2-36　机器人本体支脚上电气端与控制柜的电气连接

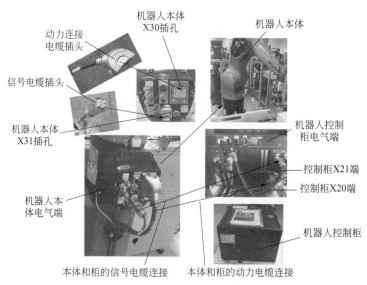

图 2-37　机器人本体和控制柜的电气连接详细示意

（2）工业机器人系统集成的电气连接

工业机器人系统集成的电气连接主要是机器人本体、机器人控制系统、传感检测系统、安全保护系统、外部控制系统（如 PLC）、人机界面及外围部件之间的电气信号连接，从而形成一个完整的工业机器人集成系统，如图 2-38 所示。

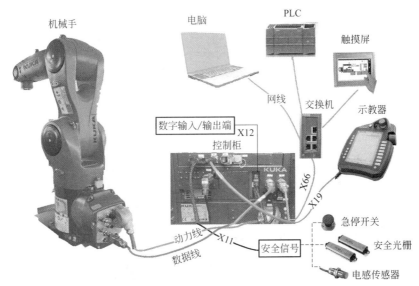

图 2-38　工业机器人集成系统的电气连接

图 2-38 中，动力电缆和数据线连接说明见图 2-36。安全信号电缆的一侧连接机器人的 X11 安全接口，另一侧连接急停开关、安全光栅、电感传感器等安全部件。X19 为控制柜的示教器接口，连接示教器。X66 为以太网通信接口，通过交换机连接到 PLC 控制器、触摸屏、电脑等设备。X12 是工业机器人的 I/O 端口，可以直接连接外部传感器信号、主令电气信号等，也可以直接连接通用控制器的 I/O 端口，参与机器人控制系统的逻辑控制与运算，一般情况下 PLC 的输出端直接连接机器人的输入端，PLC 的输入端直接连接机器人的输出端，或者两者之间通过转接端子等进行电气连接。

2.3　工业机器人搬运工作站集成与应用

工业机器人搬运工作站是工业自动化生产线上典型的机器人集成与应用，主要是由机器人完成工件的搬运，就是将输送线输送过来的待加工工件搬运到加工区域，加工完成后将已加工的工件搬运到仓储区等。

2.3.1　工业机器人搬运工作站的组成

工业机器人搬运工作站主要由工业机器人及控制柜、PLC 控制模块、物料输送系统、物料加工系统、立体仓储系统以及控制按钮部分组成。此集成系统结构框如图 2-39 所示，PLC 作为工业机器人搬运站的控制核心，包括按钮 SB、转换开关 SA、接近传感器、指示灯、线圈、电磁阀、人机界面、工业机器人等部件。前面章节已经详细阐述了工业机器人及其控制系统，本节主要介绍 PLC 控制系统、物料输送系统、物料加工系统、立体仓储系统以及控制按钮等。

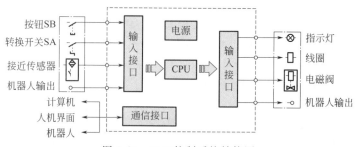

图 2-39　PLC 控制系统结构图

（1）物料运输系统

物料输送系统的主要功能是把上料位置处的工件传送到输送线的末端，以便于机器人搬运，如图 2-40 所示。

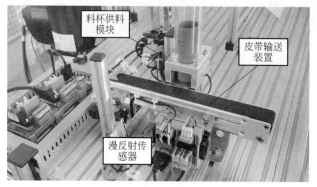

图 2-40　物料运输系统

图 2-40 中所示的料杯供料模块的底部装有对射式光电传感器，用于检测杯中是否有工件，若有工件，下面的气缸动作，将供料杯中的工件推送到传送带上；此时，传送带上的传感器检测有物料后开始发出信号，启动传送带输送工件。输送线的末端也装有光电检测传感器，若检测到传送带的末端有工件，则停止运动，机器人运动到此处夹取工件。传送带总长 360mm、宽度 30mm、距台面高 115mm，由直流减速电机拖动，直流驱动装置调速控制。

如图 2-41 所示为机器人末端执行器——气动夹爪。为配合工件的形状，夹爪设计成圆弧状。夹爪的夹紧/松开的气动控制可由机器人内部的空气接口直接连接。

（2）物料加工系统

物料加工系统是进行物料的加工，由加工设备的气动安全门和气动三爪卡盘组成。如图 2-42 和图 2-43 所示。

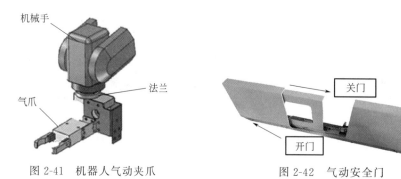

图 2-41　机器人气动夹爪　　　　　图 2-42　气动安全门

当机器人从供料端夹取物料后，回到机器人的"原点"位置，等待安全门打开。安全门的开启/闭合由气缸控制。当安全门打开后，气动三爪卡盘的卡爪松开，此时，机器人将物料送到卡盘处，当气动三爪卡盘夹紧物料，机器人的夹爪松开，机器人退回到"原点"位置后安全门闭合。此时，卡盘上面的加工指示灯在闪烁，意味着此时正在加工元件。机器人在此起着搬运物料的功能。

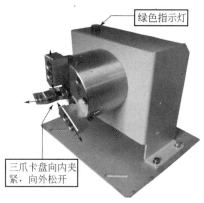

图 2-43　气动三爪卡盘

（3）立体仓储系统

如图 2-44 所示，立体仓库用于存储工件，总长约 320mm、高度约 550mm、共有 3 层 5 列 15 个仓位，其由圆弧形库架、层板、型材基体、椭圆地脚盘等部分组成，可以对料块种类进行分布式存储，实现机器人码垛和柴垛的应用。库层的间距、高度可根据实际需要进行调节。立体仓库装置主要用于放置成品物料，通过改变机器人 X、Y、Z 三轴的坐标可以将物料放在立体仓库的任意位置。

当卡盘上面的加工指示灯停止闪烁，意味着此时加工完毕。安全门打开，机器人移动到卡盘处夹持工件，卡盘松开，机器人退回到"原点"位置后，安全门闭合。然后，机器人将"已加工"好的工件放置到仓库中。

（4）PLC 控制模块

搬运机器人的启动与停止、物料输送系统、加工系统的运行等信号的传递均由 PLC 控制实现，可实现机器人手动、自动控制操作，同时触摸屏也可以控制。本系统采用西门子 S7-1500PLC 作为核心，其控制板上还有断路器、接触器、工业交换机、安全继电器、中间继电器和开关电源等部件。技术人员根据电气图纸把这些部件固定在箱体位置上，然后按工艺标准完成 PLC 控制系统的集成，如图 2-45 所示。

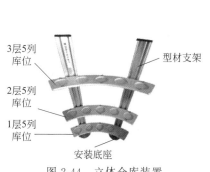

图 2-44　立体仓库装置

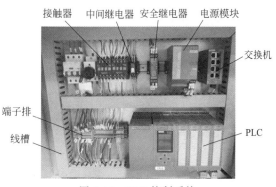

图 2-45　PLC 控制系统

以上是机器人搬运工作站的主要组成部分，实际应用中还包括安全系统、操作站系统。安全系统主要由安全门、急停开关、光栅、安全继电器等组成。操作站系统主要由按钮、触摸屏等组成。

2.3.2　工业机器人搬运工作站的电气设计

工业机器人搬运工作站的电气设计主要是根据系统的组成和功能进行。本系统是以西门子 S7-1500 PLC 为控制核心，所有设计都是围绕 PLC 往外进行电气设计，包括与机器人 I/O

端口的连接设计。

（1）PLC开关量输入电路的设计

PLC开关量输入电路中采用订货号为6ES7 521-1BL00-0AB0的西门子S7-1500 PLC的数字量DI32x24V HF输入模块，其供电电源为DC24V，传感器A-SQ1、A-SQ2、A-SQ3、A-SQ4、B-SQ1和B-SQ2分别连接到开关量模块的I0.2、I0.4、I0.5、I0.6、I1.0和I1.4。按钮SB1和SB2分别连接到I2.0和I2.1上。机器人控制柜的X12接口的开关量输出端17～24信号通过集线器TB4接口模块OUT1～8对应连接到PLC的I3.0～I3.7端口上。详见表2-2所示的I/O分配设计和图2-46所示原理电气图设计。

表 2-2　PLC开关量输入电路的设计

按钮及传感器地址分配				输出接口模块地址分配			
序号	符号	地址	作用	序号	符号	地址	作用
1	A-SQ1	I0.2	仓库检测传感器1	9	OUT1	I3.0	连接机器人X12～17
2	A-SQ2	I0.4	仓库检测传感器2	10	OUT2	I3.1	连接机器人X12～18
3	A-SQ3	I0.5	传送带传感器3	11	OUT3	I3.2	连接机器人X12～19
4	A-SQ4	I0.6	传送带传感器4	12	OUT4	I3.3	连接机器人X12～17
5	B-SQ1	I1.0	安全门传感器1	13	OUT5	I3.4	连接机器人X12～20
6	B-SQ2	I1.4	安全门传感器2	14	OUT6	I3.5	连接机器人X12～21
7	SB1	I2.0	启动按钮	15	OUT7	I3.6	连接机器人X12～22
8	SB2	I2.1	停止按钮	16	OUT8	I3.7	连接机器人X12～23

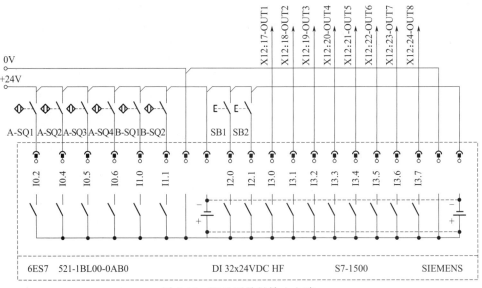

图 2-46　PLC开关量输入电路

（2）PLC开关量输出电路的设计

PLC开关量输出电路中采用订货号为6ES7 522-1BL00-0AB0的西门子S7-1500 PLC的数字量DI32x24V/0.5A ST输出模块，其供电电源为DC24V，直流电机驱动器的F＋1和F－1分别连接到开关量模块的Q0.0和Q0.1。电磁阀A-YV1、B-YV1、B-HL1、B-YV2、B-HL2和B-HL3分别连接到Q0.4、Q1.0、Q1.1、Q1.2、Q1.4和Q1.5上。机器人控制柜的 X12 接口的开关量输入端 1～8 信号通过输入集线器 TB4 接口模块 IN1～IN8 对应连接到 PLC 的 Q3.0～Q3.7 端口上。详见表 2-3 所示的 I/O 分配设计和图 2-47 所示原理电气图设计。

表 2-3　PLC 开关量输出电路的设计

电机驱动器、电磁阀及指示灯地址分配				输入接口模块开关量地址分配			
序号	符号	地址	作用	序号	符号	地址	作用
1	F+1	Q0.0	电机驱动器正转	9	IN1	Q3.0	连接机器人 X12:1
2	F−1	Q0.1	电机驱动器反转	10	IN2	Q3.1	连接机器人 X12:2
3	A-YV1	Q0.4	气动门开	11	IN3	Q3.2	连接机器人 X12:3
4	B-YV1	Q1.0	气动门关	12	IN4	Q3.3	连接机器人 X12:4
5	B-HL1	Q1.1	运行指示信号	13	IN5	Q3.4	连接机器人 X12:5
6	B-YV2	Q1.2	气动夹爪	14	IN6	Q3.5	连接机器人 X12:6
7	B-HL2	Q1.4	停止指示信号	15	IN7	Q3.6	连接机器人 X12:7
8	B-HL3	Q1.5	物料加工信号	16	IN8	Q3.7	连接机器人 X12:8

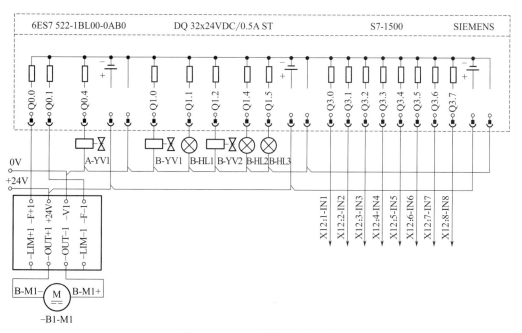

图 2-47　PLC 开关量输出电路

（3）机器人气动夹爪电路的设计

机器人气动夹爪的夹紧与松开由机器人数字量输出信号直接控制，可以根据机器人的具体情况进行组态分配，具体方法后续章节会详解讲解。本系统采用机器人数字量模块 EM8905-1001 I/O 模块实现其控制功能，数字量 OUT17 和 OUT19 分别控制电磁阀 YV1 和 YV2，进行机器人气动夹爪的夹紧与松开。电路设计如图 2-48 所示。

（4）机器人安全接口电路的设计

本章前面内容讲解了机器人安全电路的电气连接电路和设计的注意事项，这里不再赘述。本案例的机器人搬运集成系统安全电路的设计如图 2-49 所示。急停开关 EMG1 和

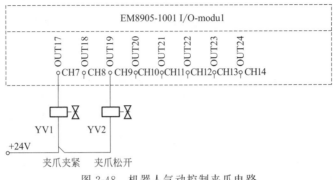

图 2-48　机器人气动控制夹爪电路

EMG2 的常闭点连接到工业机器人安全接口 X11 的 1 号和 2 号引脚、10 号和 11 号引脚。前门锁的 DOOR1、DOOR2 触点串联在接触器 KM3 的常开触点 1 和 2，KM3 常开触点又连接到机器人安全接口 X11 的 13 号和 14 号引脚。前门锁的 DOOR1、DOOR2 触点串联在接触器 KM1 的常开触点 1 和 2，KM1 常开触点又连接到接触器 KM2 的常开触点 1 和 2，KM2 的常开触点最后直接连接到机器人安全接口 X11 的 12 和 13 引脚。具体的工作原理是护栏的安全门没有打开，护栏检测电感传感器检测信号驱动系统中的接触器 KM3 线圈得电，从而使常开触点 1 和 2 闭合；光栅传感器的光幕没有检测信号会驱动系统中的接触器 KM1 和 KM2 的线圈得电，从而使 KM1 和 KM2 的四个常开触点闭合。从而形成一个安全回路给机器人安全接口 X11 端的 13 和 14 号引脚，机器人正常工作，否则机器人就会立即停止工作，处于保护状态。

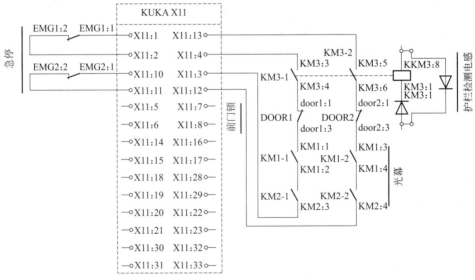

图 2-49　机器人安全接口电路

2.3.3　工业机器人搬运工作站的集成与应用

上述讲解了工业机器人集成系统工作站的组成及电气线路设计等，在此进行工作站集成。工业机器人搬运工作的集成是机械手、机器人控制柜、PLC 控制器、传送带、加工站及外围器件按照工艺生产进行安装固定、电气连接与组态调试，本章主要介绍工作站电气连接与操作应用。如图 2-50 所示为工业机器人搬运工作站。

图 2-50　工业机器人搬运工作站集成与应用

（1）工业机器人搬运工作站的集成

根据前面章节对工作站的各模块及电气线路设计的详细阐述，完成了如图 2-50 所示的工业机器人搬运工作站的集成，具体集成结构如图 2-51 和图 2-52 所示。

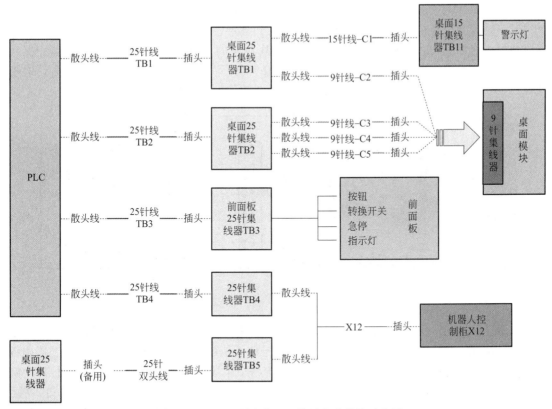

图 2-51　工业机器人搬运工作站集成结构示意图

机器人的电气连接前面章节已经详细讲述，从图 2-51 可以看出，各系统模块通过电缆一侧的散头线连接到本身器件的接线端，电缆的另一侧为集线器插头，插接到集线器模块对应的插座的上，然后电气信号布置到对应的电气弹簧式接线端。各系统模块之间的电气连线

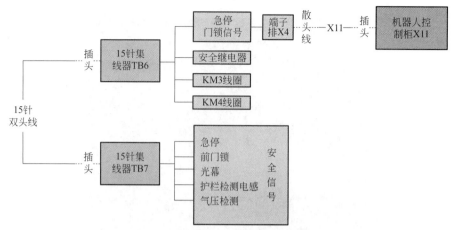

图 2-52　工业机器人搬运工作站安全信号集成结构示意图

是通过桌面集线器模块上的压接端子进行连接，包括 25 针集线器和连接电缆、15 针集线器和连接电缆、9 针集线器等。

① PLC 模块、机器人控制柜与集线器模块的集成连接　系统中 S7-1500 PLC 模块上地址端连接的是 4 根 25 针电缆的散头线，25 针电缆的另一头集线器插头插接到对应的 TB1、TB2、TB3 和 TB4 集线器模块上，通过这样的电气连接方式，把对应 PLC 地址端的 25 针电气线路转接到压接端子上，供其他单元电气接口连接。如图 2-53(a) 所示包括两个 25 针集线器模块，两个 25 针插头分别插在集线器模块对应的 25 针插座上，这样把 PLC 的接线端转接到集线器模块上的接线端子上，图 2-53(b) 所示为集线器模块接线端的定义，清晰地表达了各信号线的对应端子，供搬运站集成系统其他模块进行电气连接。

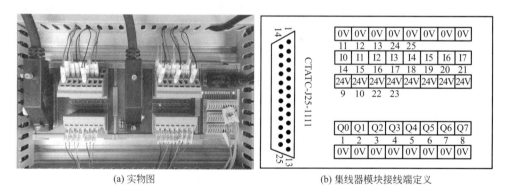

(a) 实物图　　　　　　　(b) 集线器模块接线端定义

图 2-53　25 针集线器模块

如图 2-54 所示，机器人搬运工作站中 TB1 和 TB2 放置于工程应用安装平台左上角，用于 PLC 与各桌面模块间的信号连接；TB3 放置于前面板内部，用于 PLC 与前面板上各按钮和指示灯的信号连接；TB4 放置于前面板内部，用于机器人信号的连接，其中通过 TB4 实现柜门内机器人控制柜 I/O 接线端 X12 与柜门内 PLC 系统的 I3.0～I3.7 和 Q3.0～Q3.7 之间的电气连接。另外，图 2-37 中的 8 入 8 出作为备用接口通过 TB5 和 25 针双头线也引到工程应用安装平台的前面板内部，需要时可更改桌面 25 针集线器相连接的方式，实现机器人跳过 PLC 模块直接与桌面模块进行电气连接。

如图 2-55 所示为 S7-1500 PLC 模块与集线器模块的电气连接方式，打开 PLC 的面板端盖，将 PLC 接线端与电缆的散线头进行连接，电缆的 25 针插头安装在集线器的 25 针

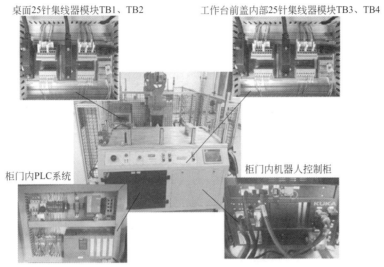

图 2-54 搬运工作站各模块安装位置

插座上。具体信号连接按图 2-56 施工，搬运站集成系统信号的电气连接见 2.3.2 节中的内容。

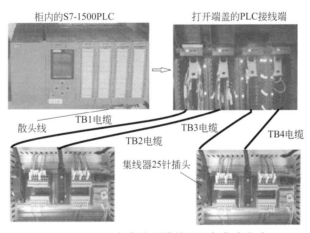

图 2-55 PLC 与集线器模块的电气集成方式

② 按钮指示系统与集线器模块的集成连接 如图 2-57 所示，机器人搬运工作站的按钮及指示灯的电气接线直接接在放置于前面板内部 TB3 集线器模块上的接线端，具体信号见图 2-46。面板上还设有电源总开关、触摸屏等部件，其中电源总开关是控制电网的电源到系统供电的通断作用，触摸屏通过以太网连接到 PLC 模块的交换机上，实现网络通信控制。

③ 传输、加工系统等与集线器模块的集成连接 如图 2-58 所示，传送带输送系统由皮带、直流电机及驱动器、传感器、9 针集线器等模块组成。传感器、驱动器等信号的散头线接到集线器的端子上，然后转接到 9 针插座，最后通过 9 针电缆与桌面的 25 针集线器 TB1 和 TB2 端子连接，完成系统集成布局与连接，见图 2-59 所示。

机器人搬运集成站中的 9 针集线器模块具体说明见图 2-60，C2～C5 具体集成作用见图 2-51。杯料、加工等系统的集成连接方式与传送带一样，如图 2-61 所示桌面集成，这里不再详细阐述。

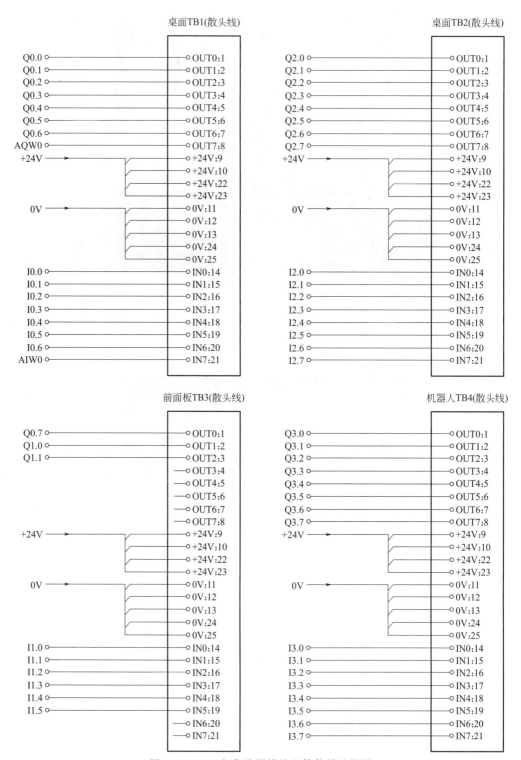

图 2-56　PLC 与集线器模块具体信号连接图

散头线接线说明：借助剥线钳剥下 9 针线一端的外皮，具体尺寸根据实际情况而定。将散头线剥去外皮后套入针形冷压端子并用压线钳压紧。安装时用小号一字螺丝刀压下前端端子的弹簧片，将线头插入圆孔内，松开端子弹簧片，轻拉一下检查导线是否连接牢固。

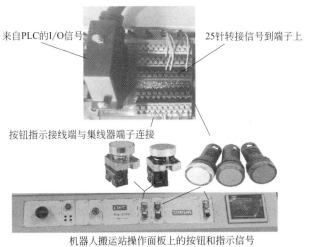

来自PLC的I/O信号　　　　　25针转接信号到端子上

按钮指示接线端与集线器端子连接

机器人搬运站操作面板上的按钮和指示信号

图 2-57　按钮与指示面板与集线器模块的集成连接

传送带输送系统　　　　传感器　　　皮带

电机驱动器　9针集线器　直流电机

图 2-58　传送系统与集线器模块的集成连接

散头线接PLC　　　25针电缆插头　　　　散头线接集　　　　　　9针电缆插头
　　　　　　　　　　　　　　　　　　线器端子

25针电缆　　　　　　　9针电缆

图 2-59　搬运工作站传送系统集成连接

(a) 实物图

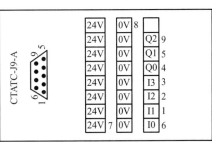

(b) 集线器模块接线端定义

24V	0V	8
24V	0V	Q2 9
24V	0V	Q1 5
24V	0V	Q0 4
24V	0V	I3 3
24V	0V	I2 2
24V	0V	I1 1
24V 7	0V	I0 6

CTATC-J9-A

图 2-60　9针集线器模块

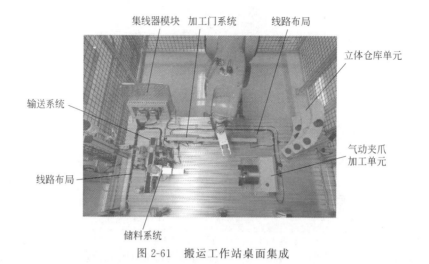

图 2-61　搬运工作站桌面集成

插头使用说明：插拔前先松开两端螺钉，捏住插头进行操作，插紧后再次旋紧两端的螺钉。操作过程中尽量避免拉拽数据线的线体，防止线材与接口处损坏与断裂。

④ 安全系统的集成连接　机器人搬运集成系统共用到了 3 个 15 针集线器，图 2-62 所示为 TB6 和 TB7 的详细表述，图 2-63 所示为 TB11 的详细表述。其中 TB6 和 TB7 用于安全信号的转接，急停按钮、前门锁、光幕、护栏检测电感和气压检测等安全信号先被采集到位于前面板内部的集线器 TB7 上，通过 15 针双头线与位于控制板的集线器 TB6 进行连接。TB6 将急停和前门锁信号经过 X4 端子排后连接到机器人 X11 安全接口，见图 2-49；将光幕、护栏检测电感和气压检测信号分别连接到 PLC 控制板的继电器上。集线器 TB11 位于工作站左上角，用于 PLC 与警示灯信号的连接。具体集成连接如图 2-64 所示。

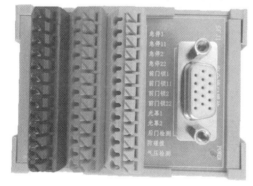

(a) 实物图

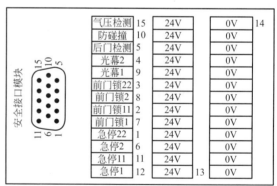

安全接口模块	气压检测	15	24V	0V	14
	防碰撞	10	24V	0V	
	后门检测	5	24V	0V	
	光幕2	4	24V	0V	
	光幕1	9	24V	0V	
	前门锁22	3	24V	0V	
	前门锁2	8	24V	0V	
	前门锁11	2	24V	0V	
	前门锁1	7	24V	0V	
	急停22	1	24V	0V	
	急停2	6	24V	0V	
	急停11	11	24V	0V	
	急停1	12	24V	13	0V	

(b) 接口模块定义

图 2-62　15 针集线器接口模块-TB6/TB7

（2）工业机器人搬运工作站的应用

自动化生产线中工业机器人搬运工作站应用广泛，汽车、物流、食品、化工等行业随处可见。本搬运工作的具体应用操作如下。

① 设备上电前，系统处于初始状态，即机器人机械手松开、供料杯中无物料，三爪卡盘上无工件。

② 设备启动前要满足机器人处于自动模式、机器人处于作业原点位置、控制系统的伺服驱动器已接通、机器人无任何报警、气源气压正常等初始条件。满足时运行指示灯亮。

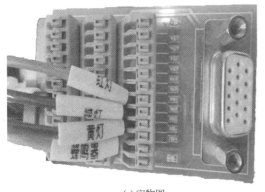

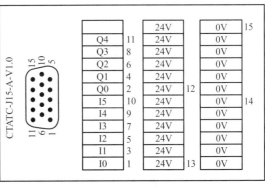

(a) 实物图　　　　　　　　　　　　　　(b) 接口模块定义

图 2-63　15 针集线器接口模块-TB11

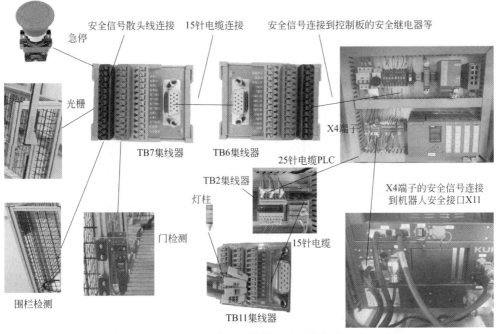

图 2-64　机器人搬运工作站安全系统集成连接

③ 设备就绪后，按下启动按钮，系统运行，机器人启动。

a. 料仓中的物料被推送到传送带上；此时，启动机器人，传送带运行；将物料传送到输送线的末端。

b. 当物料到达输送线末端时，传感器检测到物料，传送带停止运行；同时，机器人到达此位置抓取物料，如图 2-65 所示。

c. 机器人运动到原点位置后，加工系统的安全门打开，机器人将物料搬运到三爪卡盘上，卡盘夹紧，机械手松开，如图 2-66 所示

d. 机器人退回到工作原点，安全门闭合，开始加工物料。

e. 加工完成后，安全门打开，通知机器人将物料搬运到立体仓库中。运行过程中，若按下停止按钮，系统将本次搬运过程完成后，停止运行，如图 2-67 所示。运行过程中，若按下暂停按钮，机器人暂时停止在工作位置；按下启动按钮，机器人继续运行。

图 2-65 机器人抓取传送带末端物料

图 2-66 机器人将物料搬运到三爪卡盘上

图 2-67 机器人抓取加工件放到立体仓库

④ 运行过程中，急停按钮一旦动作（或安全光幕有信号），系统立即停止，机器人停止在当前位置。急停按钮复位后，按下启动按钮并不能使机器人继续工作，机器人必须通过示教器手动复位到工作原点位置后，才能再次运行。

⑤ 若系统存在故障，红色指示灯将常亮。系统故障包含：机器人报警、传送带伺服驱动报警、安全门报警、气源报警、急停信号等。当排除故障后，可按复位按钮进行复位。

第 3 章

工业机器人示教操作

3.1　示教器的结构与操作

3.1.1　示教器的结构认知

（1）示教器的定义及作用

机器人手持编程器常被称为示教器，为了方便控制机器人，进行现场编程调试配备了示教器。一般定义为，示教器是一种手持装置，可以对机器人进行手动操纵、程序编写、参数配置以及监控等，是机器人组成中重要的控制装置。通俗地讲，在一个可视化的控制器上人为操作按钮或者开关一步一步地让机器人动作，使机器人按照人的思想沿着期望的路径行走或者动作，示教器能让机器人一遍就记住该路径的行走或者动作，之后就可以让机器人自动执行规划的路径。各品牌的示教器外观有所不同，但是功能及其使用方法基本一致，如图 3-1 所示为 KUKA、安川、ABB、发那科机器人示教器的外观模样。

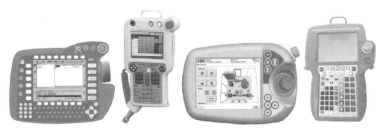

图 3-1　示教器外观

示教器一般连接在机器人控制柜（箱）通过驱动器控制机器人动作，如图 3-2 所示为 KUKA 机器人连接示例。

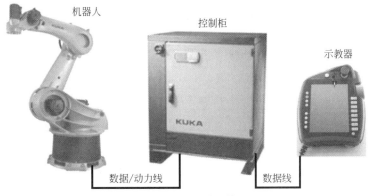

图 3-2　示教器连接

（2）示教器的组成及各功能介绍

本书中讲述的 KUKA 工业机器人的示教器也称手持编程操作器（KUKAsmartPAD），还被称为 KCP，具有工业机器人操作和编程所需的各种操作和显示功能，配有一个触摸屏（smartHMI），可以用手指或指示笔直接在 smartHMI 上进行操作，无须外部鼠标和键盘。

① KUKAsmartPAD 前部，如图 3-3 所示，具体介绍见表 3-1。

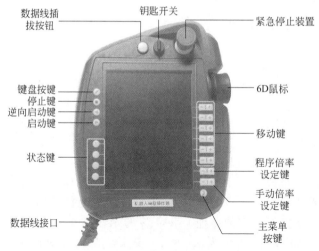

图 3-3　KUKAsmartPAD 前部示意图

表 3-1　KUKAsmartPAD 前部具体功能介绍

名称	说明
数据线插拔按钮	可在机器人系统接通时插拔 smartPAD
钥匙开关	用于切换运行模式,只有插入钥匙后才起作用,可以调出连接管理器的模式切换画面
紧急停止装置	用于在危险情况下紧急关停机器人,紧急停止装置被按下时将自行闭锁
6D 鼠标	用于手动控制机器人各轴移动
移动键	用于手动控制机器人各轴移动
程序倍率设定键	用于程序倍率的设定按键
手动倍率设定键	用于手动倍率的设定按键
主菜单按键	用于在 smartHMI 上显示菜单项,调出主菜单,且可通过它来创建屏幕截图
状态键	主要用于设定工艺程序包中的参数。其确切的功能取决于所安装的技术包
启动键	通过启动键可启动程序
逆向启动键	用于程序的逆向启动、逐步运行
停止键	用于暂停运行中的程序
键盘按键	用于显示键盘输入
数据线接口	衔接

② KUKAsmartPAD 后部,如图 3-4 所示,具体介绍见表 3-2。

表 3-2　KUKAsmartPAD 后部具体功能介绍

名称	说明
使能键	确认开关(使能键):具有未按下、中间位置、全按下三个开关位,在 T1 或 T2 运行模式下,确认开关必须保持中间位置方可开动机械手
启动键	通过启动键可启动程序
USB 接口	可根据需要外接鼠标、键盘等,也可被用于存档/还原等方面,仅适用于 FAT 32 格式的 USB 设备
型号铭牌	标注铭牌信息

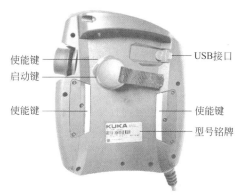

图 3-4　KUKAsmartPAD 后部示意图

（3）示教器的操作界面和使用方法

① KUKAsmartPAD 的触摸屏 smartHMI 操作界面如图 3-5 所示，具体介绍见表 3-3。

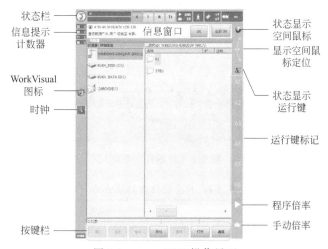

图 3-5　smartHMI 操作界面

表 3-3　smartHMI 操作界面具体功能介绍

名称	说明
状态栏	显示工业机器人特定中央设置的状态
信息提示计数器	显示每种提示信息类型各有多少条提示信息。触摸提示信息计数器可放大显示
信息窗口	根据默认设置将只显示最后一条提示信息。触摸提示信息窗口可放大该窗口并显示所有待处理的提示信息。可以被确认的信息可用"OK"键确认。所有信息可以被确认时可用"全部 OK"键确认
状态显示空间鼠标	显示用空间鼠标手动移动的当前坐标系。触摸该显示，可以显示所有坐标系并选择另一个坐标系
显示空间鼠标定位	触摸该显示会打开一个显示空间鼠标当前定位的窗口，在窗口中可以修改定位
状态显示运行键	可显示用运行键手动移动的当前坐标系。触摸该显示就可以显示所有坐标系并可以选择另一个坐标系
运行键标记	如果选择了与轴相关的移动，这里将显示轴号（A1、A2 等）。如果选择了笛卡儿式移动，这里将显示坐标系的方向（X、Y、Z、A、B、C）。触摸标记会显示选择了哪种运动系统组

续表

名称	说明
程序倍率	设置程序运行倍率。程序调节量是程序进程中机器人的速度。程序倍率以百分比形式表示,以已编程的速度为基准。在运行方式 T1 中,最大速度为 250mm/s,与所设定的值无关
手动倍率	设置手动运行倍率。手动倍率决定手动运动时机器人的速度。在手动倍率为 100% 时,机器人实际上能达到的速度与许多因素有关,主要与机器人类型有关。但该速度不会超过 250mm/s
按键栏	这些按钮自动进行动态变化,并总是针对 smartHMI 上当前激活的窗口。最右侧是按钮编辑。用这个按钮可以调用导航器的多个命令
时钟	显示系统时间。触摸时钟就会以数码形式显示系统时间以及当前日期
WorkVisual 图标	通过触摸图标可至窗口项目管理

② 状态栏:控制柜通电后示教器也会随之接通,屏幕最上方一栏即为状态栏,它可以显示工业机器人当前运行模式、运行速度、坐标系选择等各种信息。多数状态下通过手指触摸或指示笔就可以打开任意窗口,可在其中更改设置。如图 3-6 所示为状态栏示意图,具体介绍见表 3-4。

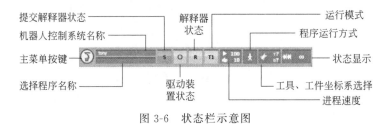

图 3-6　状态栏示意图

表 3-4　状态栏具体功能介绍

名称	说明
主菜单按键	用于在 smartHMI 上显示菜单项,调出主菜单
机器人控制系统名称	机器人控制系统的名称
选择程序名称	如果选择了一个程序,则此处将显示其名称
提交解释器状态	显示程序整体的状态
驱动装置状态	触摸该显示就会打开一个窗口,可在其中接通或关断驱动装置
解释器状态	可在此处重置或取消勾选程序
运行模式	当前运行模式
进程速度	状态显示调节量,显示当前程序倍率和手动倍率
程序运行方式	显示当前程序运行方式
工具、工件坐标系选择	显示当前工具坐标系和工件坐标系
状态显示	增量式手动运行

状态栏中包括解释器、移动条件、程序、运行模式、进程速度、程序运行方式、坐标系选择、增量式手动运行等信息状态。每一状态都作为机器人具体模式选择控制和监控信息,具体如图 3-7 所示。

a. 提交解释器状态:在状态栏中的图标为"S",其不同的颜色代表着不同的状态,具体颜色说明见表 3-5。

图 3-7　状态栏各部分展开示意图

表 3-5　提交解释器状态介绍

图标	颜色	说明
S	黄色	选择了提交解释器。语句指针位于所选提交程序的首行
S	绿色	单击"选择/启动",提交解释器正在运行
S	红色	单击"停止",提交解释器被停止
S	灰色	单击"取消选择",提交解释器未被选择

　　b. 驱动装置的状态显示：在状态栏中的图标为"I"或"O"，不同的图标以及颜色代表着驱动装置的不同状态，具体说明见表 3-6。

表 3-6　驱动装置状态介绍

图标	颜色	说明
I	绿色	驱动装置已接通;确认开关已按下(中间位置)或不需要确认开关
I	灰色	驱动装置已接通;确认开关未按下
O	灰色	驱动装置已关断

　　触摸驱动装置状态图标会打开移动条件窗口，可以在此处进行驱动装置的接通或关断等操作。如图 3-8 所示为移动条件窗口示意图，具体说明见表 3-7。

表 3-7　移动条件窗口介绍

名称	说明
驱动装置	I:触摸,已接通驱动装置 O:触摸,已关闭驱动装置

名称	说明
Safety 驱动装置开通	绿色:安全控制系统允许驱动装置启动 灰色:安全控制系统触发了安全停止 0 或结束安全停止 1
操作人员防护装置	绿色:$USER\_SAF==TRUE$ 灰色:$USER\_SAF==FALSE$
Safety 运行许可	绿色:安全控制系统发出运行许可 灰色:无运行许可
确认键	绿色:确认开关被按下(中间位置) 灰色:确认开关未按下或没有完全按下,或不需要确认开关

图 3-8　移动条件窗口示意图

c.机器人解释器的状态显示:在状态栏中的图标为"R",其不同的颜色表示程序的不同运行状态,具体颜色说明见表 3-8。

表 3-8　机器人解释器的状态显示

图标	颜色	说明
R	黄色	语句指针位于所选程序的第一行
R	绿色	已经选择程序,而且程序正在运行
R	红色	选定并启动的程序停止
R	灰色	未选定程序
R	黑色	语句指针位于所选程序最后一行

d.运行模式:工业机器人有四种运行模式,包括手动慢速运行(T1)、手动快速运行(T2)、自动运行(AUT)和外部自动运行(AUT EXT)。在不同的场合当中机器人运行模式的选择也不同。比如手动运行通常用于调试工作,调试工作是指所有为使工业机器人可以进行自动运行而必须执行的工作,包括点动运行、示教、编程、程序验证等。值得注意的是,对于新的或是更改过的程序须始终先由手动慢速运行模式(T1)进行测试;只有在以大于手动慢速运行模式的速度进行测试时才允许使用手动快速运行模式,且在手动快速运行模式下不允许进行示教和编程。表 3-9 所示为运行方式说明。

表 3-9　运行方式说明

运行方式	使用	速度
T1	用于测试运行、编程和示教	编程验证:编程速度最高 250mm/s 手动运行:速度最高 250mm/s
T2	用于测试运行	编程验证:编程设定的速度 手动运行:不可行
AUT	用于不带上级控制系统的工业机器人	编程验证:编程设定的速度 手动运行:不可行
AUT EXT	用于带上级控制系统(例如 PLC)的工业机器人	编程验证:编程设定的速度 手动运行:不可行

　　在实际的操作当中切换运行模式有两个前提条件:其一,机器人控制器不处理任何程序;其二,需要插入钥匙。拨动钥匙开关来调出连接管理器视图,从而选择运行模式,具体操作步骤见表 3-10。

表 3-10　切换运行模式的操作步骤

序号	操作步骤	图片说明
第一步	在示教器的钥匙开关处插入钥匙并顺时针转动 90°	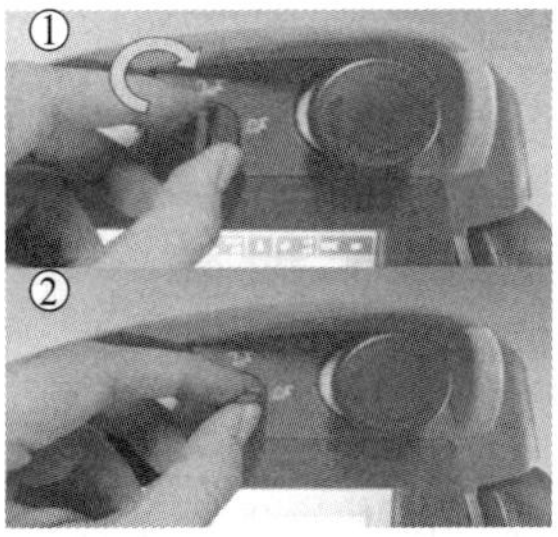
第二步	屏幕弹出"连接管理器视图",选择所需运行模式,右图以 T1 模式为例	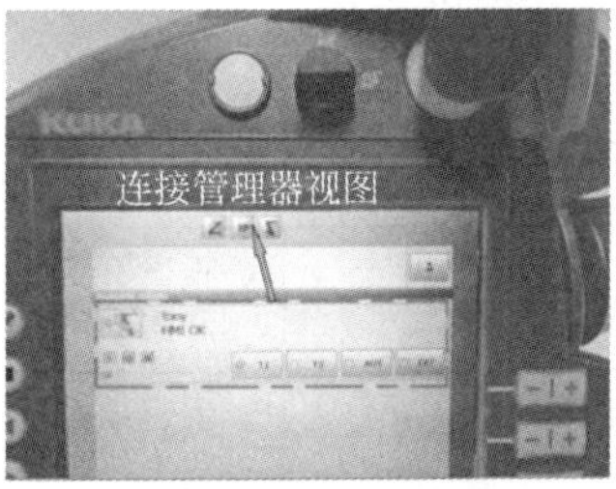
第三步	将钥匙开关逆时针旋转 90°恢复初始位置,在状态栏中会显示所选运行模式	

💡**注意**　请勿在程序运行期间切换运行模式,否则会造成工业机器人安全停止。

e.调节程序倍率：状态显示调节量示意图见图 3-9。

图 3-9　状态显示调节量示意图

机器人在程序运行中的运行速度可以通过程序倍率来进行调节。程序倍率的表现形式为百分比，以已编程的速度为基准。在手动慢速运行模式（T1）中，最高速度为 250mm/s，与设定值无关，单击图标即可弹出"调节量"窗口。

具体操作：单击加减号或直接拖动右侧图标即可进行调节，如图 3-10 所示。

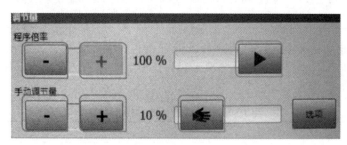

图 3-10　状态显示调节窗口示意图

f.程序运行方式：状态显示程序运行方式如图 3-11 所示，具体说明见表 3-11。

图 3-11　状态显示程序运行方式示意图

操作步骤：单击"状态显示程序运行方式"图标，"调节"窗口随即弹出，选择所需的程序运行方式即可。

表 3-11　程序运行方式说明

名称	状态显示	说明
Go	🚶	程序不停顿地运行，直至程序结尾 所需的用户权限：功能组程序运行设置
动作	🚶🚶	运行过程中，程序在每个点上暂停，包括在辅助点和样条段点上暂停。对每一个点都必须重新按下启动键。程序没有预进就开始运行 所需的用户权限：功能组程序运行设置
单个步骤	🚶🚶	程序在每一程序行后暂停。在不可见的程序行和空行后也要暂停。对每一个行都必须重新按下启动键。程序没有预进就开始运行 所需的用户权限：功能组关键手动运行设置
返回	🚶🚶	如果按下启动反向键，则会自动选择这种程序运行方式。不得通过其他方式选择 特性与动作时相同，有以下例外情况：CIRC 运动回退，与最后的前行情况相同。也就是说，如果前行时在辅助点没有停止，则回退时在那里也不会停止。这种例外情况不适用于 SCIRC 运动。在这种运动中，反向运行时始终在辅助点上暂停

3.1.2　示教器的使用方法

（1）示教器的插拔

KUKA 工业机器人示教器通过数据线与控制柜 X19 插口相连接，因此我们通常所说的示教器的插拔实际上就是示教器数据线插头相对于控制柜 X19 插口的插拔。示教器及数据线如图 3-12 所示。

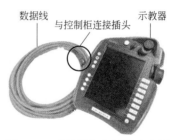

数据线　与控制柜连接插头　示教器

① 拔下：按下数据线插拔按钮，smartPAD 上会显示一个信息和一个计时器。计时器计时 30s，在此期间可将 smartPAD 从控制柜 X19 上拔下。注：若在计时器未运行时拔下 smartPAD，则此次计时失效且会触发报警急停，须重新插入 smartPAD 才可消除报警。可任意多次按下数据线插拔按钮，以再次显示计时，具体操作步骤见表 3-12。

图 3-12　示教器与数据线示意图

表 3-12　KUKAsmartPAD 拔下步骤

序号	操作步骤	图片说明
第一步	按下 smartPAD 数据线插拔按钮；示教器界面会显示 30s 倒计时	
第二步	在规定时间内将示教器数据线一端的黑色部件沿箭头方向旋转约 25°，从控制柜上拔下	

② 插入：插入前请确认是否为相同规格的 smartPAD。可随时插入 smartPAD，插入时注意控制柜插口和数据线插头的标记，数据线插入的同时示教器自动重启，30s 后急停和确认开关再次恢复功能，将自动重新显示 smartHMI，具体操作步骤见表 3-13。

表 3-13　KUKAsmartPAD 插入步骤

序号	操作步骤	图片说明
第一步	插入 smartPAD 插头：向上推插头。向上推时，上部的黑色部件自动旋转约 25°，插头自动卡到位，即标记竖直向上	
第二步	示教器自动重启	

（2）确认键的使用

工业机器人的确认装置是 smartPAD 上的确认开关。在 smartPAD 背部装有 3 个确认键（使能键）。如图 3-13 所示为示教器的确认开关。

示教器使能键的握法如图 3-14 所示。

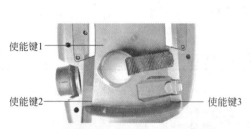

图 3-13　示教器确认开关　　　　　　　图 3-14　示教器使能键握法

确认开关有 3 个状态位置，包括未按下、中间位置和完全按下，在手动状态下，确认开关位于中间位置，为激活状态，可以进行手动操作。激活状态时 smartHMI 当中的鼠标和移动键会变绿，如图 3-15 所示。

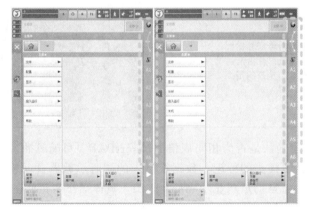

图 3-15　确认开关处于中间位置状态对应界面示意图

（3）设定语言

① 前提条件：用户权限为"功能组一般配置"。

② 操作步骤：

a.在主菜单中选择"配置"→"其他"→"语言"，如图 3-16 所示。

b.选中所需语言，单击"OK"键确认，如图 3-17 所示以中文为例，更改后无须重启，进入其他界面即可变为所选语言。

（4）smartPAD 屏幕截图

操作方式：按下 smartPAD 右下方主菜单按键两次，如图 3-18 所示，在屏幕上会显示"Screenshot"，屏幕截图保存路径为："C：\ KUKA \ Screenshot"。

① 如无法找到截图，请确认是否为"专家模式"。

② 在不外接 U 盘的情况下，系统默认保存最近操作的 10 张截图，如需保存更多截图，可在控制柜上外接 U 盘，截图将自动保存至 U 盘。

图 3-16　语言设定　　　　　　　　　图 3-17　选择中文语言

```
 8  SLIN P5 Vel=2 m/s CPDAT4 Tool[1]:ka Base[0]
 9  SPTP p6 Vel=100 % PDAT2 Tool[1]:ka Base[0]
10  PTP HOME  Vel= 100 % DEFAULT
11
12  END
13
```

Screenshot

图 3-18　截屏操作

（5）手动操纵

在世界坐标系下的手动操作步骤见表 3-14。

表 3-14　手动操作步骤

序号	操作步骤	图片说明
第一步	在操作界面上单击"状态显示运行"键为移动键选择世界坐标系	
第二步	设置手动倍率	
第三步	按下使能键，即将"确认"按钮按至中间挡位并保持，屏幕上右侧 $XYZABC$ 轴状态变绿	

序号	操作步骤	图片说明
第四步	按下任意轴（*XYZABC*）正负向移动键,控制该轴正向或反向运动 以 *X* 轴为例:按下 *X* 轴移动键,控制机械手在 *X* 轴方向移动	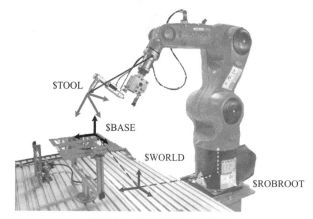

3.2 工业机器人坐标设定

3.2.1 工业机器人坐标系的分类

在参照系中,为确定工业机器人的机械手在空间中某一点的位置,按规定方法选取的有次序的一组数据叫作"坐标"。在系统任务中设定坐标的方法,就是该系统所用的坐标系。如图 3-19 所示,机器人控制系统中定义了 WORLD（世界）坐标系、ROBROOT（足部）坐标系、BASE（基）坐标系、TOOL（工具）坐标系,具体说明见表 3-15。在实际操作使用工业机器人中工具坐标系和基坐标系最常用并且需要使用者根据具体对象进行标定,后文详细介绍了这两种坐标的标定方法。

$TOOL

$BASE

$WORLD

$ROBROOT

图 3-19　工业机器人坐标系

表 3-15　工业机器人坐标系说明

序号	名称	位置	说明
1	WORLD(世界)坐标系	可自由定义	WORLD 坐标系是一个固定定义的笛卡儿坐标系,是系统的绝对坐标系,用于 ROBROOT 坐标系和 BASE 坐标系的原点坐标系。默认情况下,WORLD 坐标系位于机器人足部中
2	ROBROOT(足部)坐标系	固定于机器人足部	ROBROOT 坐标系也称全局参考坐标系或绝对坐标系,是一个笛卡儿坐标系,固定于机器人足部。它以 WORLD 坐标系为参照说明机器人的位置

续表

序号	名称	位置	说明
3	BASE(基)坐标系	可自由定义	BASE 坐标系也称工件坐标系,是一个笛卡儿坐标系,用来说明工件的位置。它以 WORLD 坐标系为参照基准。在默认配置中,BASE 坐标系与 WORLD 坐标系是一致的,由用户将其移入工件
4	TOOL(工具)坐标系	可自由定义	TOOL 坐标系是一个笛卡儿坐标系,位于工具的工作点。在默认配置中,TOOL 坐标系的原点在法兰中心点上。(因而被称作 FLANGE 坐标系。)TOOL 坐标系由用户移入工具的工作点

3.2.2　工业机器人工具坐标系的设定

工具坐标系是一个笛卡儿坐标系,即直角坐标系。测量工业机器人的工具坐标系包括工具（TOOL）坐标系的原点和工具坐标系的方向。TOOL 坐标系以用户设定的一个点作为原点,即工具中心点 TCP 为工具坐标系的原点。通常 TCP 落在工具的工作点上,测量原理图如图 3-20 所示,工具坐标系会随工具的移动而移动,坐标系的 X 轴与工具的工作方向一致,即在工具坐标系已知的情况下,可以对机器人的运动进行预测。通常情况下采用 $XYZ4$ 点法对尖点工具和抓爪工具的原点进行标定,采用 ABC 世界坐标系法对尖点工具方向进行标定,采用 $ABC2$ 点法对测量抓爪工具的坐标方向进行标定。

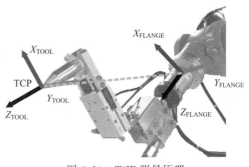

图 3-20　TCP 测量原理

以下就利用典型 KUKA 工业机器人工具坐标系标定进行具体介绍。$XYZ4$ 点法对 TCP 坐标系进行测量,通过尖点工具将待测工具的 TCP 从 4 个不同的方向移向一个参考点,即为 TCP 工具坐标标定的方法和步骤。

$XYZ4$ 点法具体操作步骤如下:

第一步:单击手持示教器右下角按键或左上角图标进入主菜单界面,选择"投入运行"→"测量"→"工具"→"$XYZ4$ 点法";给待测工具一个工具号和工具名,例如工具号 13、工具名 tool1,单击"继续",具体如图 3-21 所示。

图 3-21　建立工具号和工具名

第二步：手动操作示教器将工具 TCP 尖点以 4 个不同的姿态引至参考点并进行测量。

① 手动操纵示教器，将工具 TCP 尖点以姿态 1 引至参考点；单击"测量"，屏幕会出现"要采用当前位置吗？继续进行测量。"选择"是"进行确定。方向 1 确定。

② 手动操纵示教器，将工具 TCP 尖点以姿态 2 引至参考点；单击"测量"，选择"是"进行确定。方向 2 确定。

③ ④继续重复以上两步。具体如图 3-22 所示。

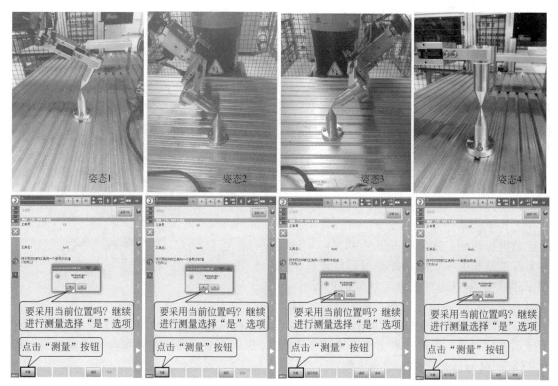

图 3-22　TCP 尖点姿态确定

第三步：负载数据信息窗口会自动出现，确认相关参数后单击"继续"。弹出的窗口中可查看测量数据，单击"保存"结束测量。具体如图 3-23 所示。

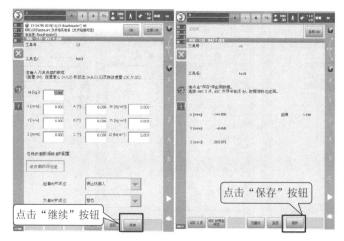

图 3-23　测量数据保存

3.2.3　工业机器人基坐标系的设定

基坐标系是由用户自行定义的坐标系。基坐标系是根据世界坐标系在机器人周围的某一点位置上创建，其目的是使机器人的运动以及编程设定的位置均以该坐标系为参考。如图 3-24 所示为基坐标系在平面轨迹对象的位置进行标定。测量基坐标系机器人可以沿着工件边缘移动，也可作为参考坐标系。

基坐标系测量分为确定坐标系原点和定义坐标系方向。通常采用 3 点法、间接法、数字输入法进行测试。3 点法是常用的方法，测量的三个点不可以位于一条直线上，彼此之间必须有一个 2.5°的最小夹角。KUKA 工业机器人基坐标系有 32 个可供选择，可以作为工件边缘、货盘等的调整姿态。

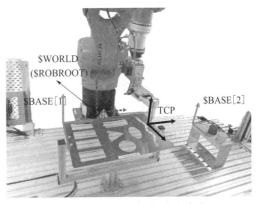

图 3-24　在基坐标中手动移动

3 点法测量基坐标具体操作步骤如下：

第一步：单击右下角"菜单"按钮或左上角图标进入示教器主菜单界面，选择"投入运行"→"测量"→"基坐标"→"3 点"；给待测工具一个基坐标系统号和基坐标系名称，单击"继续"；选择相应参考工具编号，单击"继续"，具体如图 3-25 所示。

第二步：操纵机械手将 TCP 移至新基坐标系的原点。单击"测量"，屏幕会出现"要采用当前位置吗？继续进行测量。"选择"是"进行确定。图片说明见图 3-26。

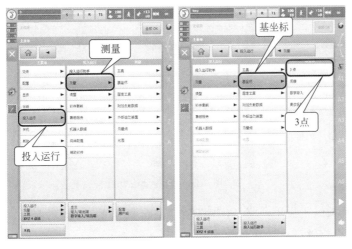

图 3-25

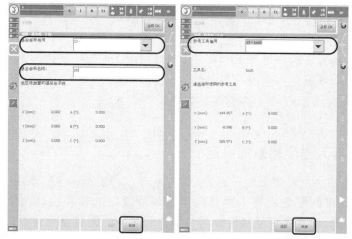

图 3-25　工具号和工具命名

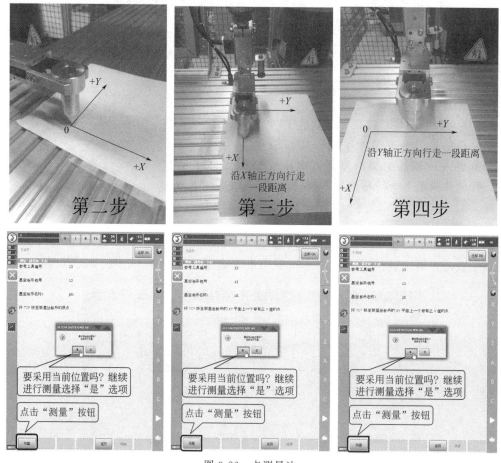

图 3-26　点测量法

第三步：手动操纵机械手，将 TCP 移至新基坐标系的 X 轴正向上的一点。单击"测量"，选择"是"进行确定，具体如图 3-26 所示。

第四步：再次移动机械手，将 TCP 移至新基坐标系的 XY 平面上一个带有正 Y 值的点（即＋Y 方向上的一点）。单击"测量"，选择"是"进行确定，具体如图 3-26 所示。

第五步：保存数据，结束测量，具体如图 3-27 所示。

图 3-27　保存数据

3.3　工业机器人运动指令应用

机器人在程序控制下的运动，需要编制一个运动指令来完成控制任务，从而产生不同方式的运动指令供程序编辑使用。机器人通过程序编辑的运动方式和运动指令进行运动，通常包括按轴坐标的运动（SPTP，点到点运动）、沿轨迹运动（SLIN 和 SCIRC，线性运动和圆弧运动）、样条运动（SPLINE）。

3.3.1　点到点运动指令及应用

SPTP 运动方式是时间最快和最优化的移动方式。在示教器示教编程时，机器人的第一个指令必须是点到点运动指令。机器人沿最快的轨道将 TCP 引至目标点。一般情况下最快的轨道并不是最短的轨道，也就是说并非直线。因为机器人轴要进行回转运动，所以曲线轨道比直线轨道行进更快。执行一次至目标点的点到点运动，目标点的坐标是绝对的。如图 3-28 所示，机器人工具 TCP 从 P1 点到 P2 点，采用 SPTP 运动方式，移动线路不一定就是按直线运行，而是以最快路径移动到目标点。

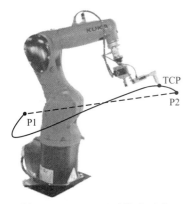

图 3-28　SPTP 运动轨迹示意

以 KUKA 工业机器人为例介绍 SPTP 运动方式创建和使用方法。其前提条件是 KUKA 机器人在创建运动指令之前，需要将机器人的运动方式设置为 T1 运动方式，并且机器人程序已经打开。具体操作步骤如下。

① 使用移动键或者 6D 鼠标，将 TCP 移向应被设为目标点的位置。

② 将光标置于其后应添加运动指令的那一行中，选择菜单序列"指令"→"运动"→"SPTP"，如图 3-29 所示。

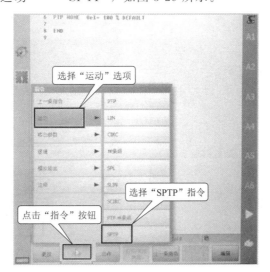

图 3-29　SPTP 运动指令添加

指令的添加：除了在指令栏里找到需要的指令添加以外，还可以单击菜单序列中的"动作"，直接去添加。

③ 指令选择完毕后会出现 SPTP 的联机表单，在联机表单中输入相应的参数，如图 3-30 所示。在默认情况下不会显示联机表单的所有栏，通过按钮切换参数可以显示和隐藏这些栏。表 3-16 对 SPTP 联机表单进行详细说明。

图 3-30　SPTP 联机表单

表 3-16　SPTP 联机表单说明

名称	说明
运动方式	点到点运动(SPTP)
目标点名称	系统会自动赋予一个名称，名称可以被改写 需要编辑点数据时请触摸箭头，相关选项窗口坐标系自动打开
逼近或精确	CONT：目标点被轨迹逼近 空白：将精确地移动到目标点
轴速度	轴速度：速度为 1%～100%
运动数据组	系统会自动赋予一个名称，名称可以被改写 需要编辑点数据时请触摸箭头，相关选项即自动打开

④ 在选项窗口坐标系中选择相应的工具和基坐标系的正确数据，以及外部 TCP 和碰撞识别的数据，如图 3-31 所示。

工具和基坐标的正确选择是为了使机器人的手动运行以及示教编程时设定的位置都以该坐标系作为参照。

⑤ 在运动参数选项窗口中，可以更改加速度的值，以及轨迹逼近距离（前提是在运动参数设置窗口中选择了 CONT），如图 3-32 所示。

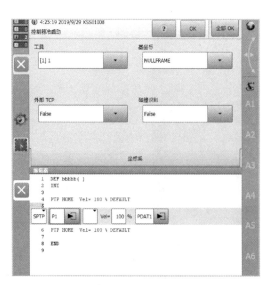

图 3-31　坐标系窗口

图 3-32　运动参数设置窗口

CONT 标示的运动指令进行轨迹逼近，意味着将不再精确到点坐标，只是逼近点坐标，事先离开精确保持轮廓的轨迹。机器人轨迹逼近运动不适用于圆弧运动，仅适用于避免在某坐标点出现精确暂停。轨迹逼近适用于 SPTP、SLIN、SCIRC 运动中。

在实际生产中，轨迹逼近运动可以缩短生产节拍时间、减少磨损。

在 SPTP、SLIN 和 SCIRC 运动中均可进行轨迹逼近，轨迹逼近运动的曲线如图 3-33 所示，机器人的 TCP 在到达此区域后会过渡到下一个点，使机器人的运动看上去更连贯。

⑥ 最后所有参数都设置完成后，单击"指令 OK"保存指令，如图 3-34 所示。

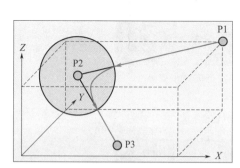

图 3-33　轨迹逼近

图 3-34　确认指令

3.3.2　线性运动指令及应用

线性运行是机器人沿一条直线以定义的速度将 TCP 引至目标点。在线性运动过程中，机器人转轴之间进行配合，使工具或工件参照点沿着一条通往目标点的直线移动，在此过程中，工具本身的取向按照程序设定的取向变化。如图 3-35 所示，工具尖端从起点到目标点做直线运动，工具本身的取向在移动过程中发生变化，机器人工具 TCP 从 P1 点移动到 P2 点做直线移动。

KUKA 工业机器人创建 SLIN 运动的前提条件是 KUKA 机器人在创建运动指令之前，需要将机器人的运动方式设置为 T1 运动方式，并且机器人程序已经打开。具体操作步骤如下。

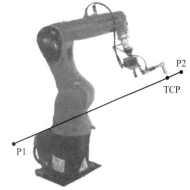

图 3-35　SLIN 轨迹运动示意图

① 使用移动键或者 6D 鼠标，将 TCP 移向应被设为目标点的位置。

② 将光标置于其后应添加运动指令的那一行中，选择菜单序列"指令"→"运动"→"SLIN"，如图 3-36 所示。

指令的添加：除了在指令栏里找到需要的指令添加以外，还可以单击菜单序列中的"动作"，直接去添加。

③ 指令选择完毕后会出现 SLIN 的联机表单，在联机表单中输入相应的参数，如图 3-37 所示。

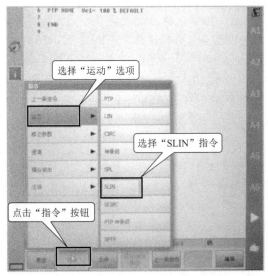

图 3-36 SLIN 运动指令创建步骤

图 3-37 SLIN 联机表单

CONT 标示的运动指令进行轨迹逼近，意味着将不再精确到点坐标，只是逼近点坐标，事先离开精确保持轮廓的轨迹。机器人轨迹逼近运动不适用于圆弧运动，仅适用于避免在某坐标点出现精确暂停。轨迹逼近适用于 SPTP、SLIN、SCIRC 运动中。

在默认情况下不会显示联机表单的所有栏，通过按钮切换参数可以显示和隐藏这些栏，如表 3-17 所示。

表 3-17 SLIN 联机表单说明

名称	说明
运动方式	线性运动(SLIN)
目标点名称	系统会自动赋予一个名称,名称可以被改写 需要编辑点数据时请触摸箭头,相关选项窗口坐标系自动打开
逼近或精确	CONT:目标点被轨迹逼近 空白:将精确地移动到目标点
轴速度	速度为 0.001～2m/s
运动数据组	系统会自动赋予一个名称,名称可以被改写 需要编辑点数据时请触摸箭头,相关选项即自动打开

④ 在选项窗口坐标系中选择相应的工具和基坐标系的正确数据，以及外部 TCP 和碰撞识别的数据，如图 3-38 所示。

工具和基坐标的正确选择是为了使机器人的手动运行以及示教编程时设定的位置都以该坐标系作为参照。

⑤ 在运动参数选项窗口中，可以更改加速度的值，以及轨迹逼近距离（前提是在运动

参数设置窗口中选择了 CONT），如图 3-39 所示。

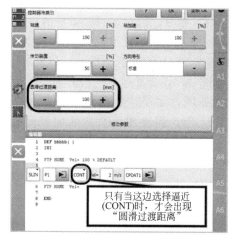

图 3-38　坐标系窗口

图 3-39　运动参数设置窗口

⑥ 最后所有参数都设置完成后，单击"指令 OK"保存指令，如图 3-40 所示。

案例　三角形轨迹示教编程

任务要求

如图 3-41 所示，三角形的轨迹示教点为 P1、P2、P3、P4，三角形的运动轨迹是，先移动至工件的上方安全点 P1，然后依次移动至 P2、P3、P4、P2，最后完成轨迹运行后，先回到安全点 P1，最后再回到初始位置。

图 3-40　指令确认

图 3-41　三角形轨迹图

思路讲解

KUKA 机器人在示教编程时，第一个运动指令必须是 SPTP 或 PTP，只有在该运动指令下机器人控制系统才会考虑编程设置的状态和角度方向值，从而定义唯一一个起始位置。在打开一个新的程序时，在程序编程窗口会有默认的三行程序，分别是 INT 以及两行 PTP HOME 指令，HOME 点是机器人的原点位置，通常情况下会将 PTP HOME 指令作为程序的第一个指令以及最后一个指令，这里将 P1 点作为第一个指令即安全点，同样选择 SPTP 指令；在 P1 点过渡到 P2 点中可以选择 SPTP 或者 SLIN，如果在该过程中有障碍物，一定要选择 SLIN 指令，因为 SPTP 指令的运动轨迹不确定，这里 P2 点选择 SLIN；P2 点到 P3 点之间是一条直线，因此 P3 点选择 SLIN 线性运动指令；P3 点到 P4 点之间也是直线，所以 P4 点选择 SLIN 线性运动指令；最后 P4 点到 P2 点之间同样是直线，所以这里选择 SLIN 线性运动指令，直接复制 P2 点添加，系统会自动延伸成 P5 点；轨迹完成以后机器人 TCP 回到安全点 P1，编程时直接将 P1 点复制后添加，系统会自动延伸成 P6 点，P6 点可以选择 SPTP 或 SLIN，但使用 SPTP 的前提是这两点之间没有障碍物，这里 P6 点选择 SPTP 指令。

操作步骤

三角形轨迹示教编程具体操作步骤如下。

第一步：单击"新"按钮，创建新的程序模块。输入需要创建的程序模块名称，单击"OK"完成程序模块建立，具体如图 3-42 所示。

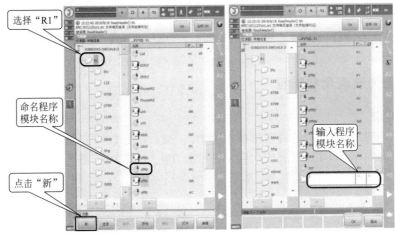

图 3-42　新建程序块

第二步：选择刚刚新建立的程序模块，单击"打开"按钮。在"状态栏"中将坐标系窗口打开，选择所需的工具和基坐标，具体如图 3-43 所示。

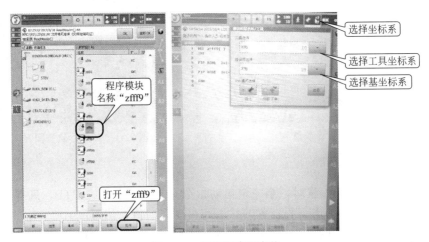

图 3-43　打开新建程序块

　　第三步：将光标置于 HOME 程序行，单击"指令"→"运动"，选择 SPTP 指令。单击"OK"按钮，完成 P1 点的指令添加，具体如图 3-44 所示。

图 3-44　SPTP 指令的添加

　　第四步：单击"指令"→"运动"，选择 SLIN 指令；单击"OK"按钮，完成 P2 点的指令添加，具体如图 3-45 所示。

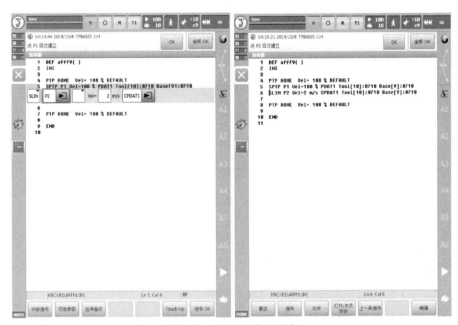

图 3-45　SLIN 指令的添加

　　第五步：单击"指令"→"运动"，选择 SLIN 指令；单击"OK"按钮，完成 P3 点的指令添加，具体如图 3-46 所示。

图 3-46　P3 点的建立

第六步：单击"指令"→"运动"，选择 SLIN 指令；单击"OK"按钮，完成 P4 点的指令添加，具体如图 3-47 所示。

图 3-47　P4 点的建立

第七步：将光标置于 P2 点程序行，单击"编辑"→"复制"；将光标置于指令 SLIN P4 点程序行，单击"编辑"→"添加"，程序会自动定为 P5 点，具体如图 3-48 所示。

第八步：将光标置于 P1 点程序行，单击"编辑"→"复制"；将光标置于指令 SLIN P5 点程序行，单击"编辑"→"添加"，程序会自动设为 P6 点。到此三角形轨迹程序编辑完

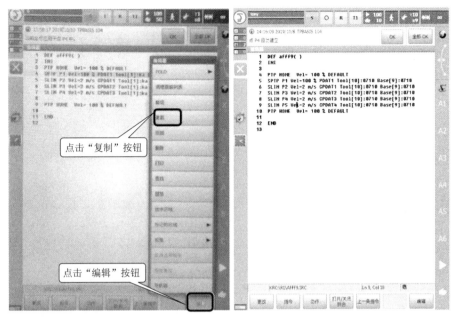

图 3-48　P5 点的建立

成。关闭界面，自动保存程序，单击"选定"按钮进入程序，进行每个运动点的调试，具体如图 3-49 所示。

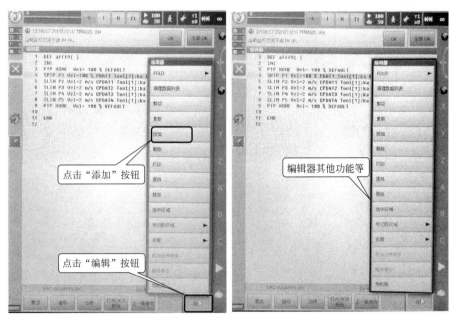

图 3-49　轨迹编程完成

第九步：将机器人 TCP 移到三角形轨迹上方的安全点 P1；将光标置于 P1 点程序行，单击右下角的"Touch-Up"按钮，确认当前位置。在弹出的对话框中单击"是"，具体如图 3-50 所示。

第十步：将机器人 TCP 移至三角形轨迹的第一个点 P2；将光标置于 P2 点程序行，单击右下角的"Touch-Up"按钮，确认当前位置。在弹出的对话框中单击"是"，具体如

图 3-51 所示。

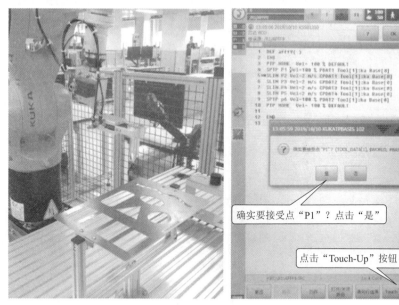

图 3-50　确认 P1 点当前位置

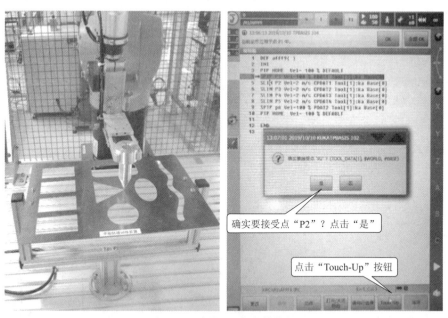

图 3-51　确认 P2 点当前位置

第十一步：将机器人 TCP 移至三角形轨迹的第二个点 P3；将光标置于 P3 点程序行，单击右下角的"Touch-Up"按钮，确认当前位置。在弹出的对话框中单击"是"，具体如图 3-52 所示。

第十二步：将机器人移至三角形轨迹的第三个点 P4；将光标置于 P4 点程序行，单击右下角的"Touch-Up"按钮，确认当前位置。在弹出的对话框中单击"是"。所有点都调试完成后，按住使能键，然后按住启动键，执行 BCO 后在 T1 运行方式下运行程序，并查看程

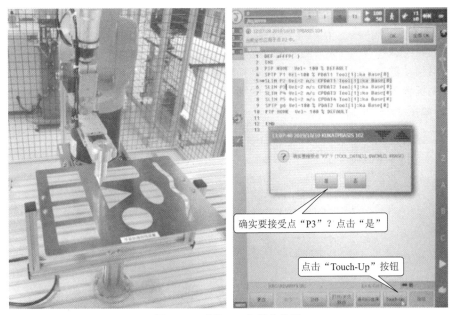

图 3-52　确认 P3 点当前位置

序编写是否正确，具体如图 3-53 所示。

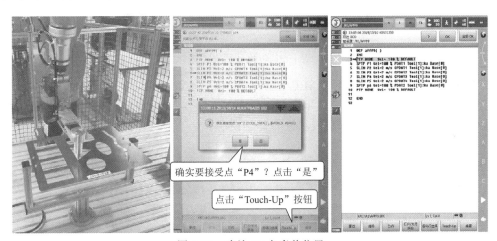

图 3-53　确认 P4 点当前位置

3.3.3　圆弧运动指令及应用

圆弧运动是机器人沿一条圆弧以定义的速度将 TCP 引至目标点，如图 3-54 所示，机器人工具 TCP 从 P1 点到 P3 点，采用 SCIRC 圆弧运动方式。在圆弧运动过程中，圆弧轨道是通过起点、辅助点和目标点来完成整个圆弧运动的轨迹，这里需要注意的是，上述三个点之间的距离最好离得越远越好，这样才能使机器人更精确地确定这个平面。

这里所说的起始点是上一条运动指令以精确定位的方式到达的目标位置，辅助点是中间的任一点，而目标点是机器人最后结束的点。

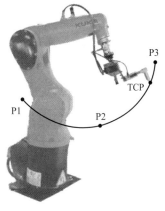

图 3-54　SCIRC 运动轨迹示意图

KUKA 工业机器人创建 SCIRC 运动的前提条件是 KUKA 机器人在创建运动指令之前，需要将机器人的运动方式设置为 T1 运动方式，并且机器人程序已经打开。具体操作步骤如下。

① 使用移动键或者 6D 鼠标，将 TCP 移向应被设为目标点的位置。

② 将光标置于其后应添加运动指令的那一行中，选择菜单序列"指令"→"运动"→"SCIRC"，如图 3-55 所示。

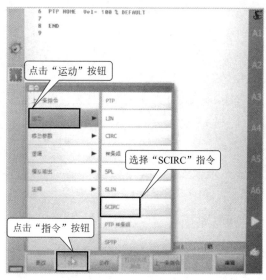

图 3-55　SCIRC 运动指令添加步骤

③ 指令选择完毕后会出现 SCIRC 的联机表单，在联机表单中输入相应的参数，如图 3-56 所示。在默认情况下不会显示联机表单的所有栏，通过按钮切换参数可以显示和隐藏这些栏，表 3-18 对 SCIRC 联机表单进行详细说明。

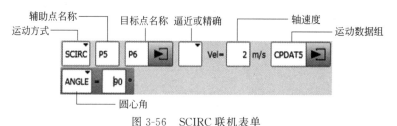

图 3-56　SCIRC 联机表单

表 3-18　SCIRC 联机表单参数说明

名称	说明
运动方式	圆弧运动（SCIRC）
辅助点名称	系统会自动赋予一个名称，名称可以被改写
目标点名称	系统会自动赋予一个名称，名称可以被改写 需要编辑点数据时请触摸箭头，相关选项窗口坐标系自动打开
逼近或精确	CONT：目标点被轨迹逼近 空白：将精确地移动到目标点
轴速度	速度为 0.001～2m/s

续表

名称	说明
运动数据组	系统会自动赋予一个名称,名称可以被改写 需要编辑点数据时请触摸箭头,相关选项即自动打开
圆心角	$-9999°\sim+9999°$,如果输入的圆心角小于$-400°$或大于$+400°$,则在保存行指令时会自动问询是否要确认或取消输入

④ 在选项窗口坐标系中选择相应的工具和基坐标系的正确数据,以及外部 TCP 和碰撞识别的数据,如图 3-57 所示。

⑤ 在运动参数选项窗口中,可以更改轴速度、轴加速度、传动装置以及圆滑过渡距离的值,如图 3-58 所示。

图 3-57　坐标系窗口

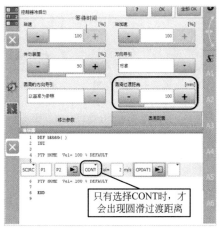

图 3-58　运动参数设置窗口

圆滑过渡距离这个值决定了结束点到逼近运动开始点的距离,它的轨迹曲线不是圆弧,相当于两条抛物线。

⑥ 运动参数选择项设置完成后,将机器人移动到辅助点的位置,然后单击"辅助点坐标",保存当前位置,如图 3-59 所示。

⑦ 将机器人移动至目标点,单击"目标点坐标",保存当前位置,如图 3-60 所示。

图 3-59　圆弧指令辅助点确认

图 3-60　圆弧指令目标点确认

⑧ 最后所有参数都设置完成后，单击"指令 OK"保存指令，如图 3-61 所示。

点击"指令OK"按钮

图 3-61　指令确认

图 3-62　圆形轨迹图

案例　圆形轨迹示教编程

📖 任务要求

如图 3-62 所示，圆形的轨迹示教点为 P1、P2、P3、P4，圆形的运动轨迹是：先移动至工件的上方安全点 P1，然后依次移动至 P2、P3、P4，最后完成轨迹运行后，先回到安全点 P1，最后回到初始位置。

🔧 思路讲解

KUKA 机器人在示教编程时，第一个运动指令必须是 SPTP 或 PTP，只有在该运动指令下机器人控制系统才会考虑编程设置的状态和角度方向值，从而定义唯一一个起始位置。在打开一个新的程序时，在程序编程窗口会有默认的三行程序，分别是 INT 以及两行 PTP HOME 指令，HOME 点是机器人的原点位置，通常情况下会将 PTP HOME 指令作为程序的第一个指令以及最后一个指令，这里将 P1 点作为第一个指令即安全点，同样选择 SPTP 指令；首先确定一下需要编程的轨迹图形，这里的轨迹图形是一个正圆，只需要三点就可以确定一个圆弧或者圆，即起点、辅助点和目标点。起点这里定为 P2 点，那 P1 点至 P2 点之间可以选择 SLIN 或 SPTP，这里选用 SLIN 指令；画圆需要圆弧指令，因此 P3、P4 点分别为圆弧指令的辅助点和目标点；轨迹完成以后机器人 TCP 回到安全点 P1，编程时直接将 P1 点复制后添加，系统会自动延伸成 P5 点，P5 点可以选择 SPTP 或 SLIN，但使用 SPTP 的前提是这两点之间没有障碍物，这里 P5 点选择 SPTP 指令。

📋 操作步骤

圆形轨迹示教编程的具体操作步骤如下。

第一步：单击"新"按钮，创建新的程序模块；输入需要创建的程序模块名称，单击"OK"完成程序模块建立，如图 3-63 所示。

第二步：选中建立的程序模块，单击"打开"按钮。在"状态栏"中将坐标系窗口打开，选择所需的坐标系，具体如图 3-64 所示。

图 3-63 新建程序块

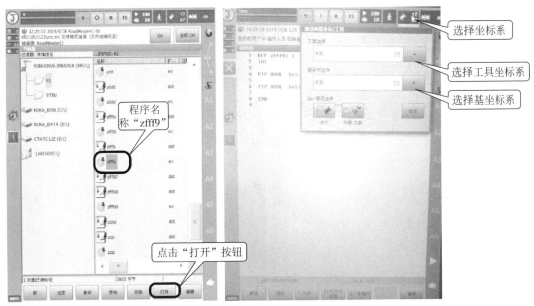

图 3-64 打开程序模块

第三步：按图形轨迹，先添加运动指令。将光标置于 HOME 程序行，单击"指令"→
"运动"，选择 SPTP 指令，单击"OK"按钮，完成 P1 点的指令添加。具体如图 3-65 所示。

第四步：单击左下角"指令"→"运动"，选择 SLIN 指令；单击"OK"按钮，完成
P2 点的指令添加，具体如图 3-66 所示。

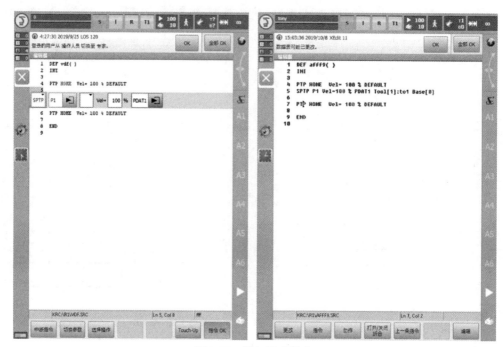

图 3-65　添加运动指令

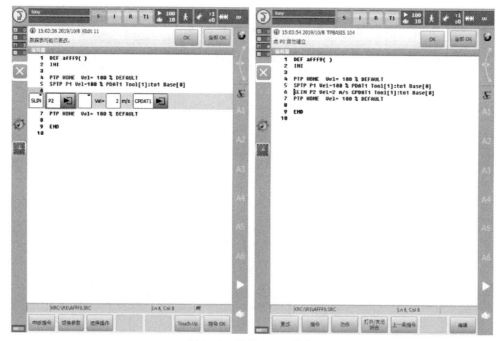

图 3-66　选择 SLIN 指令

第五步：单击左下角"指令"→"运动"，选择 SCIRC 指令，具体如图 3-67 所示。

第六步：点开联机表单后面的空白，选择"ANGLE"选项。在角度一栏，输入 360°圆心角，具体如图 3-68 所示。

图 3-67　选择 SCIRC 指令

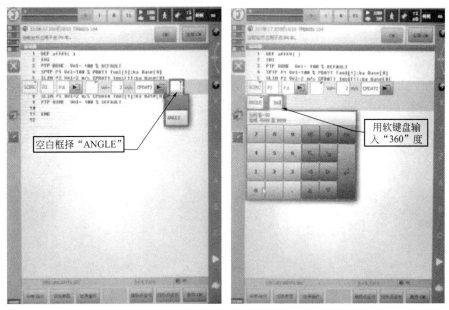

图 3-68　选择 ANGLE 指令

第七步：单击右下角的"辅助点坐标"按钮，继续在弹出的对话框中单击"是"按钮，具体如图 3-69 所示。

第八步：单击右下角的"目标点坐标"按钮，在弹出的对话框中单击"是"按钮；单击"OK"按钮，完成 P3、P4 点的指令添加，具体如图 3-70 所示。

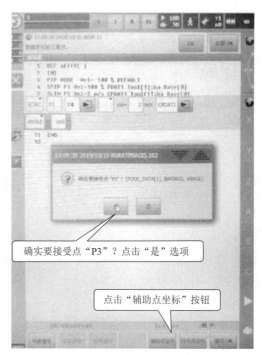

图 3-69　第七步图片说明

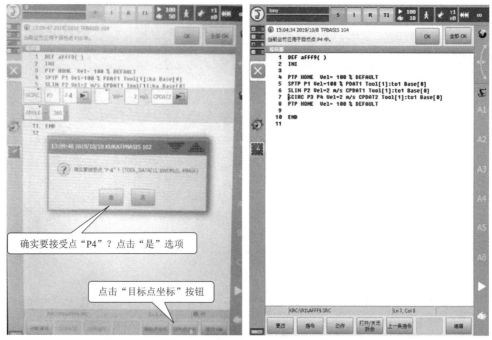

图 3-70　目标点坐标的确认

第九步：将光标置于 P1 点程序行，单击"编辑"→"复制"。将光标置于 P3 点指令 SCIRC 程序行，单击"编辑"→"添加"。图片说明见图 3-71。

第十步：添加完成后，程序会自动定为 P5 点，到此圆形轨迹程序编辑完成。关闭编辑界面，系统会自动保存程序，单击"选定"按钮进入程序，如图 3-72 所示。

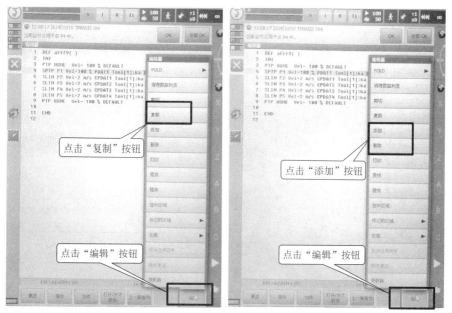

图 3-71　P1 点编辑

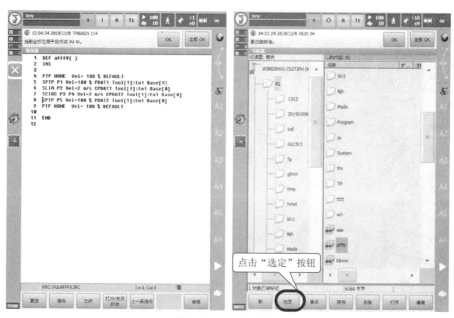

图 3-72　P5 点选定

　　第十一步：将机器人 TCP 移到轮廓轨迹的第一点 P1。将光标置于 P1 点程序行，单击右下角的 "Touch-Up" 按钮，确认当前位置。在弹出的对话框中单击 "是"，具体如图 3-73 所示。

　　第十二步：将机器人的 TCP 移到轮廓轨迹的第二点 P2。将光标置于 P2 点程序行，单击右下角的 "Touch-Up" 按钮，确认当前位置，在弹出的对话框中单击 "是" 按钮，具体如图 3-74 所示。

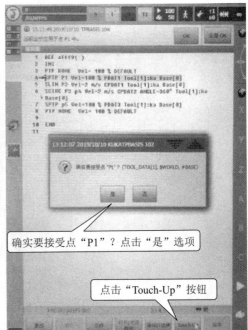

图 3-73　P1 点确认当前位置

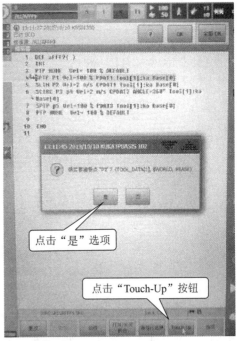

图 3-74　P2 点确认当前位置

　　第十三步：将机器人的 TCP 移到轮廓轨迹的第三点 P3。将光标置于 P3 点程序行，单击右下角的"Touch-Up"按钮，在弹出的对话框中单击"辅助点"，具体如图 3-75 所示。

　　第十四步：在弹出的对话框中单击"是"，确认 P3 点当前位置，具体如图 3-76 所示。

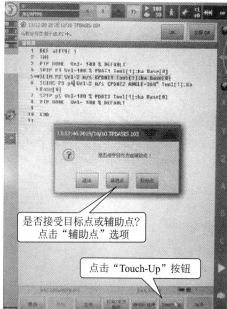

图 3-75　P3 点确认当前位置

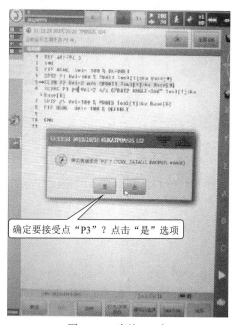

图 3-76　确认 P3 点

第十五步：将机器人的 TCP 移到轮廓轨迹的第四点 P4。将光标置于 P4 点程序行，单击右下角的"Touch-Up"按钮，在弹出的对话框中单击"目标点"按钮，具体如图 3-77 所示。

第十六步：在弹出的对话框中单击"是"按钮，确认 P4 点当前位置。在所有点都调试完成后，按住使能键，然后按住启动键，执行 BCO 后在 T1 运行方式下运行程序，查看程序是否正确，具体如图 3-78 所示。

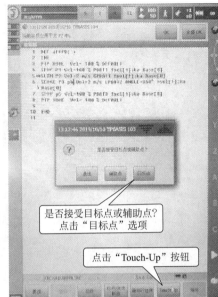

图 3-77　P4 点目标点

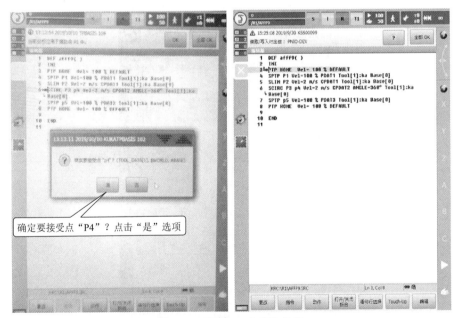

图 3-78　确认 P4 点当前位置

3.4　工业机器人基础逻辑编程

3.4.1　逻辑指令入门介绍

　　KUKA 机器人的逻辑编程主要是对机器人的输入端和输出端的信号进行编辑，KUKA 机器人的输入、输出之间的连接如图 3-79 所示。输入输出系统变量表见表 3-19。

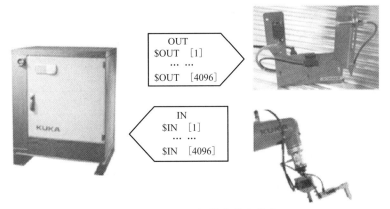

图 3-79　KUKA 机器人输入输出

表 3-19　输入输出系统变量表

名称	输入端	输出端
数字	$ IN[1]\cdots$ $ IN[4096]$	$ OUT[1]\cdots$ $ OUT[4096]$
模拟	$ ANIN[1]\cdots$ $ ANIN[4096]$	$ ANOUT[1]\cdots$ $ ANOUT[4096]$

KUKA 机器人与输入输出端的逻辑信号主要有如下几个：OUT 指令、WAIT FOR 信号等待指令、WAIT 时间等待指令。

（1）OUT 指令：在程序的某一个位置开启或者关闭一个输出

OUT 指令表示对机器人的输出端进行控制。

使用 OUT 指令的前提条件是 KUKA 机器人在创建输出指令之前，需要将机器人的运动方式设置为 T1 运动方式，并且机器人程序已经打开。具体操作步骤如下。

① 将光标置于需要插入逻辑指令的那一行上，选择菜单序列"指令" → "逻辑" → "OUT" → "OUT"，如图 3-80 所示。

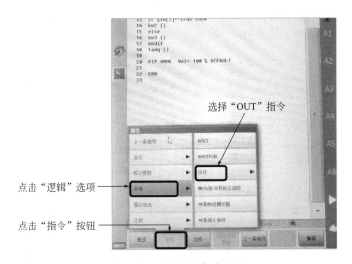

图 3-80　OUT 指令步骤图

② 在弹出的联机表单中设置参数，如图 3-81 所示，参数说明如表 3-20 所示。

　　需要注意的是 CONT 标示的 OUT 指令，假设 OUT 指令的前一个运动指令是 SPTP P2，如果输出指令 OUT 选择了 CONT，则在 P2 点还没执行完时，输出信号就提前触发。因此，想要 P2 点指令完成以后再触发 OUT 信号，就需要选择精确标示，也就是选择空白项。

　　③ 单击"OK"按钮完成指令添加。

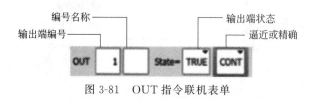

图 3-81　OUT 指令联机表单

表 3-20　OUT 指令联机表单参数说明

名称	说明
输出端编号	数字输出编号为 1~8192；模拟输出编号为 1~32
编号名称	如果输出端已有名称，则会显示出来 从专家用户组起：通过单击长文本可输入名称，名称可以自由选择
输出端状态	输出端被切换成的状态：TRUE、FLASE
逼近或精确	CONT：在预进过程中加工 空白：带预进停止的加工

　　(2) WAIT 时间等待指令：与时间相关的等待指令

　　以 KUKA 工业机器人为例介绍 WAIT 延时等待指令的创建及使用方法。时间等待指令会根据使用者设定的等待时间进行等待操作，时间等待指令最多可等待 30s。

　　使用 WAIT 指令的前提条件是 KUKA 机器人在创建时间等待指令之前，需要将机器人的运动方式设置为 T1 运动方式，并且机器人程序已经打开，具体操作步骤如下。

　　① 将光标置于其后应添加运动指令的那一行中，选择菜单序列"指令"→"逻辑"→"WAIT"，如图 3-82 所示。

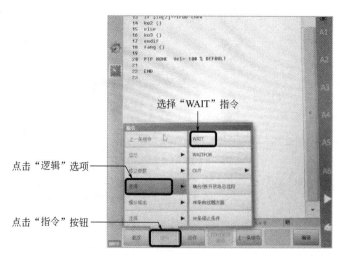

图 3-82　WAIT 指令步骤图

② 在弹出的联机表单中设置参数，如图 3-83 所示，参数说明见表 3-21。

③ 单击"OK"按钮完成指令添加。

表 3-21 WAIT 指令联机表单参数说明

名称	说明
等待时间	≥0s

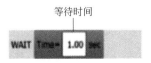

图 3-83 WAIT 指令联机表单

（3）WAIT FOR 信号等待指令

WAIT FOR 指令与 WAIT 指令是有区别的，WAIT 等待的只能是一个时间，而 WAIT FOR 等待的是一个有指向性的条件，它可以是一个输入信号 IN，也可以是一个输出信号，或者是一个表达式。

WAIT FOR 信号等待指令只有在满足使用者设置的条件时，才会进行下一步操作。信号等待指令主要是与输入输出的信号有关，输入输出信号的表示见表 3-19。

使用 WAIT FOR 指令的前提条件是 KUKA 机器人在创建信号等待指令之前，需要将机器人的运动方式设置为 T1 运动方式，并且机器人程序已经打开，具体操作步骤如下。

① 将光标置于其后应添加运动指令的那一行中，选择菜单序列"指令"→"逻辑"→"WAIT FOR"，如图 3-84 所示。

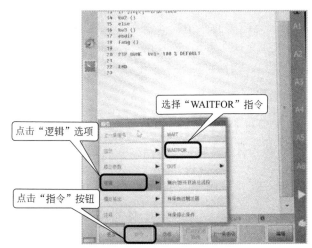

图 3-84 WAIT FOR 指令添加

② 在弹出的联机表单中设置参数，如图 3-85 所示。联机表单参数说明见表 3-22。

③ 单击"OK"按钮完成指令添加。

图 3-85 WAIT FOR 指令联机表单

表 3-22 WAIT FOR 指令联机表单参数说明

名称	说明
外部链接	添加外部链接，运算符位于加括号的表达式之间：AND、OR、EXOR、添加 NOT、NOT、空白，用相应的按键插入所需的运算符

续表

名称	说明
内部链接	添加内部链接,运算符位于加括号的表达式之间:AND、OR、EXOR、添加 NOT、NOT、空白,用相应的按键插入所需的运算符
等待信号	IN、OUT、CYCFLAG、TIMER、FLAG
信号的编号	1～4096
信号名称	如果信号已有名称则会显示出来 从专家用户组起:通过单击长文本可输出名称,名称可以自由选择
逼近或精确	CONT:在预进过程中加工 空白:带预进停止的加工

（4）逻辑运算指令

当需要对多个信号进行判断时,需要运用逻辑运算指令将多个信号进行逻辑连接。常用的逻辑运算指令有 NOT、AND、OR、XOR 这四种。

① 取反逻辑指令（NOT）：用于对状态语句值取反。

② 与逻辑指令（AND）：当连接的两个输入信号的值都为高电平时,该表达式的结果则为真,否则为假。

③ 或逻辑指令（OR）：当连接的两个输入信号的值至少一个为高电平时,该表达式的结果则为真。

④ 异或逻辑指令（XOR）：当连接的两个信号有不同的真值时,该表达式的结果为真。

3.4.2 逻辑指令实际操作示教编程

通过延时、等待等指令编写简单的程序。

（1）"AND"逻辑运算指令的实际应用

任务要求

如图 3-86 所示,用"AND"逻辑指令实现机器人 TCP 移动到安全点 P1,机器人给

图 3-86　轨迹图

PLC 一个信号，使工作台上的绿色指示灯亮，然后机器人等到有启动信号以及绿色指示灯信号时，机器人才可以进行下一步操作，如果指示灯信号或者启动信号中只有一个有信号，机器人将一直等待，直到同时有信号。到达 P2 点后，等待 1s 以后绿色指示灯熄灭。

操作步骤

编程具体操作步骤如下。

第一步：单击"新"按钮，创建新的程序模块；输入需要创建的程序模块名称，单击"OK"完成程序模块建立，如图 3-87 所示。

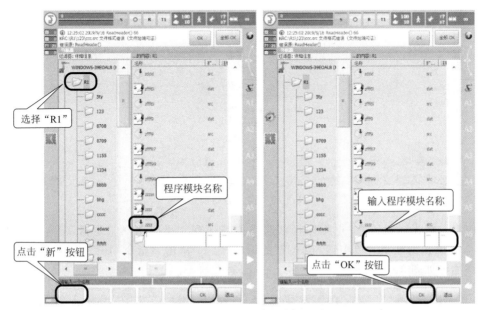

图 3-87　创建程序

第二步：选中新建立的程序模块，单击"打开"按钮，进入程序编辑器开始编程，如图 3-88 所示。

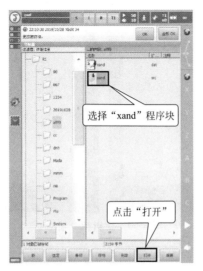

图 3-88　打开程序编辑器

第三步：将光标置于 HOME 程序行，选择菜单序列"指令"→"运动"，选择 SPTP 指令，单击"指令 OK"按钮，完成 P1 点的指令添加，如图 3-89 所示。

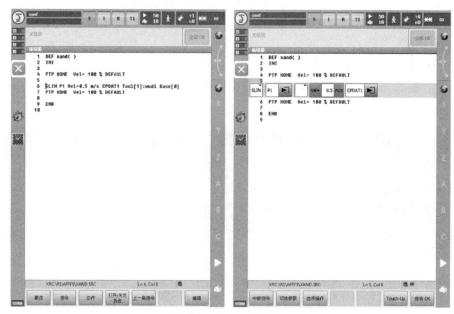

图 3-89　输入运动指令

第四步：将光标置于 P1 点程序行，选择菜单序列"指令"→"逻辑"→"OUT"→"OUT"，在弹出的联机表单中输入 OUT 的编号"1"，单击"指令 OK"按钮，完成输出点的指令添加，如图 3-90 所示。

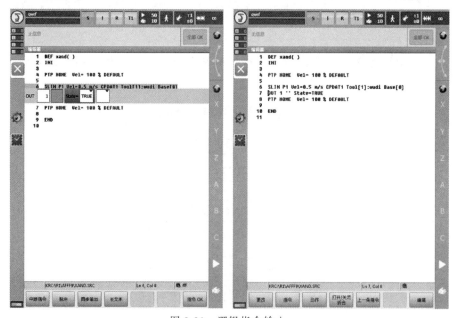

图 3-90　逻辑指令输入

第五步：将光标置于 OUT 程序行，单击菜单序列"指令"→"逻辑"→"WAIT FOR"，在弹出的联机表单中选择菜单序列"添加 AND 项"，继续在弹出的表单中输入信号编号，单击"指令 OK"完成 WAIT FOR 及 AND 指令的添加，如图 3-91 所示。

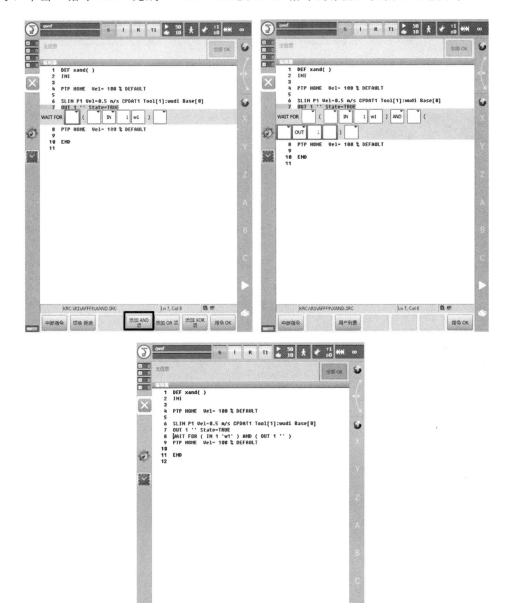

图 3-91　输入逻辑指令

第六步：将光标置于 WAIT FOR 程序行，选择菜单序列"指令"→"运动"，选择 SLIN 指令，单击"OK"按钮，完成 P2 点的指令添加，程序编写完成，如图 3-92 所示。

第七步：关闭程序编辑界面，系统会自动保存程序，单击"选定"按钮进入程序，进行调试，如图 3-93 所示。

第八步：将机器人的 TCP 移到第一个点 P1 处；将光标置于 P1 点程序行，单击右下角的"Touch-Up"按钮，确认当前位置，在弹出的对话框中单击"是"按钮，如图 3-94 所示。

图 3-92　完成 P2 点指令添加

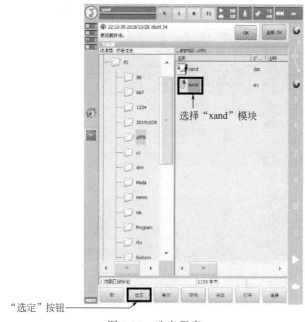

图 3-93　选定程序

　　第九步：将机器人的 TCP 移到第一个点 P2 处，将光标置于 P2 点程序行，单击右下角的"Touch-Up"按钮，确认当前位置，在弹出的对话框中单击"是"按钮，如图 3-95 所示。

　　第十步：在所有点都调试完成后，按住使能键，然后按住启动键，执行 BCO 后在 T1 运行方式下运行程序，查看程序是否正确，如图 3-96 所示。

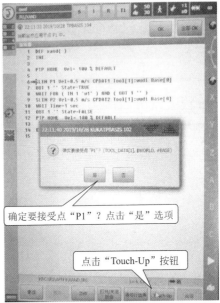

确定要接受点"P1"？点击"是"选项

点击"Touch-Up"按钮

图 3-94　确认当前位置

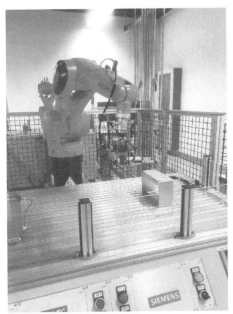
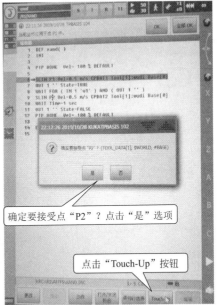

确定要接受点"P2"？点击"是"选项

点击"Touch-Up"按钮

图 3-95　确认 P2 点位置

（2）"NOT"逻辑运算指令的实际应用

📓 任务要求

如图 3-97 所示，用"NOT"逻辑指令实现：机器人 TCP 移动到安全点 P1，然后等待信号为真时，机器人才可以进行下一步操作，移动到 P2 点。

📓 操作步骤

编程具体操作步骤如下。

第一步：单击"新"按钮，创建新的程序模块；输入需要创建的程序模块名称，单击

"OK"完成程序模块建立，如图 3-98 所示。

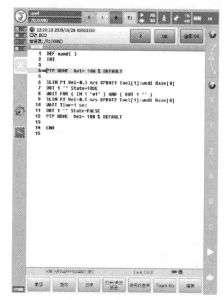

图 3-96 启动程序

图 3-97 轨迹图

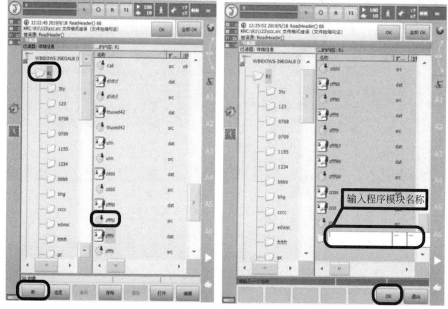

图 3-98 创建新程序模块

　　第二步：选中新建立的程序模块，单击"打开"按钮，进入程序编辑器开始编程，如图 3-99 所示。

　　第三步：将光标置于 HOME 程序行，选择菜单序列"指令"→"运动"，选择 SPTP 指令，单击"指令 OK"按钮，完成 P1 点的指令添加，如图 3-100 所示。

　　第四步：将光标置于 P1 点程序行，选择菜单序列"指令"→"逻辑"→"WAIT FOR"，在弹出的联机表单中将外部链接选择"NOT"，单击"指令 OK"，完成 WAIT FOR 指令的添加，如图 3-101 所示。

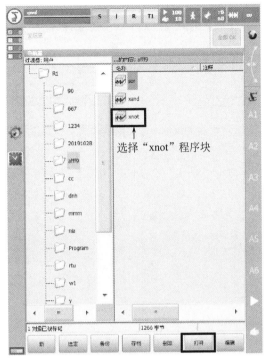

选择"xnot"程序块

图 3-99　打开程序开始编程

图 3-100　选择 SPTP 指令

注意　如果输入信号为真，取反指令（NOT）运算完以后表达式结果就为假，则机器人不会进行下一个操作。直到表达式结果为真，即输入信号为假时，才进行下一步操作。

图 3-101　选择 WAIT FOR 指令

第五步：将光标置于 WAIT FOR 程序行，选择菜单序列"指令"→"运动"，选择 SLIN 指令，单击"OK"按钮，完成 P2 点的指令添加，程序编写完成，如图 3-102 所示。

图 3-102　选择 SLIN 指令

第六步：关闭程序编辑界面，系统会自动保存程序，单击"选定"按钮进入程序，进行调试，如图 3-103 所示。

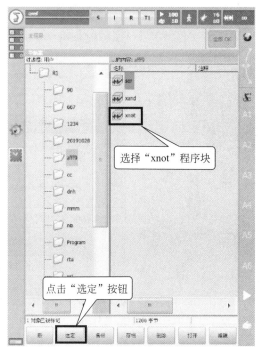

图 3-103 选定程序

第七步：将机器人的 TCP 移到第一个点 P1 处；将光标置于 P1 点程序行，单击右下角的"Touch-Up"按钮，确认当前位置，在弹出的对话框中单击"是"按钮，如图 3-104 所示。

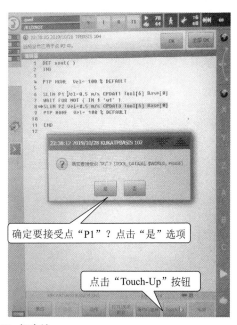

图 3-104 P1 点确认

第八步：将机器人的 TCP 移到第一个点 P2 处；将光标置于 P2 点程序行，单击右下角的"Touch-Up"按钮，确认当前位置，在弹出的对话框中单击"是"按钮，如图 3-105 所示。

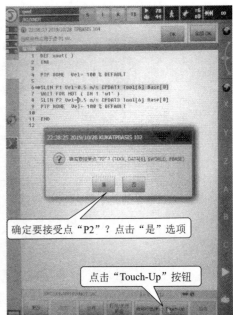

图 3-105 P2 点确认

第九步：在所有点都调试完成后，按住使能键，然后按住启动键，执行 BCO 后在 T1 运行方式下运行程序，查看程序是否正确，如图 3-106 所示。

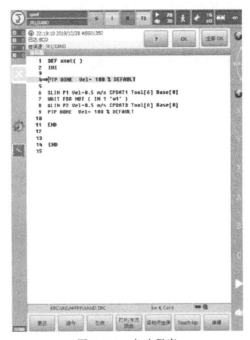

图 3-106 启动程序

（3）"OR" 逻辑运算指令的实际应用

📋 任务要求

如图 3-107 所示，用 "OR" 逻辑指令实现：两个输入信号中任意一个信号为真时，机器人 TCP 才可以进行下一步操作，移动到 P1 点。

图 3-107 轨迹图

📖 操作步骤

编程具体操作步骤如下。

第一步：单击"新"按钮，创建新的程序模块；输入需要创建的程序模块名称，单击
"OK"完成程序模块建立，如图 3-108 所示。

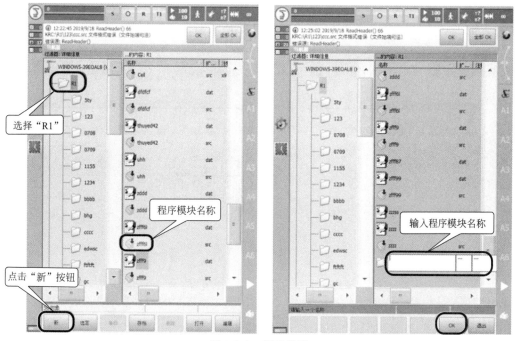

图 3-108 新建程序

第二步：选中新建立的程序模块，单击"打开"按钮，进入程序编辑器开始编程，如
图 3-109 所示。

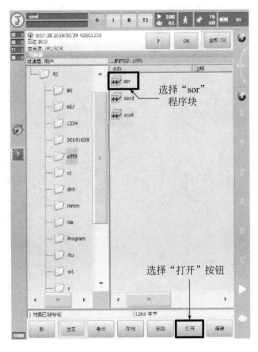

图 3-109　打开编辑器

第三步：将光标置于 HOME 程序行，选择菜单序列"指令"→"逻辑"→"WAIT FOR"，在弹出的联机表单中单击菜单序列"添加 OR 项"，继续在弹出的表单中输入信号的编号，单击"指令 OK"，完成 WAIT FOR 指令的添加，如图 3-110 所示。

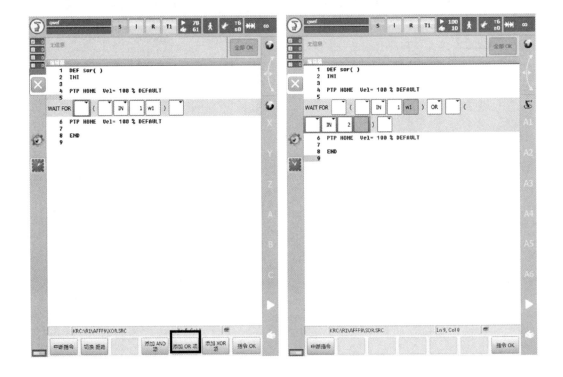

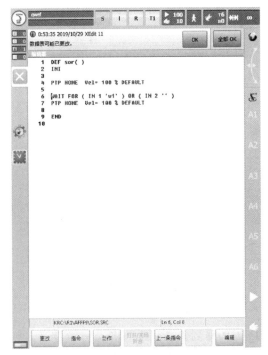

图 3-110 输入逻辑指令

第四步：将光标置于 WAIT FOR 程序行，选择菜单序列"指令"→"运动"，选择 SPTP 指令，单击"OK"按钮，完成 P1 点的指令添加，程序编写完成，如图 3-111 所示。

图 3-111 输入运动指令

第五步：关闭程序编辑界面，系统会自动保存程序，单击"选定"按钮进入程序，进行调试，如图 3-112 所示。

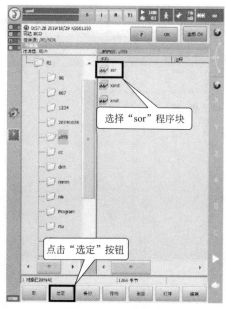

图 3-112　选定程序

第六步：将机器人的 TCP 移到点 P1 处；将光标置于 P1 点程序行，单击右下角的"Touch-Up"按钮，确认当前位置，在弹出的对话框中单击"是"按钮，如图 3-113 所示。

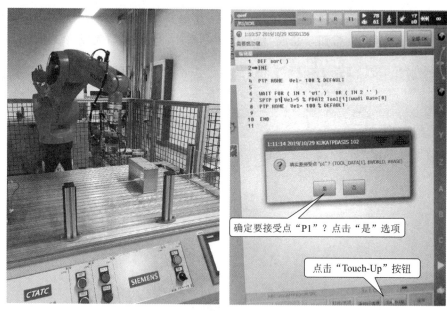

图 3-113　确认 P1 点当前位置

第七步：在所有点都调试完成后，按住使能键，然后按住启动键，执行 BCO 后在 T1 运行方式下运行程序，查看程序是否正确，如图 3-114 所示。

（4）"XOR"逻辑运算指令的实际应用

■ 任务要求

如图 3-115 所示，用"XOR"逻辑指令实现：两个输入信号的值不同时，机器人才可以进行下一步操作，机器人 TCP 移动到 P1 点。

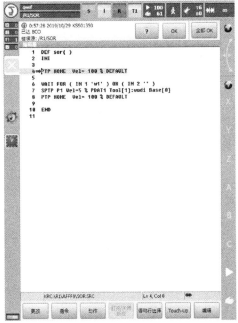

图 3-114　启动程序

图 3-115　轨迹图

📝 操作步骤

编程具体操作步骤如下。

第一步：单击"新"按钮，创建新的程序模块，输入需要创建的程序模块名称，单击"OK"完成程序模块建立，如图 3-116 所示。

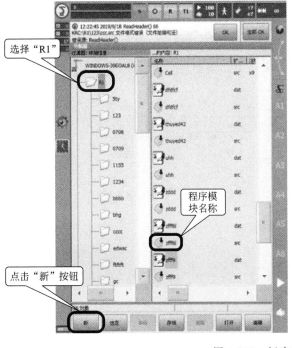

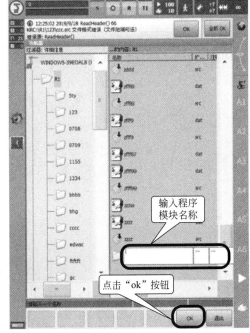

图 3-116　新建程序模块

第二步：选中新建立的程序模块，单击"打开"按钮，进入程序编辑器开始编程，如图 3-117 所示。

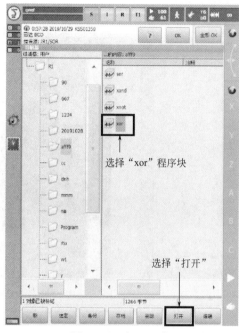

图 3-117　打开程序

第三步：将光标置于 HOME 程序行，选择菜单序列"指令"→"逻辑"→"WAIT FOR"，在弹出的联机表单中单击菜单序列"添加 XOR 项"，继续在弹出的表单中输入信号的编号，单击"指令 OK"，完成 WAIT FOR 指令的添加，如图 3-118 所示。

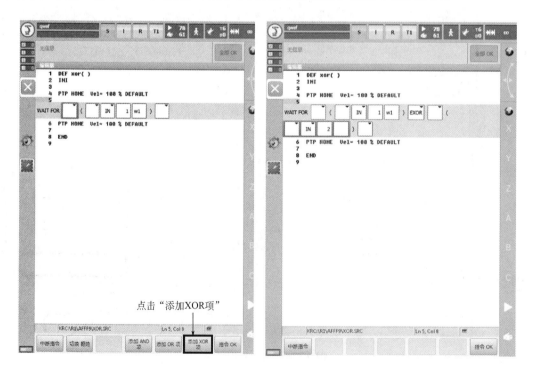

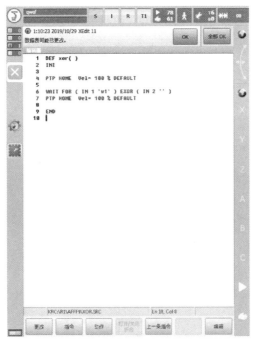

图 3-118 逻辑指令输入

第四步：将光标置于 WAIT FOR 程序行，选择菜单序列"指令"→"运动"，选择 SPTP 指令，单击"指令 OK"按钮，完成 P1 点的指令添加，程序编写完成，如图 3-119 所示。

图 3-119 运动指令输入

第五步：关闭程序编辑界面，系统会自动保存程序，单击"选定"按钮进入程序，进行调试，如图 3-120 所示。

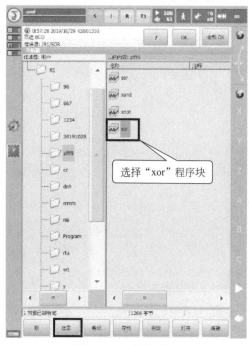

图 3-120　选定程序

第六步：将机器人的 TCP 移到点 P1 处，将光标置于 P1 点程序行，单击右下角的"Touch-Up"按钮，确认当前位置，在弹出的对话框中单击"是"按钮，如图 3-121 所示。

图 3-121　P1 当前位置确定

第七步：在所有点都调试完成后，按住使能键，然后按住启动键，执行 BCO 后在 T1 运行方式下运行程序，查看程序是否正确，如图 3-122 所示。

图 3-122　启动程序

第 4 章

工业机器人接口组态

4.1　控制器内部信号与接口关联

工业机器人的接口组态是学习和使用工业机器人的基础，遇到机器人有故障、系统刷新或者拿到一块新的 I/O 板和需要对一些特殊的接口进行定义等情况时需要进行 I/O 配置。通常情况下，用户在使用机器人时厂家已经将机器人的 I/O 提前进行了设定。

4.1.1　控制器内部信号

工业机器人的输入信号是自外界输入到控制器的信号，也称 I 信号；输出信号是控制器输出到外界的信号，也称 O 信号。I/O 是 Input/Output 的缩写，即输入/输出端口，是机器人与末端执行器、外部装置等系统的外围设备进行通信时的一种电信号。机器人可通过 I/O 与外围设备进行交互，外围设备需要访问机器人时也是通过 I/O 进行访问的。

（1）发那科机器人的通信认知

在发那科机器人的 I/O 通信当中有通用 I/O 和专用 I/O 之分。

通用 I/O 一般是指可以由用户自由定义而使用的 I/O，可以与外部的 PLC、传感器和电磁阀等连接，可分为三类：① 数字 I/O：DI/DO；② 组 I/O：GI/GO；③ 模拟 I/O：AI/AO。专用 I/O 是指用途已确定的 I/O，如外围设备（UOP）I/O：UI/UO；操作面板（SOP）I/O：SI/SO；机器人 I/O：RI/RO。

通用 I/O 信号当中，数字 I/O 信号是从外围设备通过处理 I/O 印制电路板（或 I/O 单元）的输入/输出信号线来进行数据交换的标准数字信号，属于通用数字信号。数字信号的值有 ON（通）和 OFF（断）两类。数字 I/O 可对信号线的物理号码进行再定义。组 I/O（GI/GO），是用来汇总多条信号线并进行数据交换的通用数字信号，分为 GI 和 GO。组信号的值用数值（10 进制数或 16 进制数）来表达，转变或逆变为 2 进制数后通过信号线交换数据组 I/O 可以将信号号码作为 1 个组进行定义，可以将 2～16 条信号线作为 1 组进行定义。该定义即使与数字 I/O 重复也无妨。模拟 I/O（AI/AO），从外围设备通过处理 I/O 印制电路板（或 I/O 单元）的输入/输出信号线而进行模拟量输入/输出电压值的交换，分为模拟量输入 AI 和模拟量输出 AO，进行读写时，将模拟量输入/输出电压转换为数字值。因此，值不一定与输入/输出电压值完全一致。

专用 I/O 信号当中，机器人 I/O 是经由机器人、作为末端执行器 I/O 被使用的机器人数字信号，分为机器人输入信号 RI 和机器人输出信号 RO。末端执行器 I/O 与机器人的手腕上所附带的连接器连接后使用。外围设备 I/O 是与遥控装置和各类外围设备激进型数据交换的、已被系统定义了用途的专用信号，分为外围设备输入信号 UI 和外围设备输出信号 UO。这些信号通过处理 I/O 印制电路板（或 I/O 单元）相关接口与远程装置、控制装置和外围设备连接，从外部进行机器人控制。操作面板 I/O 是用来进行操作面板/操作箱的按钮和 LED 状态数据交换的数字专用信号，分为输入信号 SI 和输出信号 SO，随输入信号操作面板上的按钮 ON/OFF 而定。输出时，进行操作面板上的 LED 指示灯的 ON/OFF 操作。操作面板 I/O 不能对信号号码进行映射（再定义），标准情况下已经定义了 16 个输入信号、16 个输出信号。

（2）ABB 机器人的通信

在 ABB 机器人的 I/O 通信当中，ABB 标准 I/O 板提供的常用信号处理有数字输入 DI、数字输出 DO、模拟输入 AI、模拟输出 AO，以及输送链跟踪，常用的标准 I/O 板有 DSQC651 和 DSQC652。ABB 标准 I/O 板是挂在 DeviceNet 网络上的，所以要设定模块在网络中的地址。ABB 机器人的标准 I/O 板的输入和输出都是 PNP 类型，常用的 ABB 标准 I/O 板如表 4-1 所示。

表 4-1　常用的 ABB 标准 I/O 板

序号	型号	说明
1	DSQC651	分布式 I/O 模块 DI8、DO8、AO2
2	DSQC652	分布式 I/O 模块 DI16、DO16
3	DSQC653	分布式 I/O 模块 DI8、DO8 带继电器
4	DSQC355A	分布式 I/O 模块 AI4、AO4
5	DSQC377A	输送链跟踪单元

ABB 标准板卡介绍：

① ABB 标准 I/O 板 DSQC651　DSQC651 包括了 8 个数字输入端、8 个数字输出端和 2 个模拟量输出端。模块接口如图 4-1 所示。

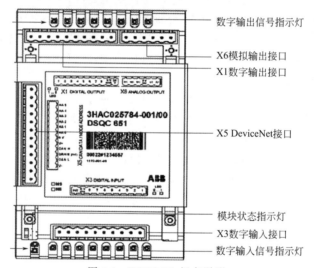

图 4-1　DSQC651 板卡说明

② ABB 标准 I/O 板 DSQC652　DSQC652 包括 16 个数字输入端和 16 个数字输出端。模块接口如图 4-2 所示。

③ ABB 标准 I/O 板 DSQC653　DSQC653 包含 8 个数字输入端和 8 个数字输出端，该输出是带继电器的。模块接口如图 4-3 所示。

④ ABB 标准 I/O 板 DSQC355A　DSQC355A 是一个模拟板，包含 4 个模拟量输入端和 4 个模拟量输出端。模块接口如图 4-4 所示。

⑤ ABB 标准 I/O 板 DSQC377A　DSQC377A 是输送链跟踪单元板，主要提供机器人输送链跟踪功能所需的编码器与同步开关信号的处理。模块接口如图 4-5 所示。

（3）工业机器人内部控制信号

在工业机器人的实际应用和学习过程中，若要实现机器人与外围设备的信息交互甚至是实现外部自动运行和监控外部设备等，都需要对 I/O 进行配置，一般的配置方法是：将机器人 I/O 信号与机器人的系统动作或状态关联，即可通过外部按钮控制程序启动，以及调用信号处理指令监控外部设备等。现主要以 KUKA 工业机器人为例进行接口组态的详细介绍。

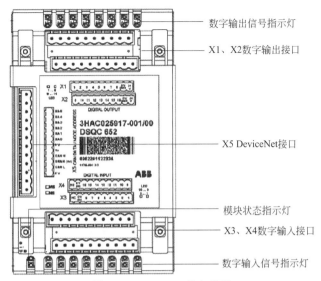

图 4-2　DSQC652 板卡说明

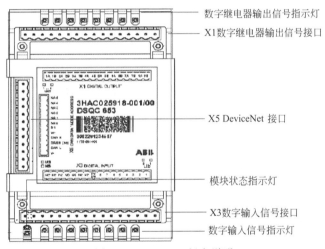

图 4-3　DSQC653 板卡说明

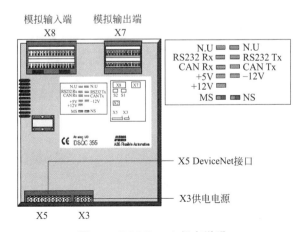

图 4-4　DSQC355A 板卡说明

图 4-5　DSQC377A 板卡说明

作为工业生产中较为常用的机械设备，工业机器人可以将物料从一处移动到另一处，在这个搬运的过程中要将物料"搬走"就需要用到一些像"手"一样的工具。在工业机器人学习中使用较多的是平行夹和吸盘，很多时候平行夹用于物料的搬运任务，吸盘用于物料的码垛任务。如图 4-6 所示为平行夹和吸盘的外观模样。

对物料的"夹"和"放"是通过平行夹来完成的，而平行夹的"夹""放"动作是通过一对电磁阀来实现的。在 KUKA 机器人 KR 6 R700 sixx 的本体当中，像这样的双电控内置电磁阀一共有三对，它们具有自保持功能，这些信号就是控制器内部信号的一部分。自保持功能是指当电磁阀线圈得电进行某一动作后可以一直保持当前的机械动作状态，即使失电后仍可继续保持，直至接收到反方向线圈得电信号为止。这也是 KUKA 机器人的优点之一，在实际运用过程中可以防止机器人因突然断电导致物料脱落而带来的危险或损失。

电磁阀控制信号是 6 个数字输出信号，即 DO7～DO12，分别对应：DO7/DO10、DO8/DO11、DO9/DO12 三对电磁阀。在设备中实际用到的是 DO9/DO12 这一对，平行夹的"夹""放"或是吸盘的"吸""放"等都是通过它们来进行控制的。电磁阀气路接口如图 4-7 所示。

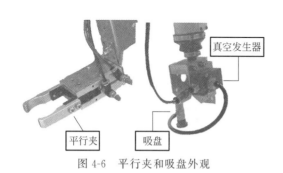

图 4-6　平行夹和吸盘外观　　　　　图 4-7　电磁阀气路接口

① 平行夹的安装

第一步：关闭设备气源开关，如图 4-8 所示。

第二步：安装平行夹。

第三步：从机器人本体引出两条 $\phi4$ 气管分别连接平行夹。由于电磁阀运动方向不同，连接后夹爪动作方向需要与设备输入输出配置进行配合。

② 吸盘的安装

将平行夹替换为吸盘的具体操作步骤如下。

第一步：关闭设备气源开关。

第二步：拔掉平行夹上的两根气管 $\phi4$，如图 4-9 所示。

图 4-8　设备气源开关

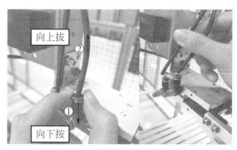

图 4-9　拔下平行夹上气管

注意气管的插拔：拔气管时不要直接拉住气管向外拽，避免因外力过大而拉断致使气管根部留在设备内造成损坏。正确的操作方式为一只手用力按下后，同时另一只手再拉住气管向外拔。插气管时较为方便，直接将气管插入即可。

第三步：使用专用工具拆掉平行夹上两个内六角螺钉，拆下平行夹，安装吸盘，如图 4-10 所示。

第四步：连接气管。

撤掉平行夹后剩下两根气管（$\phi4$），判断其常态下的状态。

常态下出气的一根靠近平行夹一侧用扎带扎起来，不用从本体上撤离，方便后期继续使用，具体扎法见图 4-11。

(a) 拆下平行夹　　(b) 安装吸盘

图 4-10　拆下平行夹，安装吸盘

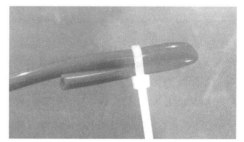

图 4-11　气管捆扎

常态下出气的一根 $\phi4$ 气管通过变径转为 $\phi6$（约 4.5cm）后连接到真空发生器后端；最后连接真空发生器和吸盘即可完成连接，具体连接见图 4-12。

4.1.2　内部信号与接口的关联

（1）WorkVisual 概览

信号与接口的关联需要用到相关专业软件 WorkVisual 进行配置。

软件包 WorkVisual 受控于 KR C4 机器人工作单元的工程环境。它具有以下功能：

① 架构并连接现场总线；

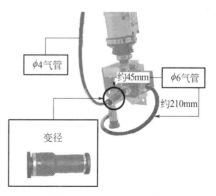

图 4-12　吸盘气路连接

② 机器人离线编程；

③ 配置机器参数；

④ 离线配置 RoboTeam；

⑤ 编辑安全配置；

⑥ 编辑工具和基坐标系；

⑦ 在线定义机器人工作单元；

⑧ 将项目传送给机器人控制系统；

⑨ 从机器人控制系统载入项目；

⑩ 将项目与其他项目进行比较，如果需要则应用差值；

⑪ 合并项目；

⑫ 检测项目；

⑬ 管理长文本；

⑭ 管理备选软件包；

⑮ 管理更新；

⑯ 诊断功能；

⑰ 在线显示机器人控制系统的系统信息；

⑱ 配置测量记录、启动测量记录、分析测量记录（用示波器）；

⑲ 创建和编辑 KRL 程序；

⑳ 在线编辑机器人控制系统的文件系统；

㉑ 调试 KRL 程序。

目前，WorkVisual 软件有多个版本，较常用的是 WorkVisualV4.29 和 WorkVisualV5.0。WorkVisualV4.29 当中中文较多，WorkVisualV5.0 版本相对更高，可同时与一个低版本的 WorkVisual 安装在 PC 上。但同一时间只能使用其中一个版本。此外，WorkVisualV5.0 还包含一个用于生成便携版的程序。值得注意的是对于同一台设备而言，低版本无法打开高版本项目。

WorkVisualV5.0 操作界面如图 4-13 所示，在默认状态下并非所有单元都显示在操作界面上，操作者可根据需求进行显示或隐藏。除了图 4-13 所示的窗口和编辑器外，还有其他选择以供选用，可通过菜单项"窗口"和"编辑器"来进行显示。具体说明见表 4-2。

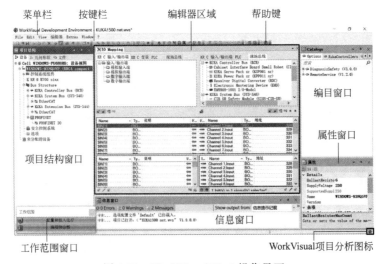

图 4-13　WorkVisualV5.0 操作界面

表 4-2 WorkVisualV5.0 操作界面具体功能介绍

名称	说明
菜单栏	显示系统可执行的命令
按键栏	显示或隐藏按键、按钮栏
编辑器区域	如果打开了一个编辑器，则将在此显示。可能同时有多个编辑器打开(如此处示例中)。这种情况下,这些编辑器将上下排列,可通过选项卡选择
帮助键	通过帮助键可查找相关资料
项目结构窗口	包括"设备""几何形状""文件"等选项卡
编目窗口	该窗口中显示所有添加的编目。编目中的各个部分可以添加到窗口 Project structure 的选项卡设备或几何形状中
工作范围窗口	通过工作范围窗口可以选择两种不同的显示视图
信息窗口	此处显示提示信息
属性窗口	若选择了一个对象,则在此窗口中显示其属性。属性可变。灰色栏目中的各单项属性不可改变
WorkVisual 项目分析图标	WorkVisual 可在后台连续分析当前项目。如果期间发现配置错误,则 WorkVisual 向用户发出指示。此外,对多种错误将提供自动修正

(2) 前期准备工作

① 更改用户权限

KUKA 机器人有很多用户组等级，不同级别对应权限不同。系统默认用户组为操作人员，即"用户"，这是唯一不需要密码的用户组。每当设备重启或连续 5 分钟未在操作界面进行任何操作，抑或要切换至自动运行或外部自动运行模式时，机器人控制系统将出于安全原因自动切换至默认用户组。为了后期操作顺利，此处需要将用户权限更改为"专家"。除了默认用户组外其他所有用户组都有密码保护，所有组的默认密码为"kuka"。

更改专家权限的具体操作为：单击示教器右上角图标进入主菜单，单击"配置"→"用户组"→选择"专家"→输入密码"kuka"进行登录，如图 4-14 所示。

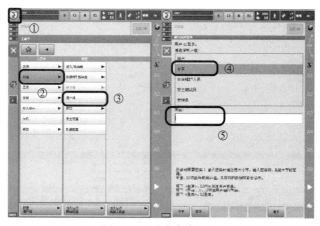

图 4-14 更改专家权限

② 查看 KUKA 机器人 IP 地址

主菜单→"投入运行"→"网络配置"，如图 4-15 所示。

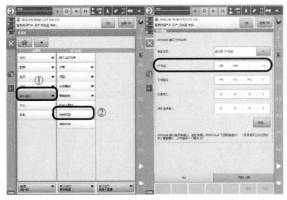

图 4-15　查看机器人 IP 地址

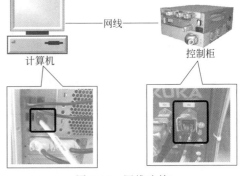

图 4-16　网线连接

③ 用网线将控制柜（X66 接口）和电脑进行连接（图 4-16）。

④ 更改电脑 IP 地址

机器人控制系统与 WorkVisual 电脑进行通信的前提条件是，两个系统通过相应的接口处于同一网络中。原则上更改电脑或是控制柜 IP 地址都可以，此书对应设备网址统一为 192.168.1.11，子网掩码为 255.255.255.0。为了方便后期设备维护此处不提倡操作者更改控制柜地址，以保持同一批设备网址的一致性。因此，建议操作人员根据控制柜地址所在网段更改 PC 地址，即：

更改电脑 IP 地址：192.168.1.XXX；

机器人默认 IP：192.168.1.11；

更改电脑 IP 地址具体步骤为：打开电脑控制面板→找到"网络和共享中心"，单击"更改适配器设置"→单击"以太网"，右击选择"属性"→选择"Internet 协议版本 4（TCP/Ipv4）"后单击"属性"→更改为与控制柜同一网段的网址后单击"确定"完成连接。由于不同电脑界面不尽相同，此处只做简单介绍。

（3）WorkVisual 软件设置

输入输出映射窗口如图 4-17 所示，各部分说明见表 4-3。

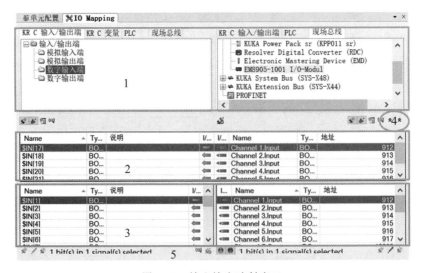

图 4-17　输入输出映射窗口

表 4-3　输入输出映射窗口说明

名称	说明
1	显示输入/输出端类型和现场总线设备。通过选项卡从左右选定两个要连接的区域。此处所选中区域的信号在下半部分被显示出来
2	显示连接的信号
3	显示所有信号。这里可以连接输入/输出端。已连接为灰色,未连接为绿色
4	在此可将两个信号显示窗口单独合上和再展开
5	显示被选定信号包含多少位
	输入端过滤器/显示所有输入端: 显示、隐藏输入端
	输出端过滤器/显示所有输出端: 显示、隐藏输出端
	对话筛选器: 窗口信号过滤器打开。输入过滤选项(文字、数据类型和/或信号范围)并单击"按键过滤器",显示满足该标准的信号。如果设置了一个过滤器,则按键右下角出现一个绿色的勾。如果要删除所设置的过滤器,则单击"按键",并在窗口信号中单击"按键复位",然后单击"过滤器"
	查找连接信号: 只有当选定了一个连接的信号时才可用
	连接信号过滤器/显示所有连接信号: 显示、隐藏连接信号
	未连接信号过滤器/显示所有未连接信号: 显示、隐藏未连接信号
	断开: 断开选定的连接信号。可选定多个连接,一次断开
	连接: 将显示中所有被选定的信号相互连接。可以在两侧上选定多个信号,一次连接(只有在两侧上选定同样数量的信号时才有可能)
	在提供器处生成信号: 只有当使用 Multiprog 时才相关
	编辑提供器处的信号: 对于现场总线信号:打开一个可对信号位的排列进行编辑的编辑器
	删除提供器处的信号: 只有当使用 Multiprog 时才相关

内部信号映射具体操作步骤如下。

第一步：双击 WorkVisual 图标，进入软件界面。如图 4-18 所示。

第二步：在 WorkVisual 软件中查找项目。

① 单击菜单栏中"File"，在下拉菜单中选择"查找项目"命令，如图 4-19 所示。

② 在出现的"WorkVisual 项目浏览器"对话框中单击"搜索"，确定电脑和机器人连接好后，单击"更新"，即可读取设备底层信息，如图 4-20 所示。

在电脑和机器人连接正常的情况下会出现图 4-20 所示的"Cell WINDOWS-PUHORD"目录（不同项目名称不同），若此处出现搜索不到项目的情况（如图 4-21 所示），则说明电脑与机器人连接异常。可能的原因有很多，例如：

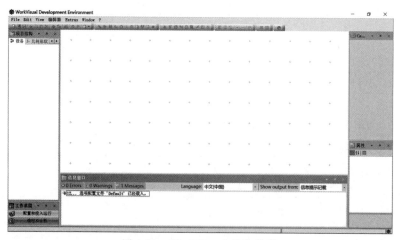

图 4-18 WorkVisual 软件界面

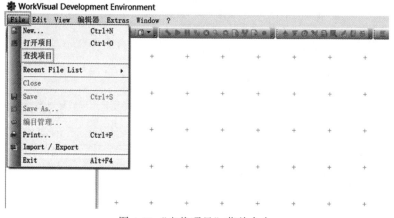

图 4-19 "查找项目"菜单命令

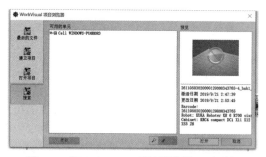

图 4-20 "WorkVisual 项目浏览器"对话框

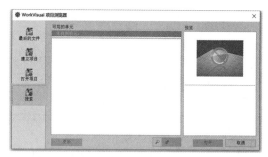

图 4-21 WorkVisual 软件搜索不到项目

a. 电脑未统一网段,即 192.168.1.XXX;

b. KUKA 设备没上电;

c. KUKA 权限未更改为"专家"或虽改为"专家"但是没有"登录"等。

③ 在出现的"Cell WINDOWS-PUHORD"目录下,单击目录前方"+",可出现子目录,并显示机器人的 WorkVisual 项目,选择"26110503020000120000343765-4_bak1_bak1-V1.4.0"项目,单击"打开",显示机器人正在使用的项目,如图 4-22 所示。

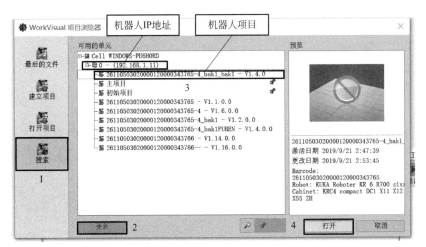

图 4-22　查找机器人项目

第三步：激活机器人项目。

选中设备→鼠标右击→"设为激活的控制系统"，直接进行双击也可进行激活操作，如图 4-23 所示。

图 4-23　设为激活的控制系统

激活控制系统后，出现"KR C 输入/输出"和"现场总线"等选项的显示界面，如图 4-24 所示。

第四步：机器人与内置电磁阀输入信号配置。

① 确认进入"IO Mapping"输入输出映射对话框。

② 在左侧对话框"KR C 输入/输出端"中选择"数字输入端"，显示的信息如图 4-25 所示。拖动进度条即可发现输入端共有 4096 个点可供选择。

③ 在右侧对话框的"现场总线"中选择"KUKA controller Bus（KCB）""EM8905-1001 I/O-Modul"（电磁阀型号），为方便配置可进行信息筛选，具体信息如图 4-26 所示。

④ 信号连接。选择"数字输入端"信号，再选择对应"现场总线"一端信号，单击"连接"按钮，即可完成信号的连接。也可按住"Shift"键同时选择多组信号进行一次性连接，如图 4-27 所示。

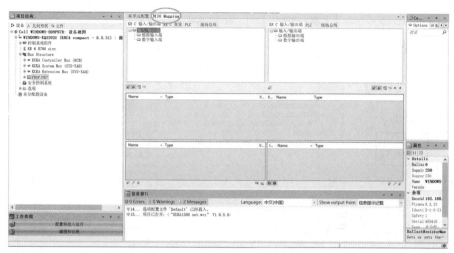

图 4-24　激活控制系统后端界面

图 4-25　数字输入端信号

图 4-26　内部电磁阀信号

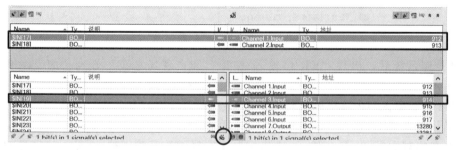

图 4-27　信号连接

⑤ 连接好的 6 位输入信号如图 4-28 所示。

第五步：机器人与内置电磁阀输出信号配置。

① 确认进入"IO Mapping"输入输出映射对话框。

② 在左侧对话框"KR C 输入/输出端"中选择"数字输出端"，显示的信息如图 4-29 所示。

图 4-28　机器人与内置电磁阀输入信号配置

③ 在右侧对话框的"现场总线"中选择"KUKA controller Bus(KCB)""EM8905-1001 I/O-Modul"(电磁阀型号),具体信息如图 4-30 所示。

图 4-29　数字输出端信号图

图 4-30　内部电磁阀信号

④ 信号连接。选择"数字输出端"信号,再选择对应"现场总线"一端信号,单击"连接"按钮,即可完成信号的连接。也可按住"Shift"键同时选择多组信号进行一次性连接。如图 4-31 所示。

⑤ 连接好的 8 位输出信号如图 4-32 所示。

平行夹"夹""放"IO 信号对照见表 4-4。

表 4-4　平行夹 IO 信号配置对照表

机器人数字输出端	备注	映射	电磁阀控制端	端口说明
$OUT[19]	jia	→	Channel 9. Output	夹爪夹紧
$OUT[22]	fang	→	Channel 12. Output	夹爪放开

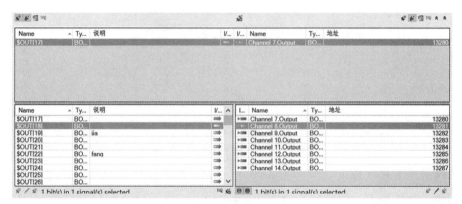

图 4-31　信号连接

图 4-32　机器人与内置电磁阀输出信号配置

第六步：将项目传给机器人控制系统。

在 WorkVisual 当中对信号配置完成后需要将项目传送给机器人控制系统，该操作需要专家权限，具体操作步骤如下。

① 更改用户权限为"专家"。

② 生成代码。单击"按键栏""生成代码"图标，将配置生成代码，如图 4-33 所示。

图 4-33　生成代码

③ 单击"按键栏""安装"图标进行安装，或在菜单栏中选择"安装"命令，如图 4-34 所示。

图 4-34　选择"安装"命令

④ 在弹出的"指派控制系统"对话框中打勾后单击"继续"，如图 4-35 所示。

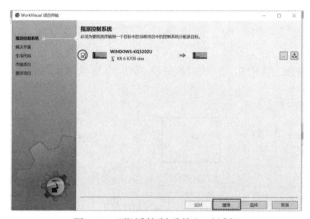

图 4-35　"指派控制系统"对话框

⑤ 之后会陆续出现"代码生成"和"项目传输"两个对话框，分别单击"继续"即可，如图 4-36 所示。

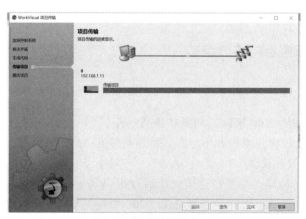

图 4-36　项目传输完成

⑥ 激活过程中需要示教器进行配合，软件界面显示"期待着用户输入"，在 KUKA 示教器弹出框中单击"是"。

⑦ 项目激活完成后，软件界面会显示"已激活！"，此时单击"完成"即可完成项目的下载任务。

4.2 系统的外部信号连接与软件组态

4.2.1 系统的外部信号连接

KUKA 机器人除了内部信号的连接外还可以与外部信号进行连接，比如外围的传感器、按钮、指示灯或者 PLC 等。与内部信号一样，它们与控制系统进行硬件连接，用软件 WorkVisual 进行配置后即可实现与机器人之间的通信。

本书对应设备的系统外部信号连接示意图如图 4-37 所示。机器人与外部信号的连接是通过控制柜端口 X12 与 PLC 连接实现的。PLC 的四路输入输出通道分别连接到 TB1～TB4 这 4 个端子排上，之后再分别连接不同设备，由图 4-37 可知，PLC 的 0 和 1 通道通过 25 针线引到操作平台桌面，通过两个端子排 TB1 和 TB2 可以连接不同的操作模块，比如各类传感器或电机等。PLC 的 2 通道通过端子排 TB3 连接前面板上的各个按钮和指示灯等。PLC 的 3 通道通过端子排 TB4 连接到 X12，从而实现与 KUKA 机器人控制柜的连接。实际连接为，PLC 的输出 Q3 连接到机器人的输入 IN，机器人的输出 OUT 连接 PLC 的输入 I3。

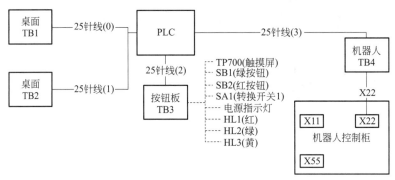

图 4-37　外部信号连接示意图

4.2.2 系统的外部信号与接口组态

（1）前期准备工作

① 更改用户权限为"专家"级。

② 用网线将控制柜（X66 接口）和电脑进行连接。

③ 改电脑 IP 地址，统一电脑和 KUKA 机器人网段"192.168.1.XX"。

（2）WorkVisual 软件设置

第一步：将电脑与机器人控制器连接完毕后双击 WorkVisual 图标，进入软件界面。

第二步：在 WorkVisual 软件中查找项目。在"WorkVisual 项目浏览器"对话框中单击"搜索"，若一开始找不到项目，单击下方"更新"，读取设备底层信息，如图 4-38 所示。

第三步：激活机器人项目。选中项目名称，右击选择"设为激活的控制系统"进行激活，如图 4-39 所示。激活控制系统后，出现"KR C 输入/输出"和"现场总线"等选项的显示界面。

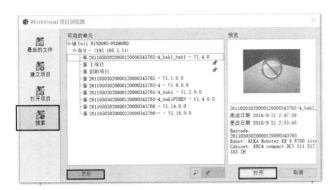

图 4-38　搜索机器人项目

图 4-39　激活控制器

第四步：机器人与外部输入信号配置。

① 确认进入"IO Mapping"输入输出映射对话框。

② 在左侧对话框"KR C 输入/输出端"中选择"数字输入端"，显示的信息如图 4-40 所示。

③ 在右侧对话框的"现场总线"中选择"KUKA Extension Bus（SYS-X44）""EL1809 16Ch. Dig. Input 24V，3ms"，为方便配置可进行信息筛选，具体信息如图 4-41 所示。

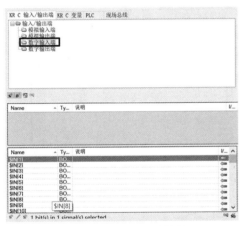

图 4-40　数字输入端信号

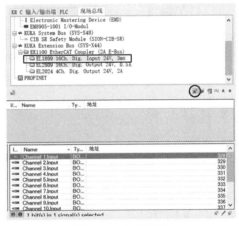

图 4-41　设备信号

④ 信号连接。选择"数字输入端"信号，再选择对应"现场总线"一端信号，单击"连接"按钮，即可完成信号的连接。也可按住"Shift"键同时选择多组信号进行一次性连接。

⑤ 连接好的 16 位输入信号如图 4-42 所示。

第五步：机器人与外部输出信号配置。

① 在左侧对话框"KR C 输入/输出端"中选择"数字输出端"。

② 在右侧对话框的"现场总线"中选择"KUKA Extension Bus（SYS-X44）""EL2809 16Ch. Dig. Output 24V，0.5A"。

③ 信号连接。选择"数字输出端"信号，再选择对应"现场总线"一端信号，单击"连接"按钮，即可完成信号的连接。也可按住"Shift"键同时选择多组信号进行一次性连接。

④ 连接好的 16 位输出信号如图 4-43 所示。

图 4-42　完成后的 16 位输入信号连接

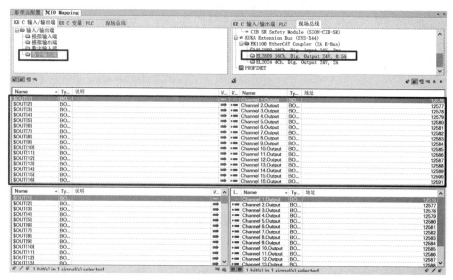

图 4-43　完成后的 16 位输出信号连接

第六步：将项目传给机器人控制系统。

在 WorkVisual 当中对信号配置完成后需要将项目传送给机器人控制系统，该操作需要专家权限。具体操作步骤详见 4.1.2 节。

4.3　物料检测接口组态与应用

4.3.1　任务描述

在物流行业中，机器人进行拾取和放置时需要知道物品的准确位置，因此通常与传感器等配合使用来实现对纸箱或周转箱等物品的搬运和分拣、码垛等自动化作业。以此为背景可以进行模拟物料检测的搬运练习，具体任务描述如下：

通过对机器人编程和为 WorkVisual 软件配置 I/O，按下启动按钮后，当检测到位置 A 有物料时，机器人从初始位置出发利用平行夹将料块从位置 A 取出搬运到位置 B，从位置 B 取出放回位置 A，再从位置 A 取出搬运到位置 B……按下停止按钮，完成当前循环后停止动作。

4.3.2　相关传感器介绍

由于本套机器人工程应用系统是一套模块化机器人训练系统，因此可根据不同的任务要求对不同的模块和单元进行集成。

（1）三位载货台

三位载货台如图 4-44 所示。

三位载货台是具有三个工位的平面库，可以对物料进行存储，如图 4-44 所示，其中两个工位分别存放了黄、蓝两色料块。该装置在本套设备中应用较为广泛，如搬运、码垛以及机床上下料等。

（2）漫反射传感器

物料检测系统的结构组成：型材基体、漫反射传感器（如图 4-45 所示）、接线端子等。

物料检测系统的功能：可以检测物料到达的位置和数量。

图 4-44　三位载货台

① 接线图。PNP 型输出接线图如图 4-46 所示。

图 4-45　漫反射传感器

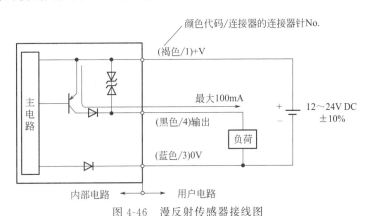

图 4-46　漫反射传感器接线图

② 参数表。漫反射传感器参数见表 4-5。

表 4-5　漫反射传感器参数

名称	说明
电源电压	DC12～24V
消耗电流	≤25mA
最大输出电流	100mA
检测范围	300mm

名称	说明
灵敏度调节	连续可变调节器
重复精度	≤1mm
检测输出操作	可在入光时 ON 或遮光时 ON 之间调节
反应时间	1ms 以下

将漫反射传感器与三位载货台组合安装即可实现对单个工位的存储和有无物料的检测功能。具体安装位置可根据不同的任务需求进行调整，如图 4-47 所示。

图 4-47　传感器与三位载货台组合

4.3.3　I/O 组态和检测方法

（1）I/O 配置

机器人与内部信号对照见表 4-6，机器人与外部信号对照见表 4-7。

表 4-6　机器人与内部信号配置对照表

机器人数字输出端	备注	映射	电磁阀控制端	端口说明
＄OUT[19]	jia	→	Channel 9. Output	夹爪夹紧
＄OUT[22]	fang	→	Channel 12. Output	夹爪放开

表 4-7　机器人与外部信号配置对照表

机器人数字输入端	备注	映射	电磁阀控制端	端口说明
＄IN[1]	输入端	→	Channel 1. Input	启动按钮 SB1
＄IN[2]	输入端	→	Channel 2. Input	有无物体检测
＄IN[3]	输入端	→	Channel 3. Input	停止按钮 SB2

（2）检测装置接口组态通信

机器人内部信号和外部信号映射完成后可以对配置结果进行检测，具体检测步骤见表 4-8。

表 4-8　机器人接口信号检测步骤

序号	操作步骤	图片说明
第一步	示教器："菜单"→"显示"→"输入/输出端"→"数字输入/输出端"	
第二步	进入"数字输入/输出端"界面后，进入输出端，找到"19"号端口，按下使能键，单击"值"，看到"19"号端口信号由灰色变亮为绿色。随后在使能键按下的情况下再次单击"值"取消信号给定	
第三步	机器人平行夹夹紧	
第四步	对"22"号端口进行信号给定。注：电磁阀具有自保持功能，建议在执行"jia"动作后随手恢复"jia"的信号给定，这样既可以保证后期执行"fang"的动作也可延长电磁阀自身使用寿命	
第五步	机器人平行夹放开	
第六步	进入输入端，找到传感器对应的信号端口，在无信号的状态下显示为灰色	

序号	操作步骤	图片说明
第七步	按下启动按钮 SB1	
第八步	输入端信号"1"由灰色变亮为绿色。松开启动按钮后恢复为灰色	
第九步	将料块放入平面库,漫反射传感器接收到信号。注:手臂尽量避开光栅信号,以免影响信号传输	
第十步	输入端信号"2"由灰色变亮为绿色。物料离开后恢复为灰色	
第十一步	按下停止按钮 SB2	
第十二步	输入端信号"3"由灰色变亮为绿色。松开停止按钮后恢复为灰色	

4.3.4　示教器编程

（1）确定任务路径

进行程序复位后启动机器人，初始状态下库 A 处无物料，机器人无动作。在库 A 处放入物料后机器人等待 2s 从系统安全点到库 A 上方 50mm 处→下降 50mm 到达库 A 位置进行料块夹取→夹持物料上升 50mm→回到系统安全点→到达库 B 上方 50mm→下降 50mm 到达库 B 位置进行物料释放→上升 50mm→回到系统安全点→等到停止信号后回到初始位置。图 4-48 所示为任务流程图。

（2）具体案例参考程序及注释

新建程序后在 ".dat" 文件中进行定义：decl int a。在 ".src" 文件中进行编程，如图 4-49 所示。

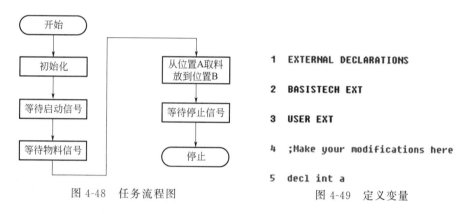

图 4-48　任务流程图　　　　图 4-49　定义变量

① 在 INI 和第一个 HOME 点之间进行变量赋值和初始化，并定义坐标点。将 0 赋给变量 a，使平行夹执行"放"动作。再通过 IF 语句定义坐标点：库 A 位置 P1，库 B 位置 P2，系统安全点 P3，系统中间点 P4。

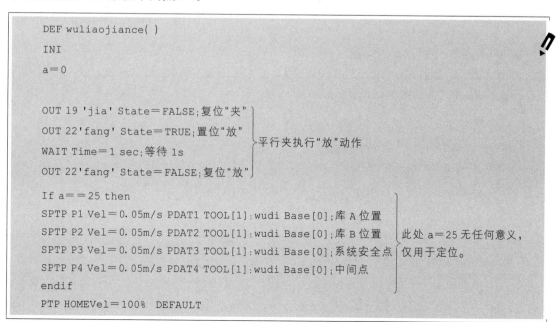

② 按下启动按钮 SB1（绿），如果库 A 位置检测到有物料，等待 2s，机械手到达系统安全点，如图 4-50 所示。

图 4-50　按下启动按钮且位置 A 有料块

```
WAIT FOR(IN 1' ');等待启动按钮
WAIT FOR(IN 2' ');库 A 有物料
WAIT Time=2 sec;等待 2s
SPTP P3 Vel=0.05m/s PDAT5 TOOL[1]:wudi Base[0];系统安全点
```

③ 在位置 A 进行物料拾取，结束后回到系统安全点，如图 4-51 所示。

位置A上方50mm　　　　位置A　　　　夹取料块　　　夹持料块上升50mm　　夹持料块回到系统安全点

图 4-51　从位置 A 拾取料块

```
xp4=xp1;将库 A 位置 P1 赋给中间点 P4
xp4.z=xp4.z+50
SPTP P4 Vel=0.05m/s PDAT6 TOOL[1]:wudi Base[0];中间点 P4 上方 50mm
xp4.z=xp4.z-50
SLIN P4Vel=0.05m/s CPDAT1 TOOL[1]:wudi Base[0];中间点 P4 下降 50mm
WAIT Time=1 Sec;等待 1s
OUT 22 'fang' State=FALSE;复位"放"
OUT 19 'jia' State=TRUE;置位"夹"
WAIT Time=1 Sec;等待 1s
OUT 19 'jia' State=FALSE;复位"夹"
xp4.z=xp4.z+50
SLIN P4Vel=0.05m/s CPDAT2 TOOL[1]:wudi Base[0];中间点 P4 上升 50mm
SPTP P3 Vel=0.05m/s PDAT7 TOOL[1]:wudi Base[0];系统安全点
```

④ 将拾取的物料搬运到位置 B 进行释放，结束后回到系统安全点，如图 4-52 所示。

位置 B 上方 50mm　　　　位置 B　　　　　释放料块　　　　　上升 50mm　　　　回到系统安全点

图 4-52　在位置 B 进行释放

```
xp4＝xp2;将库 B 位置 P2 赋给中间点 P4
xp4.z＝xp4.z＋50
STP P4 Vel＝0.05m/s PDAT8 TOOL[1]:wudi Base[0];中间点 P4 上方 50mm
xp4.z＝xp4.z－50
SLIN P4Vel＝0.05m/s CPDAT3 TOOL[1]:wudi Base[0];中间点 P4 下降 50mm
WAIT Time＝1 Sec;等待 1s
OUT 19 'jia' State＝FALSE;复位"夹"
OUT 22 'fang' State＝TRUE;置位"放"
WAIT Time＝1 Sec;等待 1s
OUT 22 'fang' State＝FALSE;复位"放"
xp4.z＝xp4.z＋50
SLIN P4Vel＝0.05m/s CPDAT4 TOOL[1]:wudi Base[0];中间点 P4 上升 50mm
SPTP P3 Vel＝0.05m/s PDAT9 TOOL[1]:wudi Base[0];系统安全点
```

⑤ 按下停止按钮，结束。

```
WAIT FOR(IN 3' ');等待停止按钮
SPTP HOMEVel＝5% DEFAULT;机器人初始位置
End
```

小结

本章主要从控制器内部信号和系统外部信号两方面对机器人的接口组态进行讲述，通过平行夹和吸盘的工程案例来进行说明，还涉及 WorkVisual 软件操作使用等方面的内容。机器人控制器与 PLC 一样，本身也有很多接口，既可以连接一些内部信号也可以与外部设备进行连接通信，组态形式也并不单一，包括物理连接或网络连接等，本章着重对物理连接（即导线连接）进行说明。在实际操作过程中可能遇到的问题和注意事项总结如下。

① 气管插拔：注意插拔气管的方式方法，具体操作见"吸盘的安装"。正确的方法省时省力，切忌生拉硬拽，避免因外力过大拉断气管，从而导致气管根部留在设备内造成不必要的损失。

② 拆装应使用合适的专业工具。

③ 使用 WorkVisual 软件时，若项目无法打开或打开时没反应：可通过软件界面"信息

窗口"查看信息，若提示软件版本过低则应安装更新版本 WorkVisual 软件。

建议配置机器人信息时提前对每台设备进行备份，以便于后期维护与恢复。

机器人与计算机无法连接：查看机器人是否通电正常；示教器权限是否改为"专家"级；计算机与机器人二者是否在同一网段。

④ 运行程序后夹爪不进行"夹"的动作：检查气源开关是否打开；程序编写当中电磁阀运用是否正确；可以进入显示"数字输入/输出端"界面查看状态等。

⑤ 编写夹爪程序时注意经过临近点（如目标点正上方 50mm 处），切忌直接由系统安全点直接到达目标位置，避免夹具与工件或设备碰撞。

第 5 章

工业机器人
结构化编程

学习工业机器人编程，首先需要了解机器人的结构化编程方法。通过学习什么是结构化编程、结构化编程的优点，从而提高编程的思路及效率。

结构化编程，就是将复杂的任务分解成几个简单的任务，分步完成，在很大程度上降低了机器人编程的总时耗，使相同性能的组成部分得以更换，同时又可以单独开发各组成部分。结构化编程对机器人程序的六个要求是高效、无误、易懂、维护简便、清晰明了、具有良好的经济效益。目前，工业机器人普遍都采用结构化编程的方法。

5.1 工业机器人编程语法

每个工业机器人公司的机器人编程语言都不相同，每个品牌都有各自的编程语言。例如ABB机器人的编程语言叫RAPID，KUKA机器人的编程语言叫KRL等。本质上都是用底层语言封装过的一些功能接口，方便客户使用和调用。

工业机器人编程类似于计算机汇编语言编程，需要通过虚拟键盘输入需要的程序，或者通过机器人软件进行离线编程。

（1）变量的概述

变量顾名思义，是对工业机器人进行编程时，在其运行过程中产生变化的量。从计算机的角度来讲，变量是一种使用较为方便的占位符，此处可以将变量理解为用于存放数值的空间或容器。

在计算机的存储器中，每个变量都有一个专门指定的地址，为了方便记忆会给变量定义一个名称，也就是通常所说的变量名。每个变量对应一个专门的数据类型，在使用前必须对该数据类型进行声明。

工业机器人常见的数据类型见表5-1所示。

表 5-1　常见的数据类型

序号	数据类型	关键词	意义
1	布尔型	BOOL	逻辑状态
2	整数型	INT	整数
3	实数型	REAL	浮点数
4	字符型	CHAR	1字符
5	字符串	STRING	由字符组成
6	常量	CONST	常量可区分为不同类型：字符型常量、实数型常量、整数型常量等

工业机器人的变量类型除了常见的简单变量类型之外，在机器人程序里还存在很多系统变量，其中包括"确认信息复位"信号声明、"驱动接通"信号灯，相关内容请参考机器人随机光盘电子说明书。

（2）KUKA机器人的KRL编程

① KRL简介　KRL（Kuka Robot Language）是KUKA机器人的标准编程语言，从严格意义上来讲，KUKA机器人仅执行KRL语言，并且KUKA机器人的联机表单后台同样也是在执行KRL语言。

KUKA机器人的KRL编程，可以直接使用示教器中的虚拟键盘编程，也可以使用WorkVisual软件进行离线编程或在线编程，如图5-1所示。

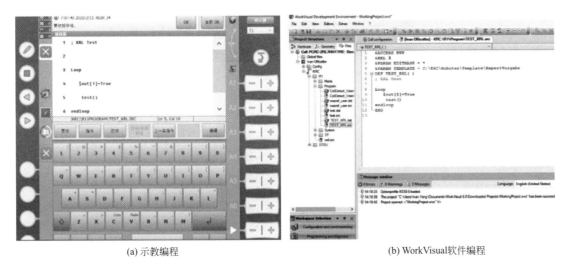

(a) 示教编程　　　　　　　　　　　　　(b) WorkVisual软件编程

图 5-1　编程方式

在使用 KRL 编程时，需要注意下面几项注意事项：

　　a.使用 KRL 编程时，示教器的权限至少需要"专家"权限及以上，才可以在程序编辑器中使用虚拟键盘输入程序；

　　b.选中需要更改的程序模块，单击"打开"进入程序进行程序的编写，不用使用"选定"进入程序进行编程，否则会出现错误；

　　c.程序显示方式：模块和详细信息；

　　d.当系统报错时，通过错误列表只能判断语法错误，无法找出逻辑错误。

---

　　② KUKA 机器人变量的声明　机器人编程时，使用变量的前提是对该变量进行声明，否则系统会提示错误。

　　KUKA 机器人 KRL 中变量的生存期是指变量预留存储空间的时间段，运行时间变量在退出程序或者函数时重新释放存储位置。KRL 中变量的有效性如下：

　　a.声明在 SRC 文件中的变量为局部变量，在程序运行时有效，程序运行结束时，变量消失；

　　b.声明在本地 DAT 文件中的变量也称为局部变量，同样是在程序运行时有效，但在程序运行结束后，变量的值可以保持。

　　在 KRL 中的变量可分为局部变量和全局变量，局部变量只能在本程序中有效，全局变量是在 system 文件夹中的 $config.dat 文件中声明的，并且对所有程序都有效。

　　变量声明的语法结构如图 5-2 所示。

　　每一种变量在声明时，需要划归为一种数据类型。同时，变量的命名要遵守命名规范，否则系统同样会报错。

DECL　数据类型　变量名

图 5-2　变量声明的语法结构

　　在实际操作过程中，操作人员根据变量声明的语法结构，声明需要的变量。对于相同类型的变量，可以在同一个程序行声明。如图 5-3 所示，在程序模块中定义 number、counter 两个变量的数据类型为整型。

　　声明的关键词为 DECL，是组成句法的基本元素。对于简单的数据类型，关键词 DECL 可省略，例如整数型（INT）、实数型（REAL）、布尔型（BOOL）和单个字符型（CHAR）。

图 5-3　变量声明案例

通常情况下，一个程序由定义、初始化和指令编辑等几部分组成。变量声明一般在定义行和初始化行之间进行，在变量声明语句之前不允许有其他 KRL 语句，否则系统会报错。KUKA 机器人的变量声明区如图 5-4 所示。

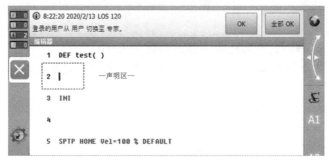

图 5-4　变量声明区

KUKA 机器人的变量命名规范如下：

a. 变量名长度不允许超过 24 个字符；

b. 变量名允许含有字母（A～Z）、数字（0～9）以及特殊字符"_"和"＄"（为了与 KUKA 系统变量名区分，不建议使用"＄"符号开头）；

c. 变量名不允许以数字开头；

d. 变量名不允许为 KRL 语法关键词（例如 PTP，LOOP 等）；

e. 变量名不区分大小写。

在声明时，可以省略关键词 DECL，KUKA 机器人的简单变量类型见表 5-2。

表 5-2　简单变量类型

变量类型	整数型	实数型	布尔型	字符型
关键词	INT	REAL	BOOL	CHAR
意义	整数	浮点数	逻辑状态	1 字符
值域	$-2^{31}\cdots(2^{31}-1)$	$\pm 1.1\times 10^{-38}\pm\cdots\pm 3.4\times 10^{38}$	TURE/FALSE	ASCII 字符集
示例	68	-307.2019	TURE	"Z"/"L"

（3）变量声明三步法

KUKA 机器人的变量声明分为三步，首先必须确保示教器的权限在"专家"模式以上，同时程序编辑器中的 DEF 行打开。在以上两个条件都满足的情况下，操作人员才可以进行变量的声明。

变量声明三步法具体操作步骤见表 5-3。

表 5-3　变量声明三步法具体操作步骤

序号	操作说明	图片说明
第一步	进入"专家权限"，使用"打开"编辑程序	
第二步	调出程序定义行：单击"编辑"→"视图"→"DEF 行"	
第三步	在程序声明区声明变量	

5.2 结构化编程

5.2.1 程序的结构

一个完整的程序模块包括主程序、初始化程序、子程序以及轨迹化程序。如图 5-5 和图 5-6 所示分别为 ABB 机器人的程序结构图和 KUKA 机器人的程序结构图。

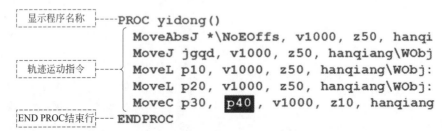

图 5-5　ABB 机器人程序结构图

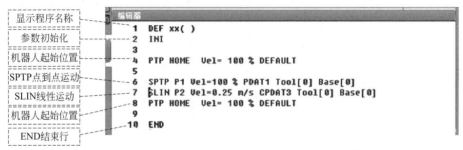

图 5-6　KUKA 机器人程序结构图

5.2.2 创建结构化程序

（1）程序流程图

程序流程图是用于程序流程结构化的工具，是一个程序中执行算法的图示。程序流程图的创建使程序流程更加易读，结构错误也更加便于识别，同时生成程序的文献。

程序流程图是进行程序设计的基础，它关系到整个程序的质量。因此，程序流程图的创建也是非常重要的部分。

① 程序流程图图标（如表 5-4 所示）

表 5-4　程序流程图图标说明

说明	图片说明
过程或者程序的开始、结束常采用带圆角的矩形表示	
指令与运算的连接采用带箭头的直线表示	
程序代码中的一般指令采用矩形表示	

续表

说明	图片说明
IF 分支语句采用菱形图标表示	◇
子程序的调用图标	⊏▯⊐
输入输出指令采用平行四边形表示	▱

② 创建程序流程图具体步骤

a. 在 1～2 页的纸上将整个控制流程大致地划分；

b. 将总任务划分成小的分步任务；

c. 大致地划分分步任务；

d. 细分分步任务；

e. 最后将流程图转换成机器人程序码。

③ 程序流程图示例

以一所学校教师上下班为例，做一个大概的程序流程图示例，如图 5-7 所示。

（2）结构化编程

为了使机器人程序具有可读性，编程时会在程序中进行一些优化，让使用者看到程序时，可以清晰明了地掌握该程序的动作顺序及目的。机器人程序的结构是体现其使用价值的一个十分重要的因素。为了使程序结构化，可使用下面几种辅助工具：注释、缩进、折叠夹（FOLD）和子程序。

① 机器人程序注释 所有编程语言都是由计算机指令（代码）和对文本编辑器的提示（注释）组成的，程序员在程序中添加注释是为了对程序进行解释、说明，提高程序的可读性，系统不会将注释理解为语句，因此不会影响程序的运行结果。程序运行时，系统会自动忽略注释，直接运行程序指令。并且注释位于程序行末尾，用 "；" 将程序与注释隔开。

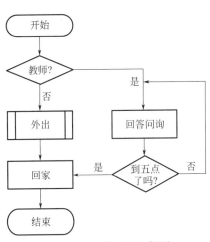

图 5-7　程序流程示例图

注释具有如下几个特点：

a. 对程序内容或功能的说明，并且内容和用途可任意选择；

b. 改善程序的可读性，有利于程序结构化；

c. 注释的有效性由程序员负责；

d. KUKA 机器人使用行注释（即注释在行末尾自动结束）；

e. 控制器不会将注释理解为句法。

在机器人程序中，可以在很多地方使用注释。例如，作者可以在源程序开头处写上引言、说明、创建日期，也可以在每一个程序行增加程序解释等。

下面以 KUKA 机器人为例，介绍 KUKA 机器人程序注释添加的步骤。

a. 将光标置于需要插入注释或印章的程序行，如图 5-8 所示。

图 5-8　光标所在位置

b. 选择菜单序列"指令"→"注释"→"标准或印章"，如图 5-9 所示。

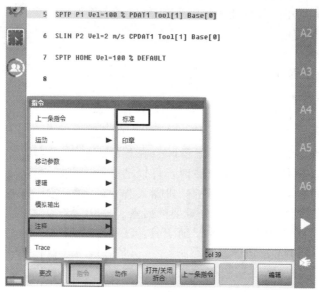

图 5-9　插入注释指令

c. 输入所需要的数据，单击"指令 OK"完成注释的添加，如图 5-10 所示。如果事先已经插入注释或者印章，则联机表单中还保留相同数据。

• 插入注释时，可以用新文本来清空注释栏，以便输入新的文字；

• 插入印章时，可以用新时间来更新系统时间，并用新名称清空名称栏。

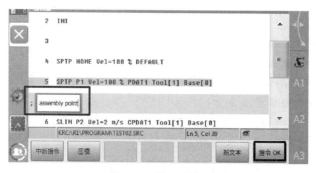

图 5-10　输入文本

注释和印章的联机表单说明见表 5-5。

表 5-5　注释和印章联机表单说明

名称	文本说明	联机表单
注释	可以添加任意文本的注释	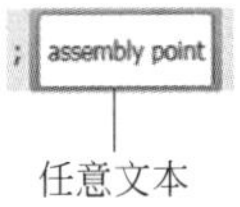 
印章	印章是为了添加系统日期、时间和用户识别标识的注释	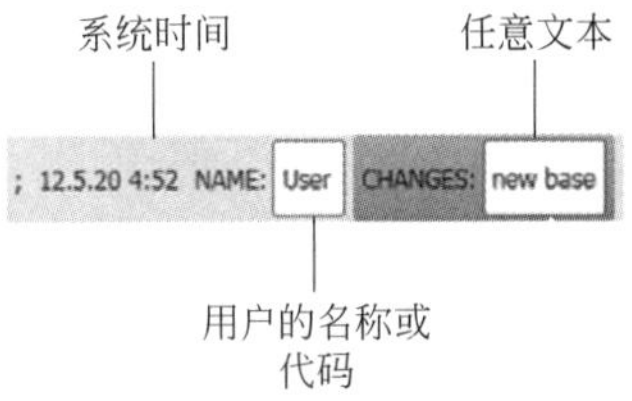 

② 指令缩进　为了增加程序的可读性，可以使用指令缩进，方便读者清晰了解各模块之间的关系。指令缩进简单来说，就是使用空格键来分清程序之间层次，如图 5-11 所示。

```
 7  BACKUPMANAGER PLC              A3
 8      IF BM_ENABLED THEN
 9          BM_OUTPUTSIGNAL = BM_OUTPUTVALUE   A4
10      ENDIF
11  USER PLC                       A5
```

图 5-11　指令缩进示例

③ 折叠夹：FOLD 命令　在编程过程中，可使用 FOLD 命令隐藏程序中不变的部分或者注释行。FOLD 命令使程序更加条理分明，隐藏的程序段在程序运行时有着和正常程序段一样的处理进程。

a. 创建折叠夹。折叠夹的句法如图 5-12 所示，如果此处已经输入折叠的名称，则可以较为方便地指定 ENDFOLD 行，同时折叠夹可以嵌套使用。

```
; FOLD　名称
指令
; ENDFOLD　名称
```

图 5-12　折叠夹句法

创建折叠夹的操作步骤如下。

• 创建折叠夹的前提条件：

示教器的权限确保在"专家"及以上模式；

已选定或者打开程序，并且运行方式为 T1 模式。

• 将折叠夹输入到程序中，如图 5-13 所示。

• 将光标置于折叠夹之外的程序行中，折叠夹自动合上，如图 5-14 所示。

b. 显示/关闭折叠夹。

```
4  SPTP HOME Vel=100 % DEFAULT
5  ;FOLD JIALIAO
6  OUT 22 '' State=FALSE
7  OUT 19 '' State=TRUE
8  WAIT Time=1 sec
9  OUT 19 '' State=FALSE
10 ;ENDFOLD JIALIAO
11 SPTP HOME Vel=100 % DEFAULT
```

图 5-13　输入折叠夹

```
4  SPTP HOME Vel=100 % DEFAULT
5  JIALIAO        折叠夹合上后
6  SPTP HOME Vel=100 % DEFAULT
```

图 5-14　折叠夹自动合上

> **注意**　在应用人员用户群中，折叠夹始终关闭，即折叠夹的内容不可见，无法编辑；在专家用户群中，折叠夹默认是关闭状态，可以打开并进行编辑，也可以创建新的折叠夹。

- 折叠夹打开的步骤见表 5-6。

表 5-6　打开折叠夹步骤

序号	操作步骤	图片说明
1	将光标置于需要打开折叠夹的程序行	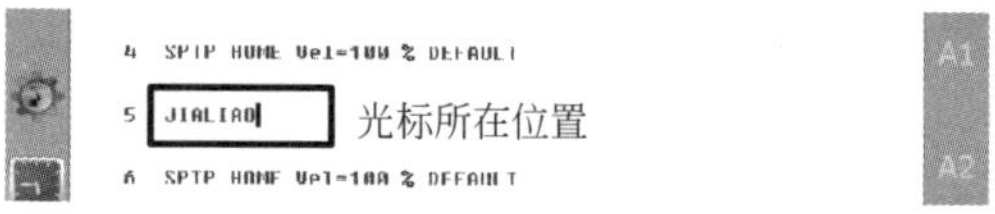 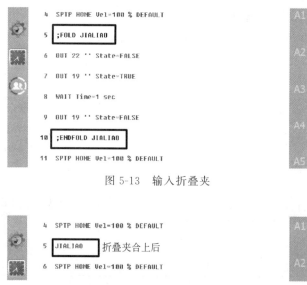
2	单击菜单序列"编辑"→"FOLD"，然后选择打开当前FOLD还是所有的FOLD	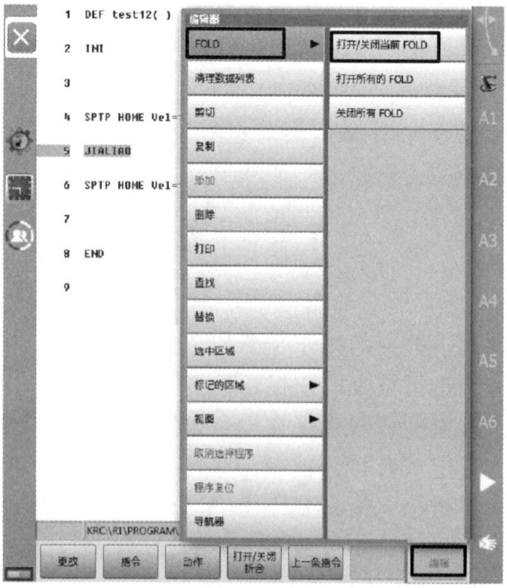

续表

序号	操作步骤	图片说明
3	打开"FOLD"后的界面	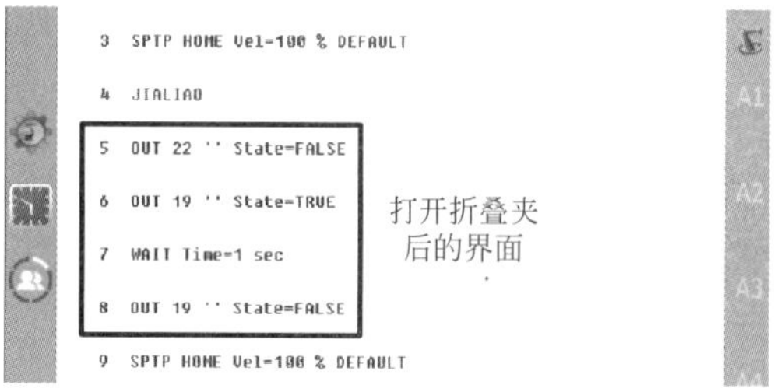 打开折叠夹后的界面

• 关闭折叠夹的操作步骤见表 5-7。

表 5-7　关闭折叠夹步骤

序号	操作步骤	图片说明
1	将光标置于需要关闭的折叠夹程序行	
2	单击菜单序列"编辑"→"FOLD",然后选择关闭当前 FOLD	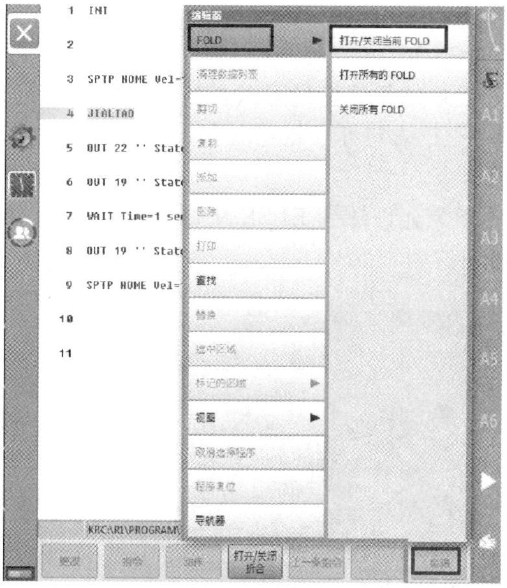
3	关闭折叠夹后的界面	

5.2.3 程序流程控制

工业机器人除了运动指令和逻辑指令以外，还有许多用于特定条件下执行某些运动轨迹的程序流程控制的指令，例如 IF 条件指令、SWITCH-CASE 分支编程、WHILE 等待条件指令、LOOP 循环指令等。

对于不同品牌的机器人，流程控制指令的使用都大致相同，唯一的不同之处在于操作方法。下面以 KUKA 机器人为例，介绍 KUKA 机器人流程控制指令的使用及操作。

（1）IF 条件指令

IF 指令主要用于将程序分为多个路径，给程序多个选择，判断后执行其后面的指令，如图 5-15 所示。使用 IF 分支后，便可以只在特定的条件下执行程序段。图 5-16 所示为 IF 指令的程序流程图，由一个条件和两个指令组成，从图中可以更直观地看到 IF 指令的过程，在执行过程中，分支中的 IF 指令会对可能为真或者为假的条件进行判断，如果条件满足则执行 THEN 指令，否则执行 ELSE 后面的指令。

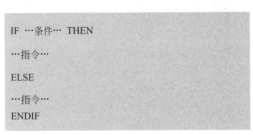

图 5-15 IF 指令分支语句

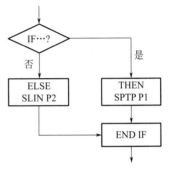

图 5-16 IF 指令程序流程图

IF 指令的条件变量可以是整数型也可以是布尔型，同时 IF 指令块中的指令数量没有限制，多个 IF 语句可以相互嵌套，语句被依次处理并且检查是否有一个条件满足，然后执行后面的指令。

IF 指令允许缺少 ELSE 块，因此 IF 分支语句的类型可以分为有选择分支语句和无选择分支语句这两种。

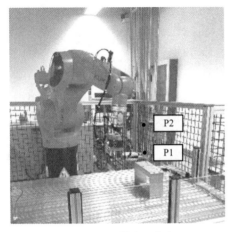

图 5-17 机器人工作台

案例 **有可选分支的 IF 指令编程示例**

任务要求

机器人等待输入信号 IN [2]，机器人收到信号以后移动到 P1 点，否则移动到 P2 点，如图 5-17 所示。

具体操作步骤如下。

① 添加 IF 条件语句步骤：

a. 将光标置于 HOME 程序行下面的空白行中，通过软键盘输入程序 IF \$IN[2]＝＝TRUE THEN，如图 5-18 所示。

b. 将光标置于 IF \$IN[2]＝＝TRUE THEN

程序行，单击"指令"→"运动"，选择 SPTP 指令，完成 P1 点的指令添加，如图 5-19 所示。

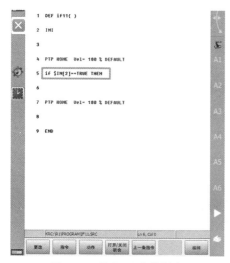

图 5-18　输入 IF 条件语句

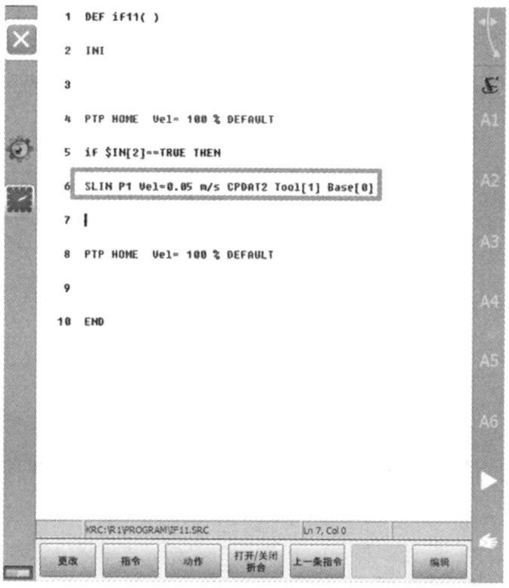

图 5-19　添加 SPTP 指令

c. 将光标置于下一个空白行，通过软键盘输入 ELSE，如图 5-20 所示。

d. 将光标置于下一空白行中，单击"指令"→"运动"，选择 SLIN 指令，完成 P2 点的指令添加，如图 5-21 所示。

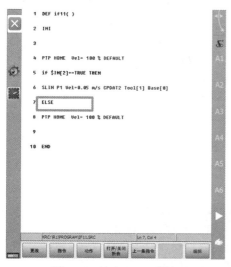

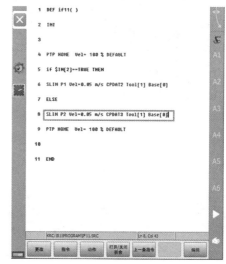

图 5-20　输入 ELSE 语句

图 5-21　添加 SLIN 指令

e. 将光标置于下一个空白行，通过软键盘输入 END IF，如图 5-22 所示。

② 机器人运动点的调试：

a. 将机器人 TCP 移到工作台上方的 P1 点处，如图 5-23 所示。将光标置于 P1 点程序行，单击右下角"Touch-Up"按钮，确认当前位置，在弹出的对话框中单击"是"。

b. 将机器人 TCP 移到工作台上方的 P2 点处，如图 5-24 所示。将光标置于 P2 点程序行，单击右下角"Touch-Up"按钮，确认当前位置，在弹出的对话框中单击"是"。

图 5-22　输入 END IF 语句

图 5-23　P1 运动点的调试

图 5-24　P2 运动点的调试

③ 运行程序：所有点都调试完成后，按住使能键，然后按住启动键，执行 BCO 后在 T1 运行方式下运行程序，并查看程序编写是否正确，如图 5-25 所示。

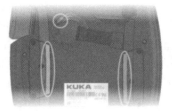

图 5-25　运行程序

（2）SWITCH-CASE 分支编程

SWITCH-CASE 分支编程可以有一个或者多个分支，用 SWITCH-CASE 指令可以达到区分多种情况并为每种情况执行不同操作的目的。图 5-26 所示为 SWITCH-CASE 分支的具体语句。

图 5-27 所示是 SWITCH 指令的程序流程图。SWITCH 是用来传递变量的开关，作为选择标准，在指令块跳到预定义的 CASE 指令中。如果 SWITCH 指令未找到预定义的 CASE 指令，则执行实现定义的 DEFAULT 程序段。

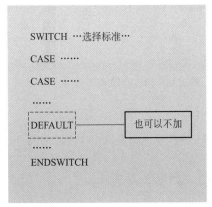

图 5-26　SWITCH-CASE 分支的具体语句

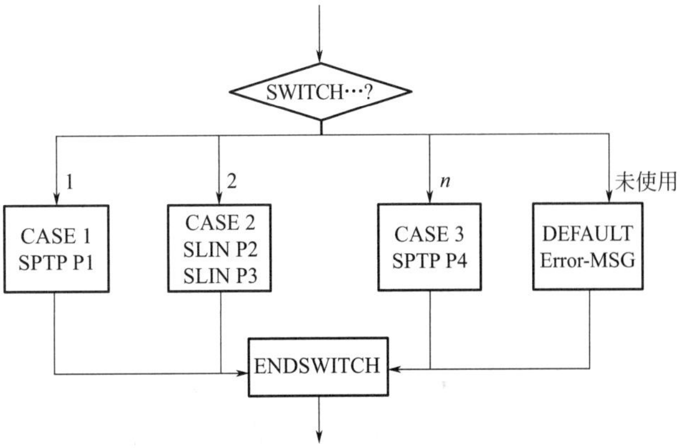

图 5-27　SWITCH 指令程序流程图

> 💡**注意**　在 SWITCH 指令内，DEFAULT 只允许出现一次。

SWITCH-CASE 指令编程可以和 INT 数据类型、CHAR 数据类型及枚举数据类型结合使用。图 5-28 所示为各个数据类型的使用举例。

图 5-28　数据类型的使用

案例 🛜 仅含定义的 SWITCH-CASE 分支，无替代路径

⊘ 控制要求

当变量 A 为 1 时，机器人执行 CASE 1 中的程序，移动到 P1 点；当变量 A 等于 2 时，执行 CASE 2 中的程序，移动到 P2 点。否则机器人结束 SWITCH 语句，执行下面的程序，移动到 P3 点。

🎙 操作步骤

① 定义变量：将光标置于程序模块名称下方的空白行中，通过软键盘输入 DECL INT A，如图 5-29 所示。

② 给变量赋值：将光标置于 INI 程序行下面的空白行中，通过软键盘输入 A＝0，如图 5-30 所示。

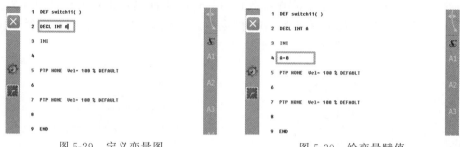

图 5-29　定义变量图　　　　　　　　　　图 5-30　给变量赋值

③ 添加 SWITCH 选择语句步骤：

a. 将光标置于 HOME 点程序行下面的空白行，通过软键盘输入 SWITCH A，如图 5-31 所示。

b. 将光标置于下一个空白行，通过软键盘输入 CASE1，如图 5-32 所示。

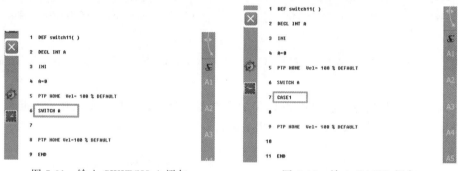

图 5-31　输入 SWITCH A 语句　　　　　图 5-32　输入 CASE1 语句

c. 将光标置于下一个空白行，单击"指令"→"运动"，选择 SPTP 指令。单击"OK"按钮，完成 P1 点的指令添加，如图 5-33 所示。

d. 将光标置于下一个空白行，通过软键盘输入 CASE 2，如图 5-34 所示。

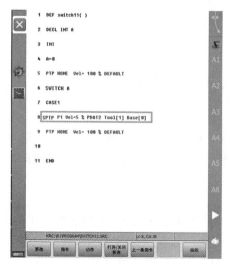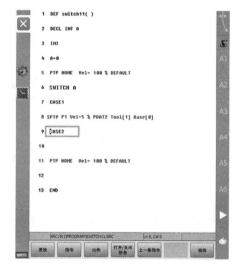

图 5-33　添加 P1 指令　　　　　　　　　图 5-34　输入 CASE2 语句

e.将光标置于下一个空白行，单击"指令"→"运动"，选择 SLIN 指令。单击"OK"按钮，完成 P2 点的指令添加，如图 5-35 所示。

f.将光标置于下一个空白行，通过软键盘输入 ENDSWITCH，如图 5-36 所示。

图 5-35　添加 P2 指令

图 5-36　输入 ENDSWITCH 语句

④ P3 点的添加：将光标置于下一个空白行，单击"指令"→"运动"，选择 SLIN 指令。单击"OK"按钮，完成 P3 点的指令添加，如图 5-37 所示。

图 5-37　添加 P3 指令

⑤ 机器人运动点的调试。

a.将机器人 TCP 移到工作台上方的 P1 点处，如图 5-38 所示。将光标置于 P1 点程序行，单击右下角"Touch-Up"按钮，确认当前位置，在弹出的对话框中单击"是"。

b.将机器人 TCP 移到工作台上方的 P2 点处，如图 5-39 所示。将光标置于 P2 点程序行，单击右下角"Touch-Up"按钮，确认当前位置，在弹出的对话框中单击"是"。

图 5-38　示教点 P1 位置

图 5-39　示教点 P2 位置

c.将机器人 TCP 移到工作台上方的 P3 点处，如图 5-40 所示。将光标置于 P3 点程序行，单击右下角"Touch-Up"按钮，确认当前位置，在弹出的对话框中单击"是"。

⑥ 运行程序：所有点都调试完成后，按住使能键，然后按住启动键，执行 BCO 后在 T1 运行方式下运行程序，并查看程序编写是否正确，如图 5-41 所示。

图 5-40　示教点 P3 位置

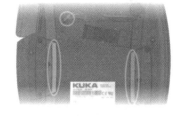

图 5-41　运行程序图

（3）循环编程

循环用于连续重复程序指令块，直到出现满足中断的条件才会跳出循环，而且不允许从外部直接跳入循环结构中。在机器人程序编程时，会需要对某一部分的程序进行循环操作，这时则需要运用循环编程来实现，循环编程是可以相互嵌套的。循环编程的类型有三种：无限循环、计数循环、条件循环。

① 无限循环编程　无限循环是指每次运行完之后都会重新运行的循环，顾名思义，无限循环就是死循环，具体语句见图 5-42。在运行过程中，只有通过外部控制来终止。无限循环可以直接用 EXIT 退出，但是在使用 EXIT 退出循环时必须注意机器人所处的位置，一定要避免发生碰撞。如果两个无限循环相互嵌套，则需要两个 EXIT 指令退出两个循环。无限循环程序流程图见图 5-43。

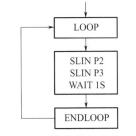

```
LOOP

…指令…

…指令…

ENDLOOP
```

图 5-42 无限循环具体语句   图 5-43 无限循环程序流程图

案例 带中断的无限循环示例

🧭 控制要求

编写一段机器人从 P1 点移动到 P2 点的带中断的循环程序。

📝 操作步骤

第一步：P1 点的添加。将光标置于 HOME 程序行下面的空白行中，单击"指令"→"运动"，选择 SPTP 指令，完成 P1 点的指令添加，如图 5-44 所示。

第二步：P2 点的添加。将光标置于下一个空白行，单击"指令"→"运动"，选择 SPTP 指令。单击"OK"按钮，完成 P2 点的指令添加，如图 5-45 所示。

图 5-44 添加 P1 点指令   图 5-45 添加 P2 点指令

第三步：带中断的循环指令的添加。

a.将光标置于 P1 点程序行上方的空白行中，通过软键盘输入 LOOP，如图 5-46 所示。

b.将光标置于 P2 点程序行下方的空白行中，通过软键盘输入 ENDLOOP，如图 5-47 所示。

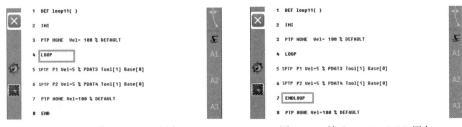

图 5-46 输入 LOOP 语句   图 5-47 输入 ENDLOOP 语句

c.将光标置于 P2 点程序行下方的空白行中，通过软键盘输入 IF ＄IN[1]＝＝TRUE THEN，如图 5-48 所示。

d. 将光标置于下一个空白行，通过软键盘输入 EXIT，如图 5-49 所示。

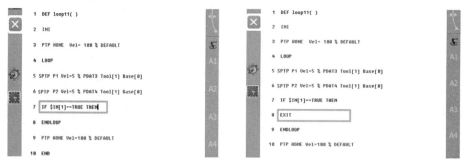

图 5-48　输入 IF 条件语句　　　　图 5-49　输入 EXIT 语句

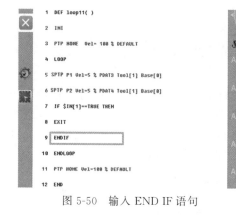

图 5-50　输入 END IF 语句

e. 将光标置于下一个空白行，通过软键盘输入 END IF，如图 5-50 所示。

第四步：机器人运动点的调试。

a. 将机器人 TCP 移到工作台上方的 P1 点处，如图 5-51 所示。将光标置于 P1 点程序行，单击右下角"Touch-Up"按钮，确认当前位置，在弹出的对话框中单击"是"。

b. 将机器人 TCP 移到工作台上方的 P2 点处，如图 5-52 所示。将光标置于 P2 点程序行，单击右下角"Touch-Up"按钮，确认当前位置，在弹出的对话框中单击"是"。

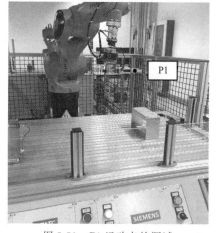

图 5-51　P1 运动点的调试

图 5-52　P2 运动点的调试

第五步：运行程序。所有点都调试完成后，按住使能键，然后按住启动键，执行 BCO 后在 T1 运行方式下运行程序，并查看程序编写是否正确，如图 5-53 所示。

② 计数循环编程　FOR 循环是一种可以通过规定重复次数执行一个或多个指令的控制结构。计数循环编程可以按照制定的步幅（INCREMENT）进行计数，也可以通过关键词 STEP 将步幅指定为某个整数。如图 5-54 所示为带步幅的计数循环语句，图 5-55 所示为没有借助 STEP 指定步幅的语句，它会自动使步幅＋1。

图 5-53　运行程序图

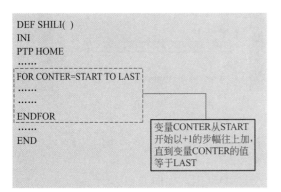

图 5-54　步幅为＋1 的句法

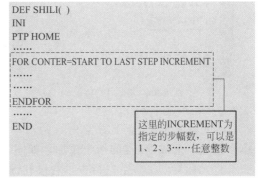

图 5-55　指定步幅的句法

　　循环计数的变量为 INT（整数），需要注意的是：在进行计数循环时要先定义一个整数变量。计数循环的程序流程图如图 5-56 所示，循环可以借助 EXIT 立即退出。

案例　步幅为＋1 的单层计数循环示例

任务要求

机器人从 P1 点移动到 P2 点，循环两次后结束回到 HOME 点。

操作步骤

第一步：定义变量。将光标置于程序模块名称下方的空白行中，通过软键盘输入 DECL INT A，并给变量 A 赋值为 1，如图 5-57 所示。

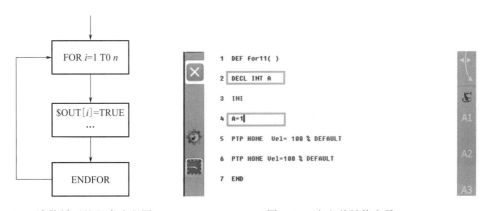

图 5-56　计数循环的程序流程图　　　　　　图 5-57　定义并赋值变量

第二步：计数循环语句的添加。

a. 将光标置于 HOME 程序行下方空白行中，通过软键盘输入 FOR A＝1 TO 3，如图 5-58 所示。

b. 将光标置于下方空白行中，单击"指令"→"运动"，选择 SLIN 指令。单击"OK"按钮，完成 P1 点的指令添加，如图 5-59 所示。

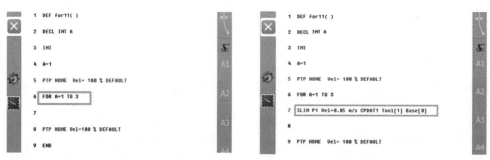

图 5-58　输入 FOR 语句　　　　　　　图 5-59　添加 P1 点指令

c. 将光标置于 P1 点下方空白行中，单击"指令"→"运动"，选择 SLIN 指令。单击"OK"按钮，完成 P2 点的指令添加，如图 5-60 所示。

d. 将光标置于下方空白行中，通过软键盘输入 ENDFOR，如图 5-61 所示。

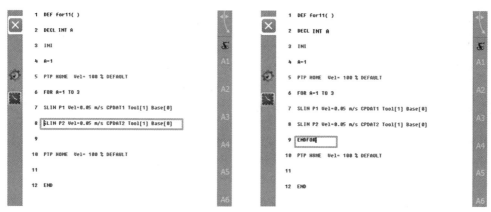

图 5-60　添加 P2 点指令　　　　　　　图 5-61　输入 ENDFOR 语句

第三步：机器人运动点的调试。

a. 将机器人 TCP 移到工作台上方的 P1 点处，如图 5-62 所示。将光标置于 P1 点程序行，单击右下角"Touch-Up"按钮，确认当前位置，在弹出的对话框中单击"是"。

b. 将机器人 TCP 移到工作台上方的 P2 点处，如图 5-63 所示。将光标置于 P2 点程序行，单击右下角"Touch-Up"按钮，确认当前位置，在弹出的对话框中单击"是"。

第四步：运行程序。所有点都调试完成后，按住使能键，然后按住启动键，执行 BCO 后在 T1 运行方式下运行程序，并查看程序编写是否正确，如图 5-64 所示。

③ 条件循环编程（当型循环编程）　当型循环也被称为前测试循环。当型循环用于检测是否开始某个重复过程，当满足执行条件的时候，这种循环会一直重复过程；如果执行条件不满足，会立即结束循环，并执行 ENDWHILE 后的指令。当型循环的程序流程图如图 5-65 所示，当型循环可以通过 EXIT 指令立即退出。

图 5-62　P1 点位置

图 5-63　P2 点位置

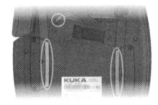

图 5-64　运行程序图

案例　具有简单执行条件的当型循环

任务要求

当机器人收到 $IN [3] 的输入信号时，机器人先运行
至 P1 点，然后移动到 P2 点；否则运行至 P3 点。

操作步骤

第一步：当型循环语句的添加。

a. 将光标置于 HOME 程序行下方空白行中，通过软键
盘输入 WHILE IN [3] ＝＝TRUE，如图 5-66 所示。

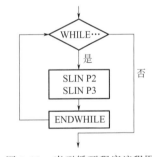

图 5-65　当型循环程序流程图

b. 将光标置于 WHILE IN[3]＝＝TRUE 程序行中，单击"指令"→"运动"，选择
SLIN 指令，完成 P1 点的指令添加，如图 5-67 所示。

图 5-66　输入 WHILE 条件语句

图 5-67　添加 P1 点指令

c. 将光标置于 P1 点程序行中，单击"指令"→"运动"，选择 SLIN 指令，完成 P2 点的指令添加，如图 5-68 所示。

d. 将光标置于 P2 点程序行下方的空白行中，通过软键盘输入 ENDWHILE，如图 5-69 所示。

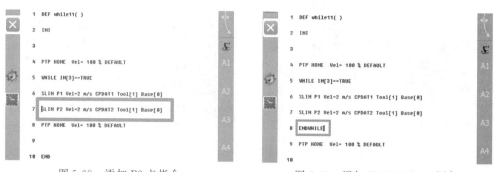

图 5-68　添加 P2 点指令　　　　　　　　　图 5-69　添加 ENDWHILE 语句

第二步：P3 点的添加。将光标置于 ENDWHILE 程序行中，单击"指令"→"运动"，选择 SPTP 指令，完成 P3 点的指令添加，如图 5-70 所示。

图 5-70　添加 P3 点指令

第三步：机器人运动点的调试。

a. 将机器人 TCP 移到工作台上方的 P1 点处，如图 5-71 所示。将光标置于 P1 点程序行，单击右下角"Touch-Up"按钮，确认当前位置，在弹出的对话框中单击"是"。

b. 将机器人 TCP 移到工作台上方的 P2 点处，如图 5-72 所示。将光标置于 P2 点程序行，单击右下角"Touch-Up"按钮，确认当前位置，在弹出的对话框中单击"是"。

c. 将机器人 TCP 移到工作台上方的 P3 点处，如图 5-73 所示。将光标置于 P3 点程序行，单击右下角"Touch-Up"按钮，确认当前位置，在弹出的对话框中单击"是"。

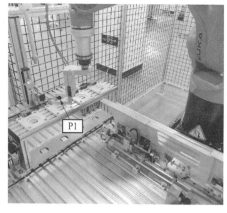

图 5-71　示教点 P1 位置

图 5-72　示教点 P2 位置

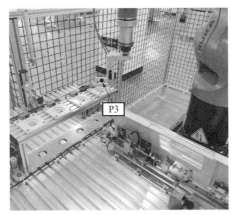

图 5-73　示教点 P3 位置

第四步：运行程序。所有点都调试完成后，按住使能键，然后按住启动键，执行 BCO 后在 T1 运行方式下运行程序，并查看程序编写是否正确，如图 5-74 所示。

图 5-74　运行程序图

5.2.4　子程序的创建与调用

在机器人编程过程中，为了减少程序编程时的工作量，会将程序中多次重复出现的程序段设计成子程序，来缩短程序的长度，使程序变得更结构化。

子程序的类型分为全局子程序和局部子程序。全局子程序在所有程序中都可以调用，而局部子程序仅在本程序中可用。

（1）局部子程序

局部子程序的定义：局部子程序是只能在对它们进行编辑的程序模块中有效的程序，局部子程序与主程序处于同一个 SRC 文件中，即同一个程序模块中。

局部子程序的特点：

① SRC 文件最多可由 255 个局部子程序组成；

② 局部子程序位于主程序之后，并以 DEF Name( ) 和 END 标明，具体句法见图 5-75 所示；

③ 局部子程序在同一个程序模块中允许被多次调用。

运行局部子程序时的注意事项：

① 一个主程序最多可相互嵌入 20 个子程序；

② 子程序的点坐标保存在所需要的 DAT 列表中，可用于整个文件。

创建局部子程序的具体步骤见表 5-8。

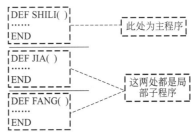

图 5-75　局部子程序具体句法

表 5-8　局部子程序创建步骤

序号	操作说明	图片说明
第一步	进入示教器主菜单，依次选择"配置"→"用户组"命令	
第二步	选定用户组"专家"，输入密码登录	
第三步	新建一个程序模块，程序名为"xx"	
第四步	在主程序的结尾处，即 END 行下面新建局部子程序，并以 end 结束子程序	
第五步	在主程序中调用子程序，将光标置于需要调用子程序的空白行中，通过软键盘输入调用子程序的句法：Name( )	

（2）全局子程序

全局子程序，就是对所有程序模块都有效的程序。它有独立的 SRC 和 DAT 文件，并且可由另一个机器人程序调用。全局子程序与主程序都是独立的模块。

全局子程序的特点：

① 具有单独的 SRC 和 DAT 文件；

② 全局子程序允许被多次调用。

运行全局子程序时的注意事项：

① 在运行完全局子程序后，跳回到调用子程序后面的第一个指令；

② 一个主程序中最多可相互嵌入 20 个全局子程序；

③ 每个点坐标都保存在各自所属的 DAT 文件中，并仅供相关程序使用；

④ 用 RETURN 可结束子程序，并由此跳回到调出该子程序的主程序中，见图 5-76。

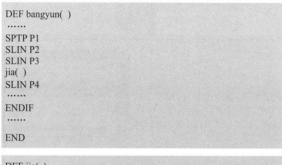

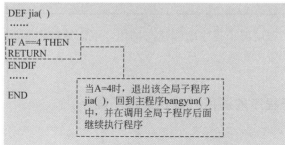

图 5-76　跳出全局子程序示例

全局子程序的具体操作步骤见表 5-9。

表 5-9　全局子程序创建步骤

序号	操作说明	图片说明
第一步	新建一个主程序模块	

序号	操作说明	图片说明
第二步	再新建一个程序模块作为全局子程序	<table>yyyyyyjih dat / yyyyyyjih src / zhuchengxu dat / zhuchengxu src / zt dat 1 对象已被标记　　828 字节 新　选定　备份　存档　删除　打开　编辑</table>
第三步	打开全局子程序模块,编写程序	15:41:43 2020/1/8 XEdit 34　更改被存储。　OK　全部 OK 编辑器 1 DEF quanjuzcx( ) 2 INI 3 4 5 SLIN P1 Vel=0.25 m/s CPDAT1 Tool[0] Base[0] 6 | 7 END 8
第四步	打开主程序模块,编写主程序并调用全局子程序	15:45:50 2020/1/8 ReadHeader() 66 KRC:\R1\eeee.src 文件格式错误（文件结尾句法） 错误源: ReadHeader()　OK　全部 OK 1 DEF zhuchengxu( ) 2 INI 3 4 PTP HOME Vel= 100 % DEFAULT 5 6 SPTP P2 Vel=5 % PPDAT1 Tool[0] Base[0] 7 quanjuzcx()　——　调用全局子程序 8 PTP HOME Vel= 100 % DEFAULT 9 10 END

学习了全局子程序和局部子程序的创建与调用,下面通过实际的案例来进一步掌握主程序对子程序的调用。

案例 主程序对子程序的调用（调用局部子程序）

任务要求

机器人从初始位置经过渡点 P1 点运行至 P2 点。到达 P2 点后,从 1 号库抓取物料,物料抓取完成后,经过渡点 P3 运行至 P4 点。到达 P4 点后,开始放下物料,待物料放入 2 号库后再运动至 P5 点。循环两次后退出循环并回到 HOME 点,如图 5-77 所示。

图 5-77 机器人工作站

操作步骤

① 程序模块的新建：

a.单击"新"按钮，创建一个名为 xx 的程序模块，如图 5-78 所示；

b.通过软键盘输入"xx"名称，单击"OK"完成程序模块建立，如图 5-79 所示。

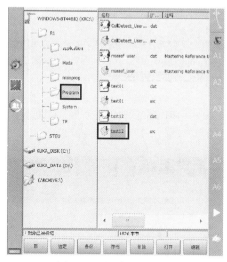

图 5-78　新建程序模块

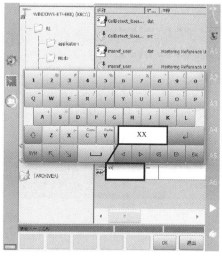

图 5-79　完成程序模块的新建

② 程序模块的打开：选中建立的程序模块，单击"打开"按钮，并选择所需的坐标系，如图 5-80 所示。

③ "jia"子程序程序的编写：

a.将光标置于主程序 END 下方的空白行中，通过软键盘输入"def jia()"，如图 5-81 所示；

b.将光标置于空白行的下方，选择菜单序列"指令"→"逻辑"→"OUT"→"OUT"，在弹出的联机表单中输入"22"，状态选择"FALSE"，单击"OK"按钮，完成指令的添加，如图 5-82 所示；

c.将光标置于 OUT 22 程序行下面的空白行，选择菜单序列"指令"→"逻辑"→"OUT"→"OUT"，在弹出的联机表单中输入"19"，状态选择"TRUE"，单击"OK"按钮，完成指令的添加，如图 5-83 所示；

d.将光标置于 OUT 19 程序行下面的空白行，选择菜单序列"指令"→"逻辑"→"WAIT"，单击"OK"按钮，完成指令的添加，如图 5-84 所示；

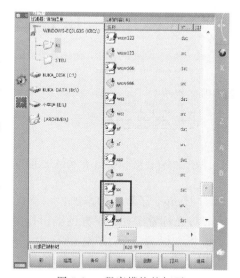

图 5-80　程序模块的打开

e.将光标置于 WAIT 指令下面的空白行，选择菜单序列"指令"→"逻辑"→"OUT"→"OUT"，在弹出的联机表单中输入"19"，状态选择"FALSE"，单击"OK"按钮，完成指令的添加，如图 5-85 所示；

f. 将光标置于下方的空白行中，通过软键盘输入"end"，结束子程序的编写，如图 5-86 所示。

图 5-81　子程序名称的输入

图 5-82　输出信号 22 的添加

图 5-83　输出信号 19 为 TRUE 的添加

图 5-84　等待指令的添加

图 5-85　输出信号 19 为 FLASE 的添加

图 5-86　end 的添加

④ "fang" 子程序的添加：

a. 将光标置于 end 下方的空白行中，通过软件盘输入 "def fang（）"，如图 5-87 所示；

b. 将光标置于下方空白行中，选择菜单序列 "指令" → "逻辑" → "OUT" → "OUT"，在弹出的联机表单中输入 "19"，状态选择 "FALSE"，单击 "OK" 按钮，完成指令的添加，如图 5-88 所示；

c. 将光标置于 OUT 19 程序行下面的空白行，选择菜单序列 "指令" → "逻辑" → "OUT" → "OUT"，在弹出的联机表单中输入 22，状态选择 "TRUE"，单击 "OK" 按钮，完成指令的添加，如图 5-89 所示；

d. 将光标置于 OUT 22 程序行下面的空白行，选择菜单序列 "指令" → "逻辑" → "WAIT"，单击 "OK" 按钮，完成指令的添加，如图 5-90 所示；

e. 将光标置于 WAIT 指令下面的空白行，选择菜单序列 "指令" → "逻辑" →

"OUT"→"OUT"，在弹出的联机表单中输入 22，状态选择"FALSE"，单击"OK"按钮，完成指令的添加，如图 5-91 所示；

f.将光标置于下方的空白行中，通过软键盘输入 end，结束子程序的编写，如图 5-92 所示。

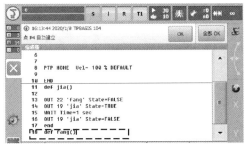

图 5-87　子程序名称的输入

图 5-88　输出信号 19 的添加

图 5-89　输出信号 22 为 TRUE 的添加

图 5-90　等待指令的添加

图 5-91　输出信号 22 为 FLASE 的添加

图 5-92　end 的添加

⑤ P1 点的添加：将光标置于初始程序行 INI 下面的空白行，单击"指令"→"运动"，选择 SPTP 指令，单击"OK"按钮，完成 P1 点的指令添加，如图 5-93 所示。

⑥ P2 点的添加：将光标置于 P1 点程序行下面的空白行中，单击左下角"指令"→"运动"，选择 SLIN 指令；单击"OK"按钮，完成 P2 点的指令添加，如图 5-94 所示。

⑦ 子程序的调用：在 P2 点下面的空白行，通过示教器软键盘输入"jia（）"程序，即调用子程序"jia"，如图 5-95 所示。

⑧ P3 点的添加：将光标置于上一程序行下面的空白行中，单击左下角"指令"→"运动"，选择 SPTP 指令；单击"OK"按钮，完成 P3 点的指令添加，如图 5-96 所示。

⑨ P4 点的添加：将光标置于 P3 程序行下面的空白行中，单击左下角"指令"→"运

动", 选择 SLIN 指令; 单击 "OK" 按钮, 完成 P4 点的指令添加, 如图 5-97 所示。

图 5-93　P1 点的添加

图 5-94　P2 点的添加

图 5-95　调用子程序

图 5-96　P3 点的添加

⑩ 调用子程序: 在 P4 点下面的空白行, 通过示教器软键盘输入 "fang ()" 程序, 即调用子程序 fang, 如图 5-98 所示。

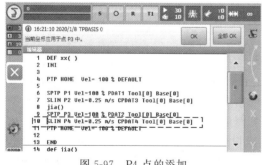

图 5-97　P4 点的添加

图 5-98　调用子程序

⑪ P5 点的添加: 将光标置于上一程序行下面的空白行中, 单击左下角 "指令" → "运动", 选择 SLIN 指令; 单击 "OK" 按钮, 完成 P5 点的指令添加, 如图 5-99 所示。

⑫ 循环两次程序的添加:

a. 将光标置于 HOME 程序行与 P1 程序行之间的空白行中，通过软键盘输入"loop"程序，如图 5-100 所示。

图 5-99　P5 点的添加

图 5-100　输入 loop 程序

b. 将光标置于 P5 点程序行下方的空白行中，通过软键盘输入"endloop"程序，如图 5-101 所示。

c. 定义变量：将光标置于"DEF xx( )"程序行下方的空白行中，通过软键盘输入"decl int a"程序；然后在初始化程序行下面的空白行中，输入"a＝1"，给变量赋予一个初始值，如图 5-102 所示。

图 5-101　输入 endloop 程序

图 5-102　定义变量并赋值

d. 将光标置于 P5 点程序行下的空白行中，通过软键盘输入"a＝a＋1"程序，如图 5-103 所示。

e. 退出循环程序的编写：在上一程序行下方的空白行中，输入"if a＝＝4 then；exit；endif"，如图 5-104 所示。

图 5-103　输入变量 a 自加 1 程序

图 5-104　退出循环程序

⑬ 机器人程序的调试：

a. 关闭程序编辑界面，系统会自动保存程序，单击"选定"按钮进入程序，进行调试，如图 5-105 所示。

b. 将机器人的 TCP 移到第一个点 P1 处；将光标置于 P1 点程序行，单击右下角的"Touch-Up"按钮，确认当前位置，在弹出的对话框中单击"是"按钮，如图 5-106 所示。

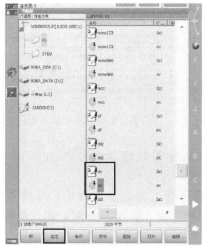

图 5-105　选定程序

图 5-106　P1 运动点的调试

c. 将机器人的 TCP 移到第一个点 P2 处；将光标置于 P2 点程序行，单击右下角的"Touch-Up"按钮，确认当前位置，在弹出的对话框中单击"是"按钮，如图 5-107 所示。

d. 将机器人的 TCP 移到第一个点 P3 处；将光标置于 P3 点程序行，单击右下角的"Touch-Up"按钮，确认当前位置，在弹出的对话框中单击"是"按钮，如图 5-108 所示。

图 5-107　P2 运动点的调试

图 5-108　P3 运动点的调试

e. 将机器人的 TCP 移到第一个点 P4 处；将光标置于 P4 点程序行，单击右下角的"Touch-Up"按钮，确认当前位置，在弹出的对话框中单击"是"按钮，如图 5-109 所示。

f. 将机器人的 TCP 移到第一个点 P5 处；将光标置于 P5 点程序行，单击右下角的"Touch-Up"按钮，确认当前位置，在弹出的对话框中单击"是"按钮，如图 5-110 所示。

图 5-109　P4 运动点的调试

图 5-110　P5 运动点的调试

⑭ 运行程序：在所有点都调试完成后，复位程序，然后按住使能键和启动键，执行 BCO 后在 T1 运行方式下运行程序，查看程序是否正确，如图 5-111 所示。

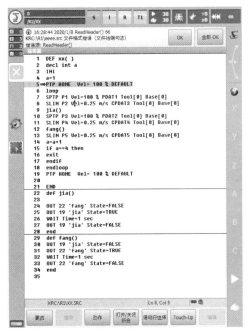

图 5-111　运行程序

5.3　典型龙门检测案例应用

龙门检测是在无人干预的情况下按照事先规定的程序或指令自动地进行操作或控制的过程，如图 5-112 所示。龙门检测的出现，在很大程度上减轻了人类的劳动强度，提高了劳动生产效率。

图 5-112　龙门检测工作站

5.3.1　龙门检测工作站设备介绍

　　龙门检测装置的结构组成：龙门检测装置由电感传感器、漫反射传感器和色标传感器以及支架等组成。

　　功能：可对物料的材质、颜色和数量进行检测。

　　如图 5-113 所示为龙门检测装置。

图 5-113　龙门检测装置

（1）漫反射传感器

① 接线图：PNP 型输出接线图如图 5-114 所示。

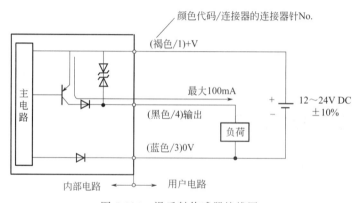

图 5-114　漫反射传感器接线图

② 参数表：漫反射选型传感器参数见表 5-10。

表 5-10　漫反射选型传感器参数表

名称	说明
电源电压	DC12～24V
消耗电流	≤25mA
最大输出电流	100mA
检测范围	300mm
灵敏度调节	连续可变调节器
重复精度	≤1mm
检测输出操作	可在入光时 ON 或遮光时 ON 之间调节
反应时间	1ms 以下

③ 漫反射传感器调节方法：

a. 首先将漫反射传感器设定为亮通或是暗通模式，本项目中设置为亮通模式，如图 5-115 所示。

b. 灵敏度调节：将需要被漫反射传感器检测到的物体放置在漫反射传感器的前方需要被检测到的位置，然后用十字螺丝刀调节灵敏度调节旋钮，黄色 LED 灯缓慢亮起，如图 5-116 所示。

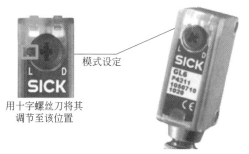

图 5-115　漫反射传感器信号接通模式设定

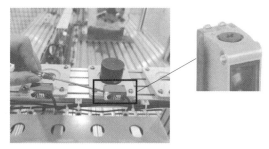

图 5-116　漫反射传感器的灵敏度调节

（2）色标传感器

① 色标传感器接线图：如图 5-117 所示。

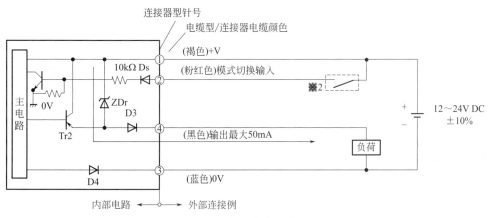

图 5-117　色标传感器接线图

② 色标传感器参数表：如表 5-11 所示。

表 5-11 色标传感器参数

名称	说明
电源电压	12～24V DC±10％
检测距离	10mm±3mm
输出类型	PNP
消耗电流	电源电压 24V 时，消耗电流 35mA 以下
最大输出电流	50mA

③ 色标传感器调节方法：

a.在进行调试教导设定之前，一定要确认色标模式或色彩模式的设定。这里介绍色标模式的 2 点教导。

b.将需要被色标传感器检测到的物体放置在色标传感器下方，用十字螺丝刀调节感光强度开关，直到 LED 黄灯缓慢亮起。随后移除物体，让色标传感器对着背景色，调节感光强度开关，直到 LED 黄灯熄灭。

（3）电感传感器

① 电感传感器接线：电感传感器主要用来检测物料的金属属性，电感传感器的接线图如图 5-118 所示。

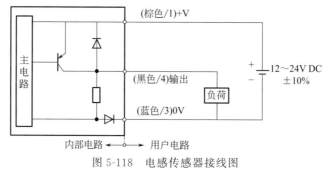

图 5-118 电感传感器接线图

② 电感传感器参数表：见表 5-12。

表 5-12 电感传感器参数表

名称	说明
电源电压	10～30V DC±10％
检测距离	＜8mm
输出类型	PNP
开关频率	1kHz

5.3.2 项目分析

（1）项目要求

机器人从初始位置经过系统安全点 P5 运行至 P1 点。到达 P1 点后，从库 A 抓取物料，物料抓取完成后，回到系统安全点 P5。经过 P5 点运行至龙门检测点 P2，开始检测物料颜色。黄色物料放入库 C 中，即 P3 点位置；蓝色物料放入库 B 中，即 P4 点位置。检测完成两块物料后退出循环并回到 HOME 点，如图 5-119 所示。

图 5-119　龙门检测案例图

（2）程序流程图

本案例的程序流程为在立体库中放置物料，机器人到达库 A 中取料并将物料搬运至龙门检测装置中检测物料颜色。若物料为蓝色，则机器人将物料放入库 B 中；若检测物料为黄色，则机器人将物料放入库 C 中。完成所有物料的检测后，机器人退出程序，回到HOME 点位置。具体程序流程图如图 5-120 所示。

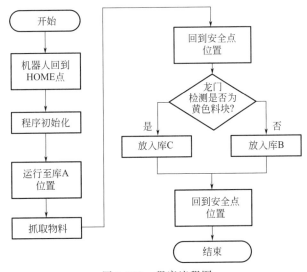

图 5-120　程序流程图

5.3.3　案例程序及调试

（1）编写机器人程序

① 首先打开创建好的 "maduo" 程序模块，在变量声明区定义整型变量 a，并在 INI 和第一个 HOME 点之间进行变量赋值以及机器人夹爪的状态初始化。

```
DEF longmenjiance()程序模块名称
DECL int a 定义整型变量
INI 参数初始化
a＝1
fang()
if a==25 then
SLIN P1 Vel＝0.05m/s CPDAT1 TOOL[1]:wudi Base[0];库 A 位置
SLIN P2 Vel＝0.05m/s CPDAT2 TOOL[1]:wudi Base[0];龙门检测点
SLIN P3 Vel＝0.05m/s CPDAT3 TOOL[1]:wudi Base[0];库 C 位置(黄)
SLIN P4 Vel＝0.05m/s CPDAT4 TOOL[1]:wudi Base[0];库 B 位置(蓝)
SLIN P5 Vel＝0.05m/s CPDAT5 TOOL[1]:wudi Base[0];系统安全点
endif
PTP HOME Vel＝100%  DEFAULT;机器人起始位置
```

此处 a＝25 无任何意义,仅仅为了定义坐标点

② 机器人首先到达系统安全点,然后将 P1 点坐标赋值给中间点 P6,机器人先运行至 P1 点 Z 轴的正上方 50mm 处,随后再运行至库 A 位置 P1 点。

```
loop;循环程序
SLIN P5 Vel＝0.05m/s CPDAT6 TOOL[1]:wudi Base[0];系统安全点
xp6＝xp1;将 P1 点的坐标赋值给中间点 P6
xp6.z＝xp1.z＋50
SPTP P6 Vel＝5%  CPDAT7 TOOL[1]:wudi Base[0];中间点
SLIN P1 Vel＝0.05m/s CPDAT8 TOOL[1]:wudi Base[0];库 A 位置
```

③ 调用子程序"夹",机器人夹爪动作夹取物料,完成取料的夹取后走直线轨迹至 P6 点,最后回到系统安全点,再继续调用"检测"子程序,使机器人运行至龙门检测点。

```
jia();调用"夹"子程序
SLIN P6 Vel＝0.05m/s CPDAT9 TOOL[1]:wudi Base[0]
SLIN P5 Vel＝0.05m/s CPDAT11 TOOL[1]:wudi Base[0];系统安全点
jiance();调用"检测"子程序
```

④ 当机器人将物料搬运至龙门检测点后,开始编写颜色分类入库程序,通过色标传感器对颜色进行鉴别,若检测为黄色,则将库 C 位置 P3 点的坐标赋值给中间点 P6,反之则把库 B 位置 P4 点的坐标赋值给中间点 P6,然后机器人执行子程序"放"。

```
if $ IN[1]==true then;检测为黄色则放入库 C 中
xp6＝xp3;将 P3 点坐标赋值给中间点 P6
xp6.z＝xp6.z＋50;P3 点正上方 50mm 处
SPTP P6 Vel＝5%  CPDAT14 TOOL[1]:wudi Base[0]
SLIN P3 Vel＝0.05m/s CPDAT15 TOOL[1]:wudi Base[0];库 C 位置
else
xp6＝xp4;将 P4 点坐标赋值给中间点 P6
xp6.z＝xp6.z＋50
```

```
SPTP P6 Vel=5%  CPDAT16 TOOL[1]:wudi Base[0]
SLIN P4 Vel=0.05m/s CPDAT17 TOOL[1]:wudi Base[0];库 B 位置
fang()
SLIN P6 Vel=0.05m/s CPDAT18 TOOL[1]:wudi Base[0]
```

⑤ 机器人每完成一次物料入库则变量 a 加 1,当变量 a 的值为 2 时,机器人跳出循环程序,并回到 HOME 点完成龙门检测任务。

```
a=a+1
if a==2 then
exit;跳出循环
endif
endloop;循环程序结束
PTP HOME Vel=100%  DEFAULT
END
```

⑥ 子程序"夹"和"放"的程序编写。

```
def jia()
OUT 22 'fang' State=FALSE
OUT 19 'jia' State=TRUE
WAIT Time=1 sec
OUT 19 'jia' State=FALSE
end
def fang()
OUT 19 'jia' State=FALSE
OUT 22 'fang' State=TRUE
WAIT Time=1 sec
OUT 22 'fang' State=FALSE
end
```

所有子程序的程序开头都是由 def、程序名和括号组成的,程序结尾一定不能没有

⑦ "检测"子程序的编写,主要编写机器人运动到龙门检测点的程序,不涉及传感器检测。

```
def jiance()
xp6=xp2;将龙门检测点的 P2 点坐标赋值给中间点 P6
xp6.z=xp6.z+100
SPTP P6 Vel=0.05m/s CPDAT12 TOOL[1]:wudi Base[0]
SLIN P2 Vel=0.05m/s CPDAT13 TOOL[1]:wudi Base[0];龙门检测点
End
```

(2) 机器人运动点调试

① 手动操作示教器,将机器人 TCP 移至安全点 P5 位置,如图 5-121 所示。安全点是指机器人运动过程中为了避免发生碰撞而设定的过渡点。

② 手动操作示教器,将机器人 TCP 移至库 A 取料点 P1 位置,如图 5-122 所示。

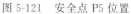

图 5-121 安全点 P5 位置

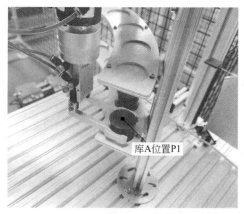

图 5-122 库 A 位置

③ 手动操作示教器，将机器人 TCP 移至龙门检测装置中的检测点 P2 位置，如图 5-123 所示。

④ 手动操作示教器，将机器人 TCP 移至库 C 位置 P3 点，如图 5-124 所示。

图 5-123 龙门检测点位置

图 5-124 库 C 位置

⑤ 手动操作示教器，将机器人 TCP 移至库 B 位置 P4 点，如图 5-125 所示。

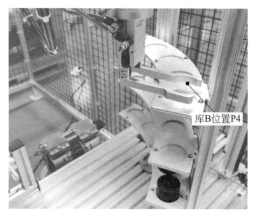

图 5-125 库 B 位置

第 6 章

工业机器人与PLC
综合应用

工业机器人在实际项目中常应用于各种生产线、装配线等，机器人单机的各种搬运、码垛、焊接、喷涂等动作轨迹编程调试完成后，还需要配合生产线上的其他动作来完成整个全自动生产线上的全部工作。则需要其与 PLC 配合一起控制完成，通过双方交换传输信号，完成整个工作站的运行，如图 6-1 所示。

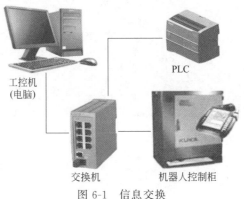

图 6-1　信息交换

6.1　工业机器人与 PLC 电气连接应用

在整个工业机器人工作站系统中，如果想要通过 PLC 去控制机器人的一些运动，只需要将工业机器人与 PLC 连接起来并进行两者之间的信号通信即可。在工业领域中，工业机器人与 PLC 之间的通信传输信号方式有 I/O 连接和通信线连接两种。下面以最常用的机器人与 PLC 之间使用 I/O 连接的方式介绍其控制方法。

EtherCAT 是一个开放架构，是以以太网为基础的现场总线系统，EtherCAT 具有有效数据利用率高、支持多种物理拓扑结构、组网简便等特点。资料帧通过 EtherCAT 节点时，节点会复制资料，再传送到下一个节点，同时识别对应此节点的资料，则会进行对应的处理，若节点需要送出资料，也会在传送到下一个节点的资料中插入要送出的资料。

PLC 的信号有数字量（DI）输入/（DO）输出、模拟量（AI）输入/（AO）输出，工业机器人的信号也有数字量输入/输出、模拟量输入/输出等（不同品牌的机器人，还分为其他的信号）。下面以 I/O 连接和选配 I/O 模块来介绍 KUKA 机器人 I/O 的使用。本设备中采用倍福 I/O 模块与 PLC 的输入输出信号进行线路连接。

常用的是德国倍福自动化有限公司研发的倍福 I/O 模块，数字量输入输出模块分为 8入/8 出和 16 入/16 出两款。在选择模块时，从费用、使用等方面考虑，一般选用数字量 16入/16 出模块基本可以满足所需。如图 6-2 和图 6-3 所示为倍福数字量 16 入/16 出模块图。

倍福 I/O 模块是 KUKA 机器人控制器官方选配的 I/O 模块之一。在出厂时，KUKA机器人的控制柜与官方选配的倍福 I/O 模块已完成相关硬件的连接。用户只需要对连接的I/O 设备进行组态即可。

组态 I/O 设备需要使用 WorkVisual 软件进行相应的输入输出模块的配置，具体操作步骤如下：

① 打开 WorkVisual 软件，在出现的"WorkVisual 项目浏览器"中，选择"搜索"，确定电脑与机器人连接好后，单击"更新"按钮，如图 6-4 所示。

② 在出现的"Cell WINDOWS-PU6HORD"目录下，选择机器人激活项目，激活的项目带有绿色箭头显示，单击"打开"，如图 6-5 所示。

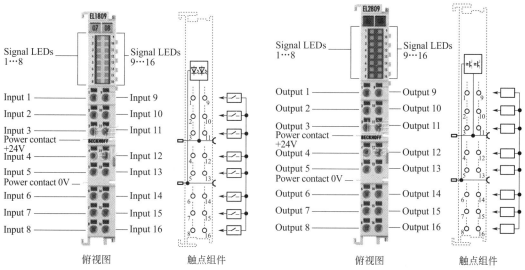

图 6-2　EL1809 输入模块　　　　　图 6-3　EL2809 输出模块

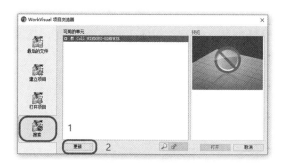

图 6-4　搜索项目

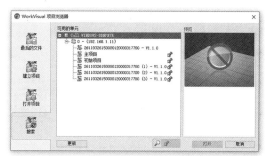

图 6-5　打开项目

③ 在项目结构选中"控制器",单击鼠标右键,选择"设为激活的控制系统",如图 6-6 所示。

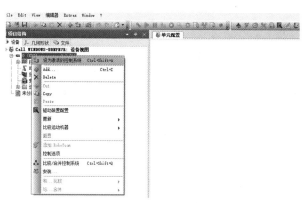

图 6-6　激活控制器

④ 展开当前项目分支,选择"EL1809 16Ch. Dig. Input 24V,3ms",在 KR C 输入/输出端选择"数字输入端",在右侧的"现场总线"下展开"KUKA Extension Bus(SYS-

X44）"分支，选择"EL1809 16Ch. Dig. Input 24V，3ms"进行输入信号配置，如图 6-7 所示。

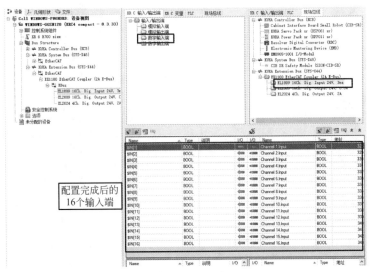

图 6-7　配置输入信号

⑤ 选择"EL1809 16Ch. Dig. Onput 24V，3ms"，在 KR C 输入/输出端选择"数字输出端"，在右侧的"现场总线"下展开"KUKA Extension Bus（SYS-X44）"分支，选择"EL1809 16Ch. Dig. Output 24V，0.5A"进行输出信号配置，如图 6-8 所示。

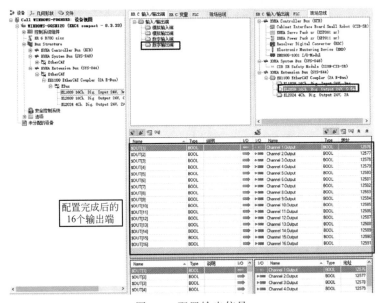

图 6-8　配置输出信号

⑥ 单击"生成代码"，然后单击"安装"将配置下载到控制器，如图 6-9 所示（注意：示教器必须是"专家"模式以上）。

I/O 连接配置完成总线结构图如图 6-10 所示。

KUKA 机器人将输出信号传给倍福模块的输出，输入信号传给倍福模块的输入。若 PLC 的输出端有信号，则倍福模块的输入信号得电，即 KUKA 机器人的输入信号得电；当 KUKA 机器人的输出端有信号，则倍福模块的输出信号得电，通过倍福模块给到 PLC 的输

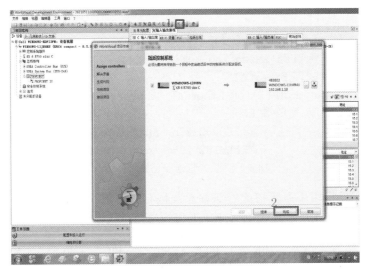

图 6-9　下载项目

入接口，即 PLC 的输入接口得电。

如果机器人与 PLC 之间要进行模拟量的传输，则需要在 WorkVisual 软件进行倍福 EK1100 的配置后，再对模拟量输入端子 EL3002 与模拟量输出端子 EL4132 进行配置。图 6-11 所示为模拟量输入端子 EL3002，其通过内置的 A/D 转换器把模拟量转换为数字量。图 6-12 所示为模拟量输出端子 EL4132，其通过内置的 D/A 转换器把数字量转换为模拟量。

⇌ KUKA Extension Bus (SYS-X44)
└─ 🕥 EtherCAT
　　└─ BECK HOFF EK1100 EtherCAT Coupler (2A E-Bus)
　　　　└─ 🕥 EBus
　　　　　　─ BECK HOFF EL1809 16Ch. Dig. Input 24V, 3ms
　　　　　　─ BECK HOFF EL2809 16Ch. Dig. Output 24V, 0.5A

图 6-10　I/O 连接总线结构图

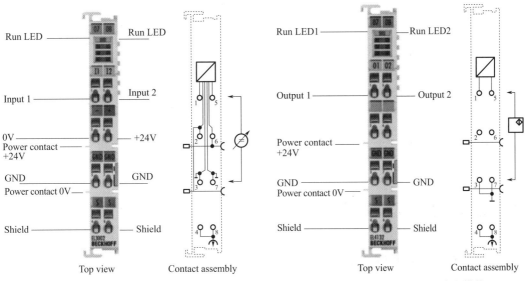

图 6-11　EL3002 模拟量输入模块　　　　图 6-12　EL4132 模拟量输出模块

使用 WorkVisual 软件进行倍福模拟量输入输出模块的配置，I/O 连接配置完成总线结构图，如图 6-13 所示。

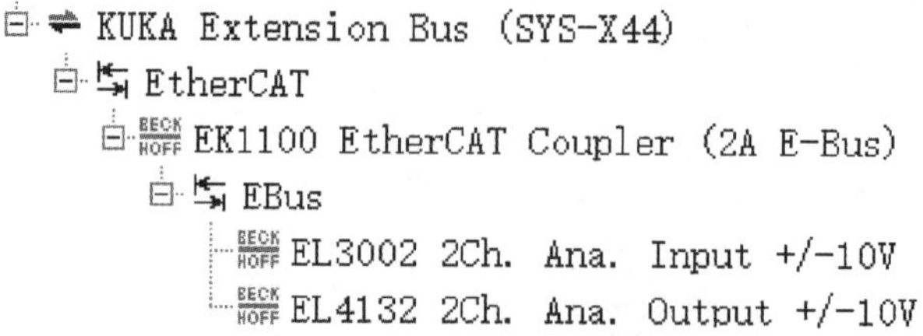

KUKA Extension Bus (SYS-X44)
EtherCAT
EK1100 EtherCAT Coupler (2A E-Bus)
EBus
EL3002 2Ch. Ana. Input +/-10V
EL4132 2Ch. Ana. Output +/-10V

图 6-13　模拟量连接总线结构图

倍福的输入与输出模块需要搭配着倍福总线耦合器来使用，如图 6-14 所示，总线耦合器 EK1100 在左边，其作用是连接 EtherCAT 接线端与总线电缆。

BC
DI EL1809
DO EL2809
AI EL3001
AO EL4132
CO
EL6692
EtherCAT
BECKHOFF EK1100
Status Prim
Status Sec
Power Err
EtherCAT
X1
X2
X3
24V
0V
BECKHOFF

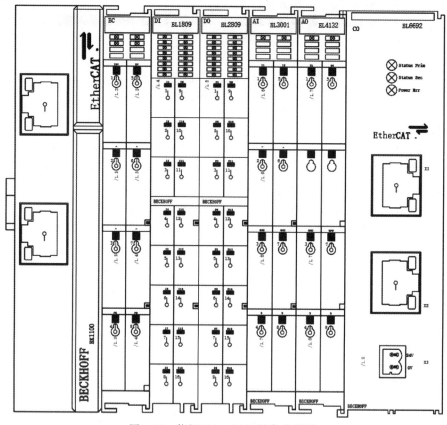

图 6-14　倍福 EtherCAT 设备总览图

6.2　工业机器人与 PLC 的通信应用

6.2.1　机器人主流通信协议概述

通信协议又称通信规程，是指通信双方对数据传送控制的一种约定。约定中包括对数据格式、同步方式、传送速度、传送步骤、检验纠错方式以及控制字符定义等问题做出统一规定，通信双方必须共同遵守，它也叫作链路控制规程。

除去前面提过的 EtherCAT 外，在国际流行的工业通信协议还有 DeviceNet、PROFI-BUS、PROFINET、CC-Link 等。

（1）DeviceNet 通信协议

其由美国的 Allen-Bradley（罗克韦尔自动化旗下重要的品牌）公司在 1994 年开发，以 Bosch 公司开发的控制器局域网络（CAN）为其通信协定的基础。DeviceNet 移植了来自 ControlNet（另一个由 Allen-Bradley 公司开发的通信协定）的技术，再配合控制器局域网络的使用，因此其成本较传统以 RS485 为基础的通信协定要低，具体结构如图 6-15 所示。

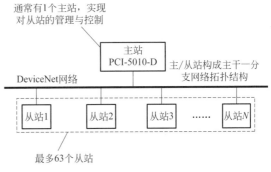

图 6-15　DeviceNet

为了要推展 DeviceNet 在世界各地的使用，罗克韦尔公司决定将此技术分享给其他厂商。后来 DeviceNet 通信协定由位在美国的独立组织开放 DeviceNet 厂商协会（ODVA）管理。ODVA 维护 DeviceNet 的规格，也提供一致化测试，确保厂商的产品符合 DeviceNet 通信协定的规格。

DeviceNet 的优点是成本低，接受广，可靠性高，可有效利用网络上可用的网络带宽和功率。DeviceNet 的缺点是带宽有限，信息和电缆长度有限。

（2）PROFIBUS 通信协议

网络结构如图 6-16 所示。PROFIBUS 中最早提出的是 PROFIBUS FMS（Field bus Message Specification，FMS），是一个复杂的通信协议，为要求严苛的通信任务所设计，适用于车间级通用性通信任务。后来在 1993 年提出了架构较简单、速度也提升许多的 PRO-FIBUS DP（Decentralized Peripherals，DP）。PROFIBUS FMS 是用在 PROFIBUS 主站之间的非确定性通信。PROFIBUS DP 主要是用在 PROFIBUS 主站和其远程从站之间的确定性通信，但仍允许主站及主站之间的通信。

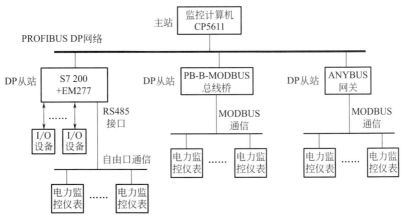

图 6-16　PROFIBUS

PROFIBUS 属于单元级、现场级的 SIMITAC 网络，主要适用于传输中、小量的数据。其开放性可以允许众多的厂商开发各自的符合 PROFIBUS 协议的产品，这些产品可以连接在同一个 PROFIBUS 网络上。

目前 PROFIBUS 通信分为两种，分别是 PROFIBUS DP（分布式周边）和 PROFIBUS PA（过程自动化），它们使用的通信协议相同。

① PROFIBUS DP（分布式周边，Decentralized Peripherals）用在工厂自动化的应用中，可以由中央控制器控制许多传感器及执行器，也可以利用标准或选用的诊断机能得知各模块的状态。

② PROFIBUS PA（过程自动化，Process Automation）应用在过程自动化系统中，由过程控制系统监控量测设备控制，是本质安全的通信协议，可适用于防爆区域（工业防爆危险区分类中的 Ex-zone 0 及 Ex-zone 1）。

（3）PROFINET 通信协议

其由 PROFIBUS 国际组织（PROFIBUS International，PI）推出，是新一代基于工业以太网技术的自动化总线标准。

PROFINET 为自动化通信领域提供了一个完整的网络解决方案，囊括了诸如实时以太网、运动控制、分布式自动化、故障安全以及网络安全等当前自动化领域的热点话题，并且，作为跨供应商的技术，可以完全兼容工业以太网和现有的现场总线（如 PROFIBUS）技术。

（4）CC-Link 通信协议

CC-Link（Control & Communication Link，控制与通信链路系统），是由三菱电机为主导的多家公司在 1996 年 11 月推出的开放式现场总线，其数据容量大，通信速度多级可选择，而且它是一个以设备层为主的网络，同时也可覆盖较高层次的控制层和较低层次的传感层。一般情况下，CC-Link 整个一层网络可由 1 个主站和 64 个从站组成。网络中的主站由 PLC 担当，从站可以是远程 I/O 模块、特殊功能模块、带有 CPU 和 PLC 的本地站、人机界面、变频器及各种测量仪表、阀门等现场仪表设备，并且可实现从 CC-Link 到 AS-I 总线的连接。CC-Link 具有高速的数据传输速度，最高可达 10Mb/s。CC-Link 的底层通信协议遵循 RS485，一般情况下，CC-Link 主要采用广播-轮询的方式进行通信，CC-Link 也支持主站与本地站、智能设备站之间的瞬间通信。

6.2.2 机器人与 PLC 的通信方式

PLC 端可以通过 CPU 集成的通信接口，或扩展通信模块方式增加通信的功能，机器人端可以通过主板集成的通信接口，或扩展通信板方式增加通信的功能。以 KUKA 机器人为例，通常可以实现与 PLC 之间通信的方式有以下几种：PROFINET 通信、PROFIBUS DP 通信、Ethernet/IP 通信以及 DeviceNet 通信等方式。

KUKA 机器人 KR C4 的 PROFIBUS 可与数字量 16 入/16 出扩展组合，但是不能与其他的数字量输入/输出端扩展组合。在进行 KUKA 机器人的 PROFIBUS 配置时需要具备以下软件：①WorkVisual 软件；②上级控制系统制造商的相关配置软件，例如 Siemens 的 STEP 7 或 TIA Protal。具体图标如图 6-17 所示。

图 6-17　软件图标

在 KUKA 工业机器人与西门子 PLC 进行 PROFIBUS 通信时，机器人通过 BECKHOFF EL6731-0010 从站模块、总线耦合器 EK1100 与 PLC 进行通信，如图 6-18 所示。

KUKA 工业机器人通过从站模块 BECKHOFF EL6731-0010 与 PLC 进行 PROFIBUS 通信时，还需要使用 WorkVisual 软件进行配置，所以需要在倍福公司的官网上下载 EL6731-0010 的 GSD 配置文件，如图 6-19 所示。

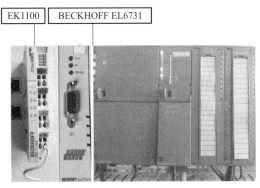

图 6-18　通信所需模块

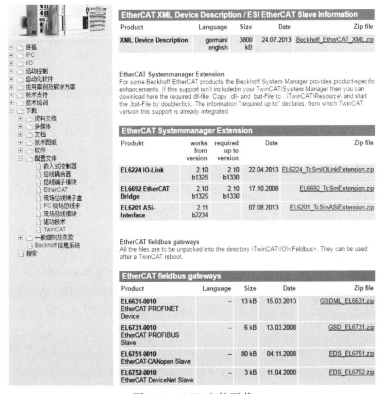

图 6-19　GSD 文件下载

WorkVisual 软件配置时第一步要配置总线耦合器 EK1100 EtherCAT（2A E-Bus），配置完成后再根据所选通选方式配置该通信的主站模块。EK1100 EtherCAT 耦合器如图 6-20 所示。PROFIBUS 主站/从站端子模块 EL6731 的实物图如图 6-21 所示。

（1）PROFINET 通信方式

PROFINET 是基于 TCP/IP 的工业通信系统，是新一代基于工业以太网技术的自动化总线标准，可按名称分配地址实现开放式和分配式的自动化。作为一项战略性的技术创新，PROFINET 为自动化通信领域提供了一个完整的网络解决方案，囊括了诸如实时以太网、运动控制、分布式自动化、故障安全以及网络安全等当前自动化领域的热点话题，并且，作为跨供应商的技术，可以完全兼容工业以太网和现有的现场总线（如 PROFIBUS）技术，保护现有投资。

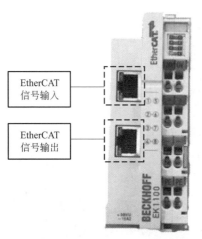

图 6-20　EK1100 EtherCAT 耦合器

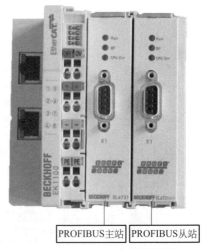

图 6-21　EL6731 主/从站模块

现如今，KUKA 工业机器人与西门子通信时，基本都会选择使用以太网（PROFI-NET）通信方式，随着工业 4.0 时代的到来，西门子 S7-1500CPU 集成有 PROFINET 通信板，支持做 PROFINET 通信，而 S7-300 使用的 PROFIBUS DP 通信已经不再使用。

图 6-22　交换机

下面介绍 KUKA 机器人与 PLC 进行 PROFINET 通信的相关内容。

KUKA 机器人与 PLC 进行 PROFINET 通信需要安装相应的软件。KUKA 机器人作为 KU-KA.PROFINET Device，安装软件名称为 PROFINET PROFIsafe Device，包含工业以太网输入输出设备、PROFIsafe 设备等功能。

KUKA 工业机器人与西门子 PLC 进行 PROFINET 通信时，可以通过交换机进行信息的交换，如图 6-22 所示。

在 KUKA 机器人系统中，控制柜（KR C4）的用途主要有：

① 作为控制器用于控制一套设备的所有组件，如图 6-23 所示；

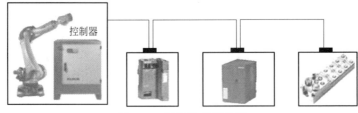

图 6-23　控制设备组件图

② 作为从属装置接受一个控制器的操作和监控，例如可编程序控制器，如图 6-24 所示。

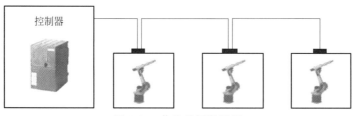

图 6-24　作为从属装置图

（2）DeviceNet 通信方式

DeviceNet 是基于 CAN 并主要用于自动化技术的现场总线。数据交换以主从关系进行。它的成本较传统以 RS485 为基础的通信协议要低，并且有较好的强健性。

DeviceNet 的通信原理：

① DeviceNet 是干线/分支或基于总线的网络。节点可以直接连接到总线电缆，或通过各种分接器和端子连接。无论何种方法，每个节点都必须在距总线 20 英尺（ft，1ft＝0.3048m）以内。由于 DeviceNet 是基于总线的网络，每个网络端都要有 121Ω 的终端电阻，终端电阻丝用来消除在通信电缆中的信号反射。

② DeviceNet 的电缆与控制网和以太网的不同，因为它们不仅传输网络信号，还要传输 24V 的直流电。用户可直接在网络上插入简单的设备，如光眼和按钮，而不需要引入额外的电源，DeviceNet 使用两种格式的电缆：圆形与扁平电缆。

在 KUKA 机器人系统中，为了配置 DeviceNet，WorkVisual 需要以下设备说明文件：①Beckhoff EKxxxx.xml；②Beckhoff EL6xxx.xml。文件可从制造商（Beckhoff）网站中下载。

KUKA DeviceNet 总线结构示例图如图 6-25 所示，DeviceNet 主站端子模块 EL6752 如图 6-26 所示。

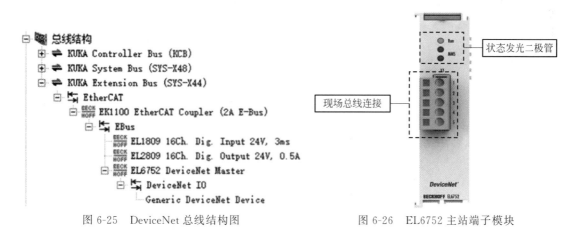

图 6-25　DeviceNet 总线结构图　　　　图 6-26　EL6752 主站端子模块

（3）EtherNet/IP 通信方式

EtherNet/IP 通信与 DeviceNet 一样，都是基于 CIP（Controland Information Protocol）协议的网络。它是一种面向对象的协议，能够保证网络上的隐式（控制）的实时 I/O 信息和显式信息（包括用于组态、参数设置和诊断等信息）的有效传输。但是它的实时性较差，比较适合传输大数据。

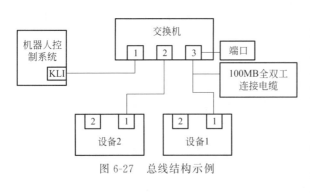

图 6-27　总线结构示例

在 KUKA 机器人中可以使用一个 EDS 文件配置设备，也可以不使用 EDS 文件配置设备。对于模块化设备，每个模块只需要使用一个 EDS 文件。EDS 文件必须从设备制造商处获得。

为确保 EtherNet/IP 无故障运行，建议将总线用户之间的所有以太网连接都配置为 100MB 全双工。为此，两个相互连接的端口必须具有相同配置（100MB 全双工或自动协商机制）。图 6-27 所示为总线结构的示例。

（4）常用通信方式对比

总线通信具有接线简单、拓展性强、抗干扰性强的特点，但是总线通信相对于点对点通信方式价格昂贵并且配置复杂。总线通信的几种常用通信方式的对比见表 6-1 所示。

表 6-1　通信方式对比表

	PROFIBUS DP	PROFINET	DeviceNet
波特率	最大 12Mb/s	最大 100Mb/s	125～500Kb/s(与距离有关)
支持点位	1024 入/1024 出	2048 入/2048 出	1024 入/1024 出
支持模拟量个数	16 入/16 出	25 入/25 出	32 入/32 出
最大可拓展设备个数	32 个	—	32 个
设备间最大通信长度	—	100m	—

6.3　机器人码垛案例应用

码垛机器人能够根据搬运物件的特点，以及搬运物件所归类的地方，在保持其形状和物件的性质不变的基础上，进行高效的分类搬运，使得装箱设备每小时能够完成数百块的码垛任务。在生产线上下料、集装箱的搬运等方面发挥极其重要的作用，如图 6-28 所示。

图 6-28　码垛机器人在工作

6.3.1　认识码垛工业机器人

（1）码垛机器人的应用范围

比较常见的码垛机器人，一般用于生产线的末端，把袋装、箱装、桶装等物料从生产线上按照已经设置好的规则码垛到托盘，再经叉车存放到仓库。根据不同的产品类型和实际需求，可以用码垛机器人进行编程，使其适应各类产品的码垛要求。

码垛机器人对于各种形状的物料都可以进行码垛操作，同时还可以根据用户的需求进行卸垛的工作。

（2）码垛机器人的特点

① 结构简单、零部件少；

② 占地面积少，有利于用户布置厂房中的生产线；

③ 能耗低，大大降低了客户的运行成本；

④ 适用性强，可以实现不同的物料码垛；

⑤ 定位准确，稳定性高。

6.3.2　码垛机器人工作站系统组成

码垛机器人工作站可以与生产系统相连接形成一个比较完整的码垛生产线，码垛机器人工作站是一种集成化系统。码垛机器人工作站系统除了需要机器人和码垛设备以外，还需要一些辅助设备来配合才能完整地完成码垛工作。

工业机器人码垛工作站如图 6-29 所示。

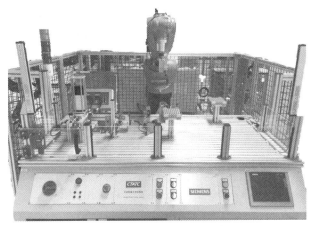

图 6-29　工业机器人码垛工作站

（1）供料装置

供料装置主要是将料仓里的码垛物推送到皮带上。

① I/O 信号配置　供料装置的信号配置见表 6-2。

表 6-2　供料装置 I/O 信号配置表

输入信号				输出信号			
序号	地址	符号	注释	序号	地址	符号	注释
1	I0.2	SQ3	料仓有料	1	Q0.1	YV1	气缸推料
2	I0.1	SQ2	气缸到位				
3	I0.0	SQ1	气缸原点				

② 电气连接图　供料装置主要涉及的器件有对射式传感器、双作用气缸、二位五通电磁阀等。供料装置位于工作台左下角的位置，通过 9 针线缆连接到桌面左上角的集线器中，从而实现该模块与 PLC 信号的连接，如图 6-30 所示。

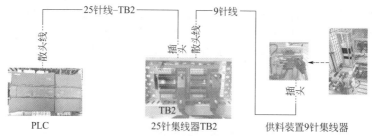

图 6-30 供料装置与 PLC 连接图

（2）皮带输送装置

① I/O 信号配置　皮带输送装置的信号配置见表 6-3。

表 6-3　皮带输送装置 I/O 信号表

输入信号				输出信号			
序号	地址	符号	注释	序号	地址	符号	注释
1	I0.3	P1-I0	皮带到位检测	1	Q0.2	B-Q0	皮带正转
				2	Q0.3	B-Q1	皮带反转

② 电气连接图　皮带输送装置是自动化码垛生产线上必不可少的一个环节，根据不同的生产要求可以选择不同的型号。皮带输送装置位于工作台中间偏左的位置，通过 9 针线缆连接到桌面左上角的集线器中，从而实现该模块与 PLC 信号的连接，如图 6-31 所示。

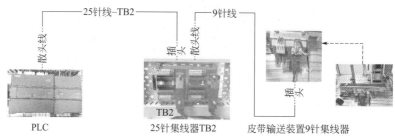

图 6-31　皮带输送装置与 PLC 连接图

（3）漫反射装置

漫反射装置位于皮带的末端，直接连接到皮带输送装置上的信号转接板上即可，如图 6-32 所示。

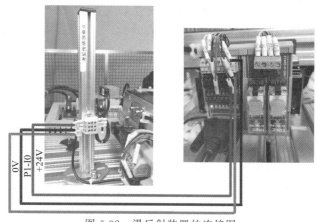

图 6-32　漫反射装置的连接图

（4）龙门检测装置

① I/O 信号配置　龙门检测装置的信号配置见表 6-4。

表 6-4　龙门检测装置 I/O 信号表

输入信号		
地址	符号	注释
I1.0	J-I0	金属检测
I1.1	J-I1	有无料检测
I1.2	J-I2	颜色检测

② 电气连接图　在一些码垛场合中，根据生产的需求需要进行物料的分类，因此会在码垛工作站中安装龙门检测装置。龙门检测装置位于工作台中间偏右的位置，通过 9 针线缆连接到桌面左上角的集线器中，从而实现该模块与 PLC 信号的连接，如图 6-33 所示。

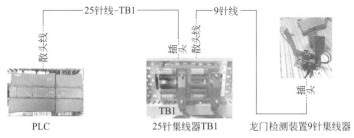

图 6-33　龙门检测与 PLC 连接图

6.3.3　工业机器人与 PLC 的信号连接

（1）工业机器人与 PLC 的 I/O 信号连接

在整个工业机器人工作站系统中，如果想要通过 PLC 去控制机器人的一些运动，只需要将工业机器人与 PLC 连接起来并进行两者之间的信号通信即可。工业机器人与 PLC 之间的通信方式有两种，分别为 I/O 连接和通信线连接，下面以机器人与 PLC 之间的 I/O 通信展开介绍。

在 KUKA 机器人中，与 PLC 的 I/O 连接通过控制柜的 X12 接口，将机器人输入输出信号接入到 PLC 的输入输出口上。图 6-34 所示为控制柜与 PLC 之间的信号连接图。

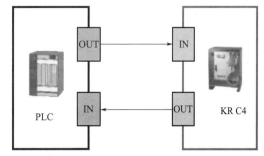

图 6-34　控制柜与 PLC 之间的信号连接图

图 6-35 所示为机器人与 PLC 输入输出接口电路图，从图中可以清晰明了地看出机器人的输入输出信号是与 PLC 的哪个信号连接的。

（2）工业机器人与 PLC 的 PROFINET 连接步骤

对于机器人直接接入的 I/O 信号，PLC 写好程序后直接下载就可以；但对于虚拟的 I/O 信号，即以太网通信时，则需要先进行网络配置，配置完成以后才可以进行程序编写及下载。

工业机器人与 PC 机配置的网络拓扑图如图 6-36 所示。

① KUKA 机器人与 PLC 网络配置方法

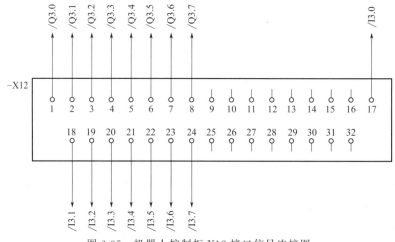

图 6-35　机器人控制柜 X12 接口信号连接图

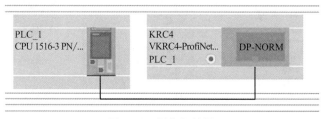

图 6-36　网络拓扑图

第一步：双击桌面 图标，打开 WorkVisual 4.0 软件，若是安装完成软件后首次打开该软件，会弹出"DTM 样本管理"对话框，如图 6-37 所示。

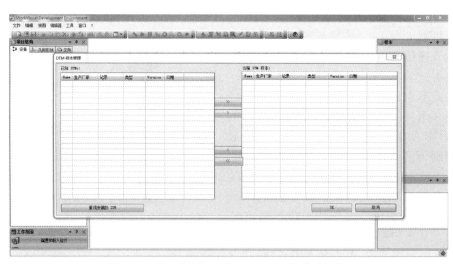

图 6-37　首次打开 WorkVisual 4.0 软件对话框

第二步：单击"DTM 样本管理"对话框左下角"查找安装的 DTM"按钮，进行样本更新，如图 6-38 所示，当样本更新完成后，样本管理左侧列表中会显示"已知 DTMs"，如图 6-39 所示，此时需要对 DTM 样本进行安装，当需要安装全部样本时，单击 按钮，进行全部样本的安装，若需要安装某一个样本，单击 ＞ 按钮进行安装。如图 6-40 所示为安装所有已知 DTM 样本后的列表。单击"DTM 样本管理"对话框右下角"OK"按钮，进入项目浏览器。

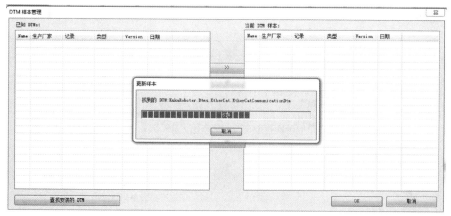

图 6-38　更新样本对话框

图 6-39　样本更新完成后显示列表

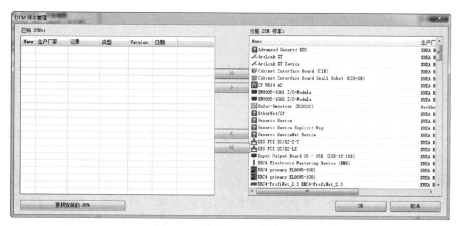

图 6-40　当前 DTM 样本列表

第三步：将 KUKA 机器人控制柜通过以太网线与计算机连接，并设置机器人 IP 地址或计算机 IP 地址使其在同一网段内，在 "WorkVisual 项目浏览器" 中单击 "查找"，通过搜索会在项目浏览器中显示可用的单元，如图 6-41 所示。在图 6-41 中选择需要打开的项目，单击右下角 "打开" 按钮，打开项目。也可以通过打开 "最后的文件" "建立项目" 等方式打开或新建项目。

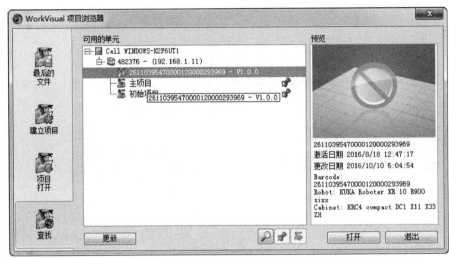

图 6-41　查找可用的单元列表

第四步：通过查找打开项目后，进入设备配置主界面，如图 6-42 所示。在左侧项目结构树中单击主项目名称前的 "加号" 打开设备，选中设备后右键单击 "设为激活的控制器"，如图 6-43 所示。

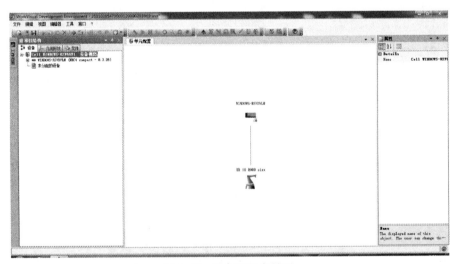

图 6-42　设备配置主界面

第五步：在设备配置主界面左侧项目结构树中找到 "总线结构"，选中 "总线结构" 后右键单击选择 "添加"，如图 6-44 所示。弹出 "DTM 选择" 对话框，如图 6-45 所示。找到 "PROFINET" 并选中，单击右下角 "OK" 按钮，添加 PROFINET 网络通信功能。此时，总线结构子目录中就有了 PROFINET 功能，如图 6-46 所示。

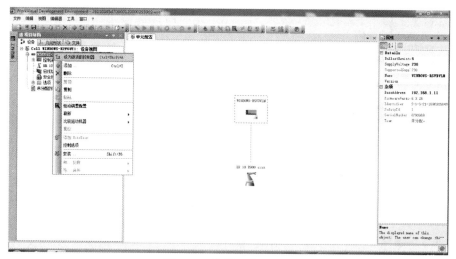

图 6-43　控制器激活界面

图 6-44　添加通信总线界面

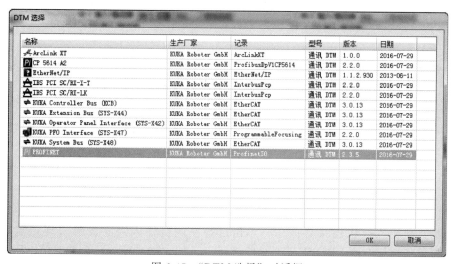

图 6-45　"DTM 选择"对话框

图 6-46　完成 PROFINET 总线添加

第六步：进行 PROFINET 网络设置，在 PROFINET 网络设置中，单击"Communication settings"对网络进行基本设置，需要重点注意"Device name"的设置，本次设置中使用了默认名称"kuka-noname"，该名称需要与西门子博途软件中的组态名称一致。因本设备中无安全 I/O，将"Number of safe I/Os"安全 I/O 数量修改为 0。其他参数不变，单击下方"OK"按钮完成设置，如图 6-47 所示。

第七步：单击项目结构树中的"PROFINET IO"进入输入输出接线配置，在"输入输出接线"界面中单击左侧"KR C 输入/输出端"，选择"数字输入端"，如图 6-48 所示。在"输入输出接线"界面单击右侧"现场总线"，选择"PROFINET"，如图 6-49 所示。

图 6-47　PROFINET 总线设置界面

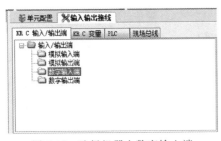

图 6-48　选择机器人数字输入端

图 6-49　选择现场总线 PROFINET

第八步：在输入接线连接界面中，单击选择左侧机器人需要的输入连接点，如"IN〔25〕"，再单击选择右侧 PROFINET 总线连接点，如"0047Input"，最后单击下方的连接图标 ，完成机器人输入点与 PROFINET 总线输入点的映射连接，如图 6-50 所示。

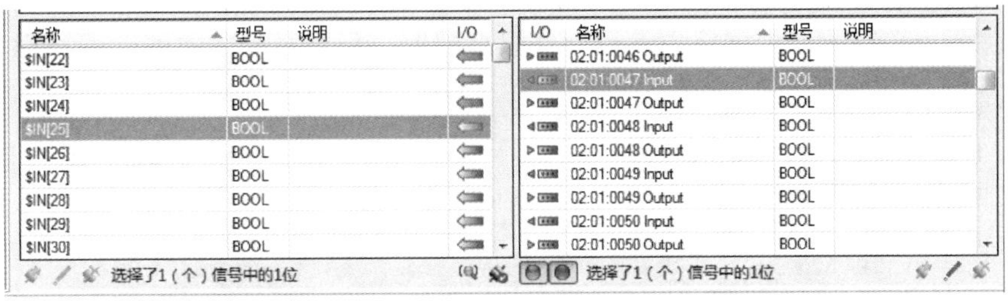

名称	型号	说明	I/O		I/O	名称	型号	说明
$IN[22]	BOOL				▶	02:01:0046 Output	BOOL	
$IN[23]	BOOL				▶	02:01:0047 Input	BOOL	
$IN[24]	BOOL				▶	02:01:0047 Output	BOOL	
$IN[25]	BOOL				◀	02:01:0048 Input	BOOL	
$IN[26]	BOOL				▶	02:01:0048 Output	BOOL	
$IN[27]	BOOL				▶	02:01:0049 Input	BOOL	
$IN[28]	BOOL				▶	02:01:0049 Output	BOOL	
$IN[29]	BOOL				▶	02:01:0050 Input	BOOL	
$IN[30]	BOOL				▶	02:01:0050 Output	BOOL	

选择了1（个）信号中的1位　　　　　　　选择了1（个）信号中的1位

图 6-50　输入接线连接界面

第九步：根据第七步、第八步的方法，依次完成其他输入、输出点的连接。图 6-51 所示为机器人"数字输入端"与 PROFINET 总线连接完成的界面。

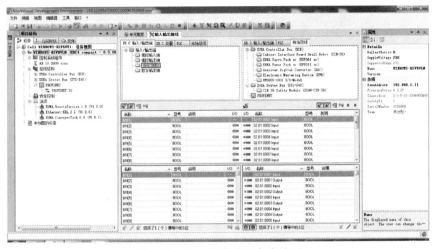

图 6-51　输入接线设置完成界面

第十步：项目传输，单击工具栏中的安装图标 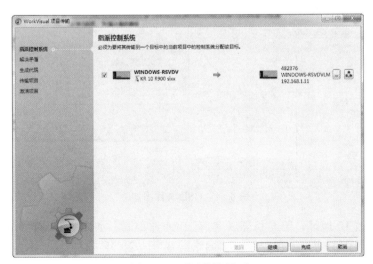 进行项目传输，如图 6-52 所示，依次根据提示进行下一步操作，项目传输前，需要通过示教器修改设置用户类型，例如修改为"专家级"，传输过程中，需要多次确认同意在示教器上弹出的项目传输授权。

图 6-52　项目传输界面

② 在 TIA 软件中进行硬件组态的配置 在 WorkVisual 4.0 软件中完成机器人与 PLC 的网络配置后，需要在 TIA 软件中进行硬件组态配置，配置完成后才可以编写程序并下载，步骤如下。

第一步：在桌面上双击 [TIA] 图标，打开 TIA 软件添加 PLC 1500 硬件组态并设置 PLC 以太网 IP 地址等信息，如图 6-53 所示。

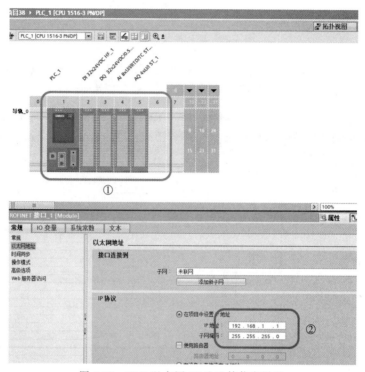

图 6-53 PLC 以太网 IP 地址等信息设置

第二步：将 GSD 文件添加到 TIA 软件项目中，如图 6-54 所示。并将"KRC4-PROFI-NET-3.2"硬件组件拖放到网络视图编辑区，如图 6-55 所示。

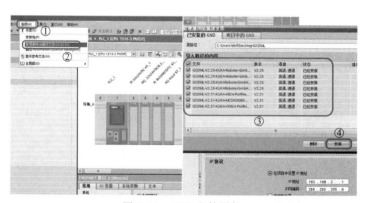

图 6-54 GSD 文件添加

第三步：更改 IP 地址，要与机器人实际 IP 地址相同，如图 6-56 所示。（机器人 IP 实际地址可在示教器中的"投入运行"→"网络配置"查看。）

第四步：设置"KRC4-PROFINET-3.2"硬件组件的名称，并连接 PLC 与机器人硬件

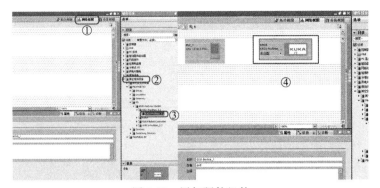

图 6-55 添加硬件组件

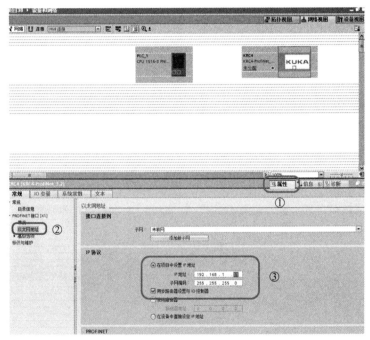

图 6-56 IP 地址更改

组件，（注意：该名称要与"WorkVisual 4.0"软件中的名称一致。在前面"KUKA 机器人与 PLC 网络配置方法"中进行"Device name"的设置时选择了默认的名称"kuka-noname"，所以在 TIA 中"KRC4-PROFINET-3.2"硬件组件的名称也需要改成"kuka-noname"。）如图 6-57 所示。

第五步：因本设备中无安全 I/O，所以需要将 64 个安全输入输出口删除。最后保存项目并下载。完成之后就可以进行程序的编写，如图 6-58 所示。

6.3.4 码垛机器人工作站系统参数配置

在工业机器人中，不同类型的机器人，其信号配置都有所不同，本案例主要是介绍 KUKA 机器人的相关操作。

（1）PLC 的 I/O 信号配置

PLC1500 的 I/O 信号配置见表 6-5。

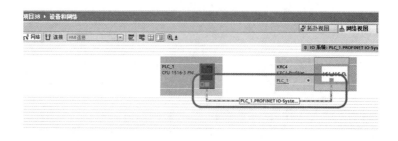

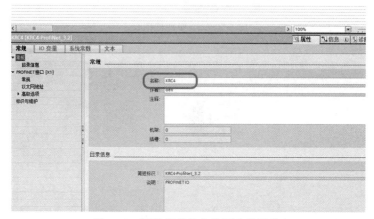

图 6-57　硬件组件的名称更改及连接

图 6-58　安全输入输出口删除步骤

表 6-5　PLC1500 的 I/O 信号配置

输入信号				输出信号			
序号	地址	符号	注释	序号	地址	符号	注释
1	I0.0	SQ1	气缸原点	1	Q0.0	—	吸盘
2	I0.1	SQ2	气缸到位	2	Q0.1	YV1	气缸推料
3	I0.2	SQ3	料仓有料	3	Q0.2	B-Q0	皮带正转
4	I0.3	P1-I0	皮带到位检测	4	Q3.5	—	允许机器人运行
5	I2.0	Start	启动按钮				
6	I2.1	Stop	停止按钮				

（2）机器人与 PLC 的 I/O 接口信号

工业机器人与 PLC1500 之间的信号配置见表 6-6 和表 6-7。

表 6-6　机器人与 PLC1500 的输入接口信号表

PLC1500 地址	映射	机器人数字输入端	端口说明
Q3.5	→	IN[6]	机器人允许运行
Q3.6	→	IN[7]	机器人取料信号
Q3.7	→	IN[8]	传感器颜色信号

表 6-7　机器人与 PLC1500 的输出接口信号表

机器人数字输出端	映射	PLC1500 地址	端口说明
OUT[6]	→	I3.5	机器人达到取料位置
OUT[7]	→	I3.6	将传感器颜色信号复位
OUT[8]	→	I3.7	码垛数量完成信号

6.3.5　机器人码垛案例参考程序

（1）码垛工作站 PLC 程序

码垛工作站 PLC 参考程序如图 6-59 所示。

只有在按下"启动"按钮后，机器人才允许运行。

当料仓检测到有物料时，气缸将物料推出至皮带，皮带开始运行。物料到达机器人取料点并且传感器检测到有信号，机器人开始过来取料。

在龙门检测时，如果检测到有信号，则反馈给机器人一个信号并告知机器人该物料为哪种颜色。

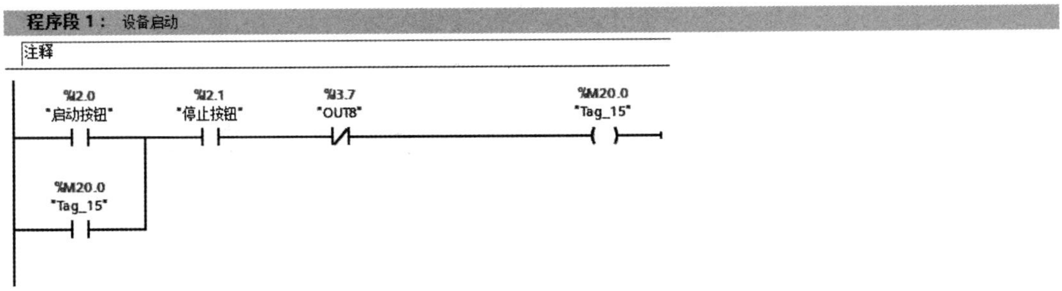

图 6-59

程序段 2： ……

注释

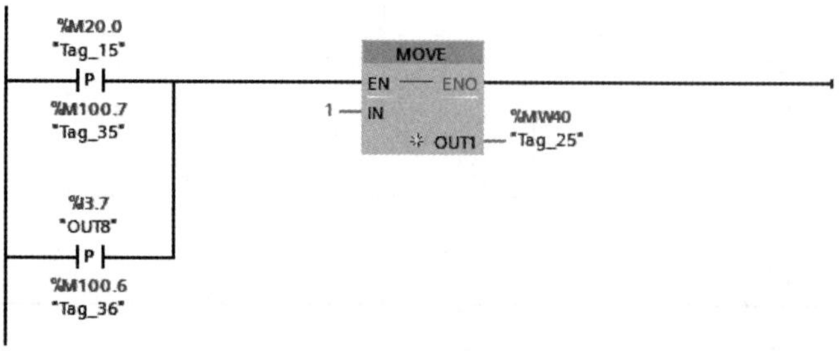

程序段 3： ……

注释

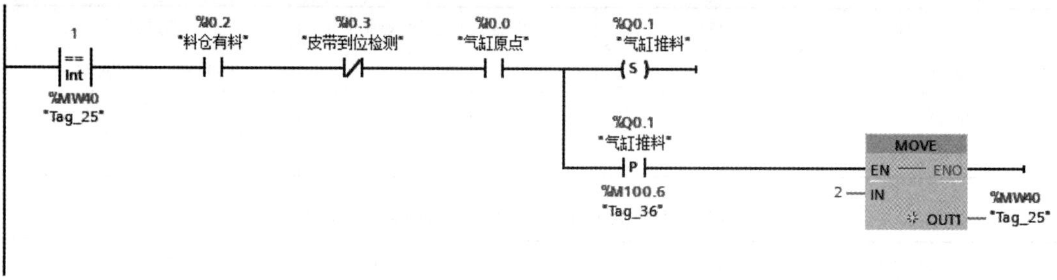

程序段 4： ……

注释

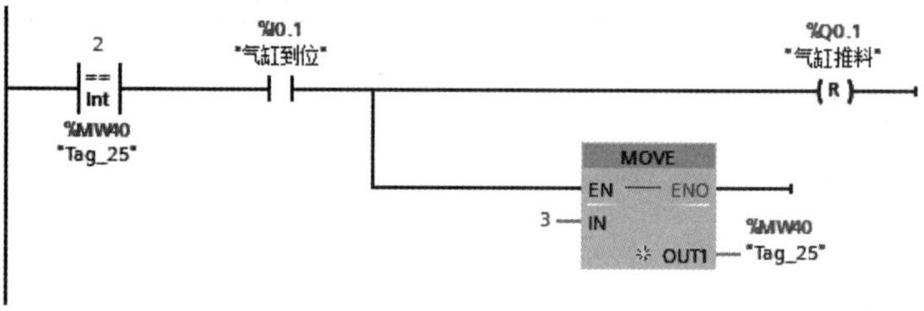

程序段 5： ……

注释

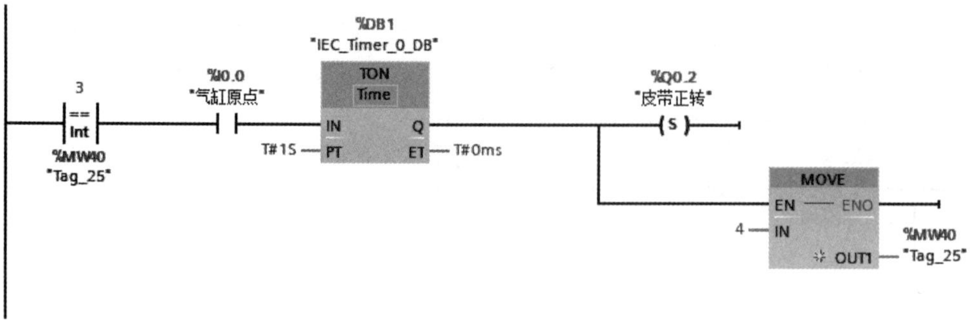

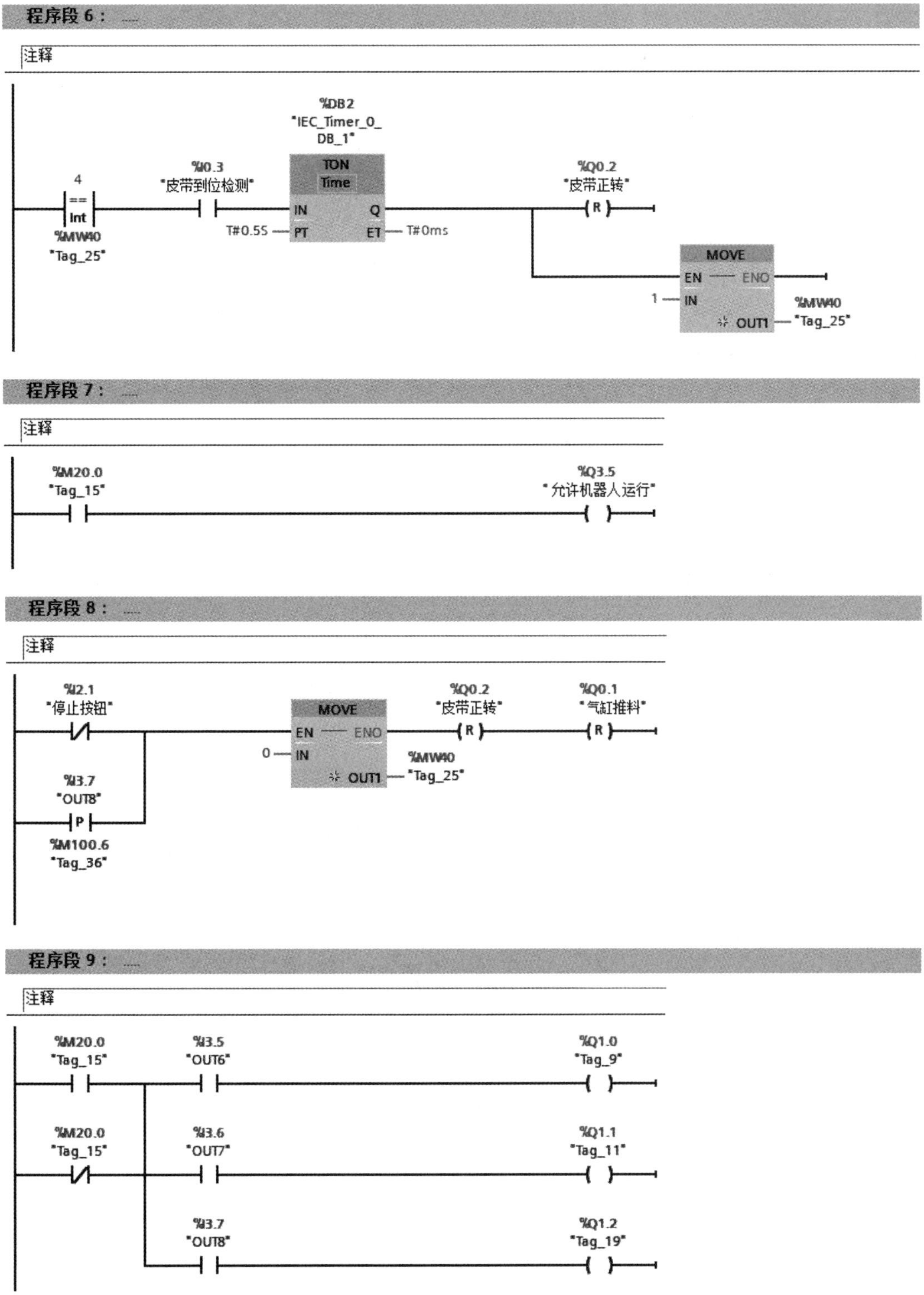
程序段 6：
注释
%DB2
"IEC_Timer_0_
DB_1"
TON
Time
4
==
Int
%MW40
"Tag_25"
%I0.3
"皮带到位检测"
IN
Q
T#0.5S
PT
ET
T#0ms
%Q0.2
"皮带正转"
R
MOVE
EN
ENO
1
IN
OUT1
%MW40
"Tag_25"
程序段 7：
注释
%M20.0
"Tag_15"
%Q3.5
"允许机器人运行"
程序段 8：
注释
%I2.1
"停止按钮"
MOVE
EN
ENO
0
IN
OUT1
%MW40
"Tag_25"
%Q0.2
"皮带正转"
R
%Q0.1
"气缸推料"
R
%I3.7
"OUT8"
P
%M100.6
"Tag_36"
程序段 9：
注释
%M20.0
"Tag_15"
%I3.5
"OUT6"
%Q1.0
"Tag_9"
%M20.0
"Tag_15"
%I3.6
"OUT7"
%Q1.1
"Tag_11"
%I3.7
"OUT8"
%Q1.2
"Tag_19"

图 6-59

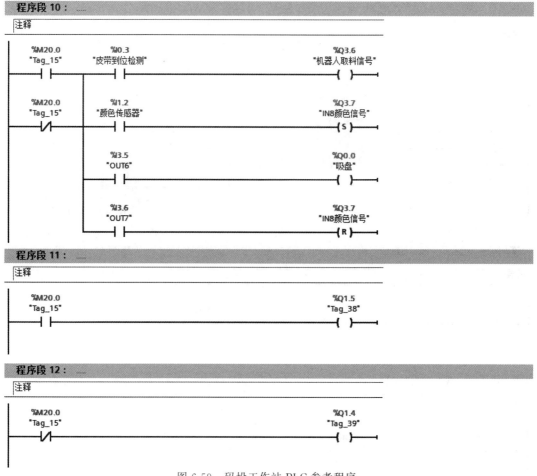

图 6-59　码垛工作站 PLC 参考程序

（2）码垛工作站机器人程序

码垛工作站机器人参考程序主要是由五部分组成，分别是一个主程序和四个子程序，具体程序见下面的程序介绍。

① 首先打开创建好的"maduo"程序模块，如图 6-60 所示。在模块名称下方定义变量；在 INI 和 HOME 点之间给变量赋值、程序初始化。

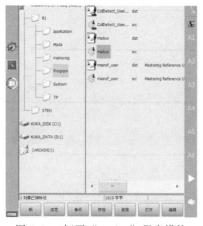

图 6-60　打开"maduo"程序模块

```
DEF maduo( );程序模块名称
Decl int duo 1,duo 2;定义变量
INI;参数初始化
duo 1=1                              }给变量赋值
duo 2=1
OUT 6 ' 'STATE=FALSE
OUT 7 ' 'STATE=TRUE
WAIT TIME=1 SEC                      }程序初始化
OUT 7 ' 'STATE=FALSE
OUT 8 ' 'STATE=FALSE
PTP HOME VEL=100% DEFAULT 机器人起始位置
```

② 定义程序中需要用的一些坐标点的位置；P1、P2、P5、P9、P10、P21、P22 点的位置见图 6-61。

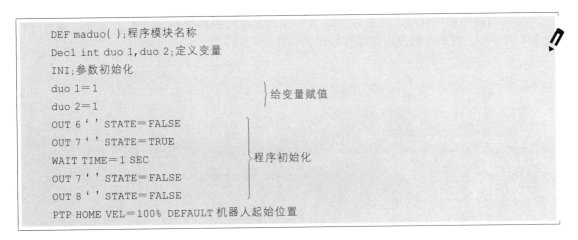

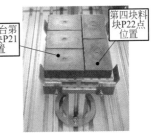

图 6-61　坐标点位置

```
if duo==125 then
SPTP P2 VEL=5% PDAT18 TOOL[1] BASE[0];取料点
SPTP P5 VEL=5% PDAT17 TOOL[1] BASE[0];龙门检测点
SPTP P9 VEL=5% PDAT7 TOOL[1] BASE[0];1 号码垛台第一块堆料放置的位置
SPTP P10 VEL=5% PDAT8 TOOL[1] BASE[0];1 号码垛台第四块堆料放置的位置
SPTP P21 VEL=5% PDAT11 TOOL[1] BASE[0];2 号码垛台第一块堆料放置的位置
SPTP P22 VEL=5% PDAT12 TOOL[1] BASE[0];2 号码垛台第四块堆料放置的位置
endif
```

此处 duo＝125 无任何意义,仅仅为了定义坐标点。

③ 编写循环码垛程序：机器人接收到信号后，首先判断垛料是否大于 6 块，如果垛料大于等于 6 块，机器人则退出该循环程序。

```
loop
WAIT FOR (IN 6'');机器人允许运行信号
WAIT FOR (IN 7'');机器人取料信号
if(duo1>=6)and(duo2>=6)then
OUT 8''STATE=TRUE
exit
endif
if(duo1<6)or(duo2<6)then
quliao();调用取料子程序
jiance();调用检测子程序
if $ in[8]==true then
if duo1<6 then
place1()
OUT 7''STATE=TRUE
WAIT TIME=1 SEC
OUT 7''STATE=FALSE
endif
else
if duo2<6 then
place2()
OUT 7''STATE=TRUE
WAIT TIME=1 SEC
OUT 7''STATE=FALSE
endif
endif
endif
endloop
PTP HOME VEL=10%  DEFAULT;机器人起始位置
END
```

当两个料库的垛料数量码到 5 块以后，机器人退出码垛程序。

当两个料库的垛料数量没码够 5 块时则执行下面的程序。

传感器检测料块的颜色,并且料库 1 中的垛料没码够时,将垛料放入料库 1 中;否则放入料库 2 中。

④ 在主程序结束行的下面编写取料子程序，子程序的程序名以 DEF 开头，后面加程序名和括号，中间添加程序指令，最后以 END 结束子程序的编写。

```
def quliao( )
SPTP P1 CONT VEL=10%  PDAT1 TOOL[1] BASE[0];机器人安全点位置
xp3=xp2;将取料点坐标赋给中间点 P3
xp3.z=xp2.z+100
SPTP P3 VEL=5% PDAT2 TOOL[1] BASE[0]
SLIN P2 VEL=0.2M/S CPDAT1 TOOL[1] BASE[0]
WAIT TIME=0.5 SEC
OUT 6''STATE=TRUE;机器人到达取料位置,吸盘动作
WAIT TIME=1 SEC
```

```
SLIN P3 VEL=0.2M/S CPDAT2 TOOL[1] BASE[0]
SPTP P1 VEL=5% PDAT3 TOOL[1] BASE[0]
end
```

⑤　继续在取料子程序的结尾行(END)下面的空白行中添加检测子程序，格式同取料子程序，检测子程序中不包括检测垛料颜色的程序，只写机器人将垛料搬运至龙门检测位置的程序，最后以 END 结束。

```
def jiance( )
xp3=xp5;将龙门检测点 P5 的坐标赋给中间点 P3
xp3.z=xp5.z+100
SPTP P3 VEL=5% PDAT5 TOOL[1] BASE[0]
SLIN P5 VEL=0.2M/S CPDAT3 TOOL[1] BASE[0]
SLIN P3 VEL=0.2M/S CPDAT4 TOOL[1] BASE[0]
end
```

⑥　在检测子程序结尾行(END)下面的空白行添加 1 号码垛台的子程序，格式同取料子程序，最后以 END 结束。

```
def place1( )
switch duo1
case 1 xp17=xp9;1 号码垛台中第一块垛料放置的位置
case 2 xp17.x=xp9.x+39;1 号码垛台中第二块垛料放置的位置
case 3 xp17.x=xp9.x+78;1 号码垛台中第三块垛料放置的位置
case 4 xp17.x=xp10;1 号码垛台中第四块垛料放置的位置
case 5 xp17.x=xp10.x+58;1 号码垛台中第五块垛料放置的位置
endswitch
xp13=xp17
xp13.z=xp17.z+100
SPTP P13 VEL=5% PDAT6 TOOL[1] BASE[0]
SLIN P17 VEL=0.2M/S CPDAT5 TOOL[1] BASE[0]
WAIT Time=1 SEC
OUT 6 ' ' STATE=FALSE
WAIT Time=1 SEC
SLIN P13 VEL=0.2M/S CPDAT6 TOOL[1] BASE[0]
SPTP P1 VEL=5% PDAT13 TOOL[1] BASE[0]
duo1=duo1+1;放完垛料后,将变量 duo1 加 1
end
```

⑦　在上一个子程序的结尾行(END)下面的空白行添加 2 号码垛台的子程序，格式同样与取料子程序一样，最后以 END 结束。

```
def place2( )
switch duo2
```

```
case 1 xp27＝xp21;料库 2 中第一块垛料放置的位置
case 2 xp27. x＝xp21. x＋39;料库 2 中第二块垛料放置的位置
case 3 xp27. x＝xp21. x＋78;料库 2 中第三块垛料放置的位置
case 4 xp27. x＝xp22;料库 2 中第四块垛料放置的位置
case 5 xp27. x＝xp22. x＋58;料库 2 中第五块垛料放置的位置
endswitch
xp23＝xp27
xp23. z＝xp27. z＋50
SPTP P23 VEL＝5％  PDAT16 TOOL[1] BASE[0]
SLIN P27 VEL＝0. 2M/S CPDAT7 TOOL[1] BASE[0]
WAIT TIME＝1 SEC
OUT 6 ' ' STATE＝FALSE
WAIT TIME＝1 SEC
SLIN P23 VEL＝0. 2M/S CPDAT8 TOOL[1] BASE[0]
SPTP P1 VEL＝5％  PDAT14 TOOL[1] BASE[0]
duo2＝duo2＋1;放完垛料后,将变量 duo2 加 1
end
```

第 7 章

工业机器人在
智能制造系统中的应用

7.1 工业机器人在机床上下料工作站的应用

7.1.1 认识工业机器人机床上下料工作站

（1）工业机器人在机床上下料中的应用

用于机床上下料的工业机器人如图7-1所示。工业机器人在上下料中的应用有效地提高了工作效率和稳定性，结构简单、易于维护、种类繁多，保证了产品品质，提高了生产效率，节省了劳动力，也避免了一些工伤事故的发生，有效地推动了企业和社会生产力的发展。

（2）上下料系统认知

上下料机器人能够满足"快速/大批量加工节拍""节省人力成本""提高生产效率"等要求，越来越多地成为工厂的理想选择。它主要实现机床制造过程的完全自动化，并采用了集成加工技术，适用于生产线的上下料和工件翻转等。国内机械加工当中，在产品比较单一、产能不高的情况下多使用专机或人工进行机床上下料。随着社会的进步和科技的发展，产品更新换代加快，使用专机或人工来进行机床上下料逐渐暴露出如结构复杂、维修不便、柔性化不强、人工效率较低且存在一定程度的安全隐患等方面的不足，不利于自动化流水线的生产和产品结构的调整。如今随着数控加工行业自动化迅速普及与发展，数控机床的全程操作均可配合各类上下料机器人共同完成，因此数控机床应用机器人逐步得到广泛的应用。

数控机床配合用机器人通常有两种行走形式：一种是将机器人架在空中进行行走；另一种是在地面上铺设专用轨道进行行走。这两类机器人都可以完成工作任务并各有特点。前者工作效率高，动作节拍快，占地面积小，但成本相对较高。后者工作效率高，占用空间相对较大，但投资成本相对较少。具体选择何种形式需要根据现场工艺及对设备的具体要求来决定。

① 直角坐标型机器人 直角坐标型机器人是指能够实现自动控制的、可重复编程的、多自由度的、运动自由度建成空间直角关系的、多用途的操作机，又称大型的直角坐标型机器人，也称桁架机械手或龙门式机器人，如图7-2所示。其工作的行为方式主要是通过完成沿着 X、Y、Z 轴上的线性运动来进行的。直角坐标型机器人以 XYZ 直角坐标系统为基本数学模型，基本工作单元是以伺服电机、步进电机为驱动的单轴机械臂，机器人系统以滚珠丝杆、同步皮带、齿轮齿条为常用的传动方式所架构，可以到达在 X、Y、Z 三维坐标系中任意一点并遵循可控的运动轨迹。

图7-1 用于机床上下料的工业机器人

图7-2 桁架机械手

② 关节机器人　关节机器人，也称关节手臂机器人或关节机械手臂，是当今工业领域中最常见的工业机器人形态之一，适用于诸多工业领域的机械自动化作业。图 7-1 所示即为关节机器人。

在机床上下料应用当中，对于许多案例而言关节机器人和桁架机械手都是可以完成的。对二者的区别与判断可以从应用布局、人机协作、效率以及成本四个方面进行分析比较。

应用布局方面：桁架机械手一般架设在机床上方，轨迹单一，占地面积小。关节机器人一般采取一对二或者一对三（品字形布局），为保证安全需要，对整个加工单元进行全方位的防护。倒挂行走机器人成本很高，系统复杂且稳定性相对较低，实际应用较少。

人机协作方面：桁架机械手生产线上工人可以对加工过程进行监控，便于排故和抽检，人机协作较好。关节机器人的运行轨迹存在不可预见性，系统较为庞大和复杂且成本较高，生产单元封闭，人工参与较少。

效率（开机率）方面："开机率"是衡量设备稳定生产的重要标准，实际在上下料生产当中，引入机器人会对毛坯质量的稳定性、刀具的质量和寿命等方面的管理有着更为严格的要求。应用关节机器人上下料可使整个生产过程实现无人化，对刀具的管理，如是否需要刀补、补刀的尺寸，需通过测量输出端的产品尺寸来进行测量，若有多把刀参与，则对生产管理挑战较大，系统集成要求较高。桁架机械手由于具有较好的人机协作性，对于抽检和补刀等功能的实现门槛更低。

成本方面：桁架机械手管理维护成本普遍低于关节工业机器人，多联机的桁架机械手价格也比关节机器人更加便宜，管理维护的费用也更低。

（3）工业机器人上下料工作站的一般组成

工业机器人上下料工作站主要由上下料工业机器人、数控机床、PLC 控制柜、输送线、工件、夹爪以及其他周边设备和系统控制器组成。图 7-3 所示为典型工业机器人数控机床上下料控制系统的基本构成。

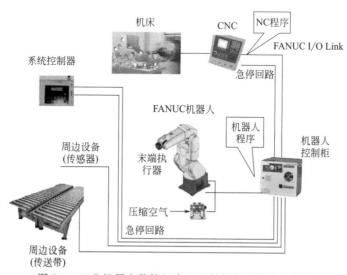

图 7-3　工业机器人数控机床上下料控制系统基本构成

① 上下料工业机器人　上下料工业机器人主要包括工业机器人、控制柜、示教器、末端执行器。上下料工业机器人的选型：一般根据生产线加工产品与设备布局来选用工业机器人与末端执行器。下面以两个实际案例来进行说明。

a.数控机床加工的工件为圆柱体，质量≤1kg，设备距离≤1300mm，故机床上下料机器人选用的是安川机器人 MH6，如图 7-4 所示。末端执行器采用气动机械式二指单关节手爪夹持工件，控制手爪动作的电磁阀安装在机器人 MH6 本体上。

　　b.某一精密零件的生产厂家希望用机器人来自动搬运车削中心的物料以减少用工，同时还需处理种类繁多的毛坯和成品刀具，因此不仅要求机器人具有较高的稳定性和可靠性，对夹爪的灵活性也有一定要求。对此可采用 KUKA 机器人 KR45，如图 7-5 所示。它将毛坯料送到切削中心，并重新取出已完成切削和铣磨的刀具。该六轴机器人用它的三点夹持器可以抓取直径为 35～105mm 的物件。其气动操作的钳口可将长度为 60～520mm、重量至 30kg 的毛坯件准确定位夹紧。其具有 45kg 承载能力，机器人在加工点处的精度可准确到 0.15mm。

图 7-4　安川机器人 MH6

图 7-5　KUKA-KR45 车削中心上下料机器人

　　② 上下料输送线　上下料输送线的功能是将载有待加工工件的托盘输送到上料工位，机器人将工件搬运至 CNC 机床进行加工，再将加工完成的工件搬运到托盘上，由输送线将加工完成的工件输送到装配工作站进行装配。上下料输送线如图 7-6 所示。

　　上下料输送线由工件上下料输送线 1、工件上下料输送线 2、工件上下料输送线 3 等 3 节输送线组成。

　　a.工件上下料输送线 1 如图 7-7 所示，由直流减速电机、传动机构、传送滚筒、托盘检测光电传感器等组成。

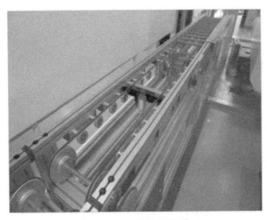

图 7-6　上下料输送线

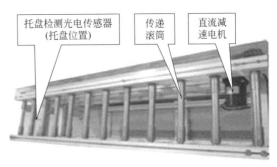

托盘检测光电传感器（托盘位置）　　传递滚筒　　直流减速电机

图 7-7　工件上下料输送线 1

b. 工件上下料输送线 2 如图 7-8 所示，由伺服电机、伺服驱动器、传动机构、平皮带、托盘检测光电传感器、阻挡电磁铁等组成。

c. 工件上下料输送线 3 如图 7-9 所示，由传动机构、平皮带等组成，工件上料输送线 3 与工件上料输送线 2 通过皮带轮连接，由同一台伺服电机拖动。

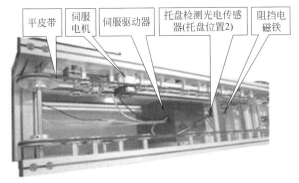

图 7-8　工件上下料输送线 2　　　　　　　　图 7-9　工件上下料输送线 3

③ 数控机床　数控机床的任务是对工件进行加工，而工件的上下料由工业机器人完成。数控机床如图 7-10 所示。

图 7-10　数控机床

④ PLC 控制柜　PLC 控制柜用来安装断路器、PLC、开关电源、中间继电器、变压器等元器件。上下料机器人的启动与停止、输送线的运行等均由其控制。

⑤ 工件立体库　工件立体库用于存放待加工或加工完成的工件，一些立体库可以根据实际需求进行高度、层数的调节或是加装相应传感器。

7.1.2　工业机器人机床上下料案例

（1）上下料工作站的任务分析

本系统是一套通过机器人实现车床自动上下料的实验平台，要求既可满足学校常规的实验教学目的，也可用于学校科研开发的平台，同时还可为即将毕业的学生作为岗前培训的小工厂系统；作为一台实训装置，既可用于电气专业、机电专业的基础技能训练平台，也可用于该专业的技能考核设备。

具体流程为按下启动按钮，气缸将供料井中的物料推出到传送带上，通过传送带将物料运送到机器人拾取点即皮带终点。此时皮带末端传感器检测到物体并给 PLC 一个信号使皮带停止运行，同时给机器人一个信号让机器人来取物料。当机械手来到自动门前时，门自动打开，机械手进入，将物料放入气动卡盘加工装置上，卡盘自动夹紧物料，同时机械手移到安全点。等待几秒以后，即加工完成，机械手再将加工完的物料取走，同时自动门关闭，机械手将物料放入立体库后退回到 HOME 点，至此整个系统流程完成。

（2）上下料工作站的工作任务

初始状态：系统已经上电，电源指示灯亮，其余各指示灯均不亮，机器人处于启动状态，按钮处于抬起状态。

① 上料。手动给料杯供料装置中放入料块。

② 按下启动按钮，绿色指示灯亮起，当推料气缸在原点时，供料装置上的传感器检测到料块时供料装置进行供料。

③ 物料到达传送带上时，传送带开始运行。

④ 对射式传感器检测到物料后，传送带停止运行，机器人过来夹取物料。

⑤ 自动门打开，机械手将物料送到气动三爪卡盘并被夹紧，机械手撤回，自动门关闭。

⑥ 气动三爪卡盘上的绿色指示灯闪烁表示物料正在被加工，一段时间后指示灯熄灭，自动门打开，机械手夹持物料，气动三爪卡盘松开。

⑦ 机械手将物料取出，自动门闭合。机械手将加工过的物料送入立体库装置。

⑧ 全部加工完成后将立体库中的料块再一次送回智能平面仓库。

⑨ 按下停止按钮，系统停止。

（3）上下料工作站硬件系统

① 系统配置　上下料工作站系统配置见表 7-1。

表 7-1　上下料工作站系统配置表

名称	型号	数量	说明
机器人本体	KUKA KR 6 R700 sixx	1	
机器人控制柜	KR C4 compact	1	
示教器	KCP4 smartPAD	1	
PLC 模块	CPU 1214 C DC/DC/DC	1	
计算机		1	
数字量输入单元		1	
数字量输出单元		1	
对射式传感器		1	皮带终点到位检测
电磁阀		2	机器人夹爪夹紧、松开控制
电源启动开关		1	工作站电源启动与停止
指示灯		1	电源上电指示
料杯供料装置		1	提供物料
气动三爪卡盘装置		1	用于物料的加工
皮带输送装置		1	用于物料的输送
自动大门装置		1	
立体库存储装置		1	用于物料的存储

② 系统框图　PLC 控制系统结构图如图 7-11 所示。

③ 系统参数配置　上下料工作站系统参数配置主要分为 PLC 信号配置和机器人信号配

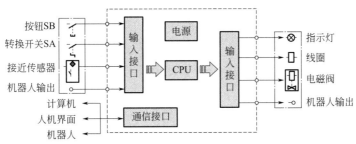

图 7-11　PLC 控制系统结构图

置两部分，具体信号配置如下。

a. 机器人接口配置。机器人接口配置见表 7-2。

表 7-2　机器人接口配置对照表

机器人数字输入端	映射	PLC1500 输出地址	端口说明
IN[6]	→	Q3.6	PLC 启动信号反馈
IN[7]	→	Q3.7	关门到位检测
IN[8]	→	Q3.8	开门到位检测
机器人数字输出端	映射	PLC1500 输入地址	端口说明
OUT[1]	→	I3.0	机器人允许运行信号
OUT[6]	→	I3.5	自动门信号
OUT[7]	→	I3.6	加工灯信号
OUT[8]	→	I3.7	三爪卡盘信号
机器人数字输出端	映射	电磁阀控制端	端口说明
OUT[19]	→	Channel 9. Output	夹爪夹紧
OUT[22]	→	Channel 12. Output	夹爪松开

b. PLC 地址分配。PLC 的 I/O 信号分配见表 7-3。

表 7-3　PLC 的 I/O 信号地址分配

输入信号				输出信号			
序号	地址	符号	注释	序号	地址	符号	注释
1	I0.2	Destination	对射式传感器	1	Q0.0	Turn	皮带正转
2	I0.4	Limit	料杯推料限位	2	Q0.1	Reverse	皮带反转
3	I0.5	Origin	料杯推料原点	3	Q0.4	Push	料杯推料气缸
4	I0.6		料井物料检测	4	Q1.0	Door(Q)	自动门气缸
5	I1.0	Open	关门到位检测	5	Q1.1	Lamp(Q)	加工灯
6	I1.1	Close	开门到位检测	6	Q1.2	Chuck(Q)	三爪卡盘气缸
7	I2.0	Start	启动按钮	7	Q1.4	Warning light1	警示灯 1
8	I2.1	Stop	停止按钮	8	Q1.5	Warning light2	警示灯 2
9	I3.5	Door(I)	自动门信号	9	Q3.5	Start(R)	启动信号反馈
10	I3.6	Lamp(I)	加工灯信号	10	Q3.6	Open(R)	关门到位检测反馈
11	I3.7	Chuck(I)	三爪卡盘信号	11	Q3.7	Close(R)	开门到位检测反馈

④ 电气连接

a. PLC 开关量输入电路,如图 7-12 所示。

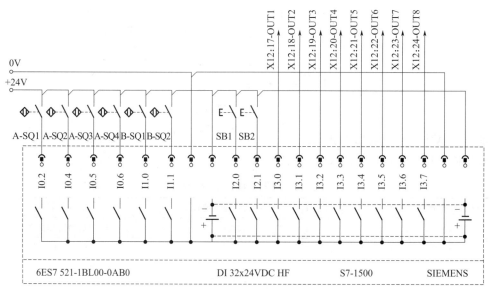

图 7-12 PLC 开关量输入电路

b. PLC 开关量输出电路,如图 7-13 所示。

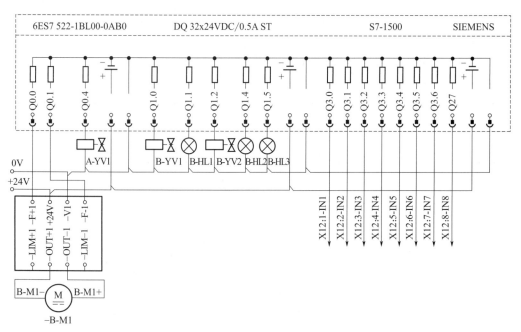

图 7-13 PLC 开关量输出电路

c. 机器人输出与 PLC 输入接口电路,如图 7-14 所示。

d. 机器人输入与 PLC 输出接口电路,如图 7-15 所示。

e. 机器人输出控制夹爪电路,如图 7-16 所示。

f. 机器人安全接口电路,如图 7-17 所示。

⑤ 工业机器人机床上下料平台搭建

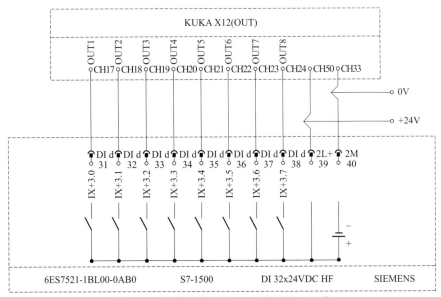

图 7-14 机器人输出与 PLC 输入接口电路

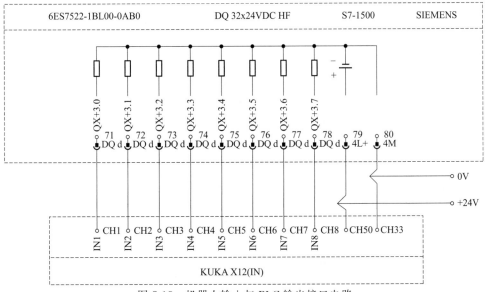

图 7-15 机器人输入与 PLC 输出接口电路

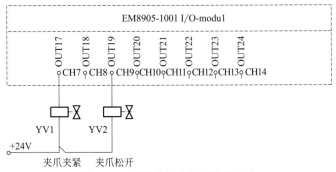

图 7-16 机器人输出控制夹爪电路

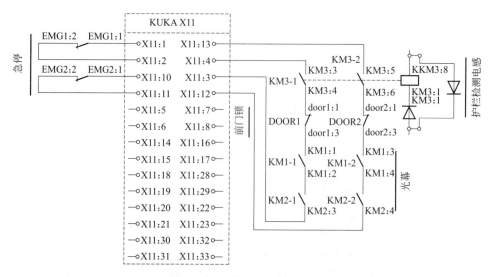

图 7-17　机器人安全接口电路

a.工程应用安装平台。工程应用安装平台由 30mm×60mm（长×宽）铝合金型材、型材堵头、T 形螺母等组成。桌面可根据不同需求安装各种执行机构。工程应用安装平台如图 7-18 所示。

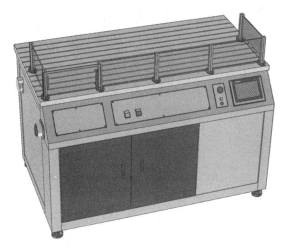

图 7-18　工程应用安装平台

b.皮带输送装置。

结构组成：直流减速电机、同步轮、同步带、多楔带、多楔带轮、涨紧调节装置、型材基体、可调支架等。

功能：主要是用于物料的传送。

使用说明

皮带输送装置主要用于物料的输送，可进行正、反两个方向的运行。皮带输送装置通常可配合供料装置、龙门检测装置、自动门、仓库存储装置、供料装置、斜滑道等完成存储、分拣和出入库等工作，具体如图 7-19 和图 7-20 所示。

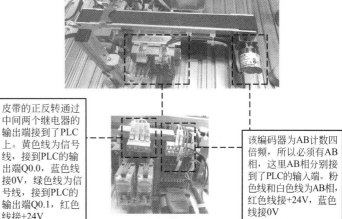

皮带的正反转通过中间两个继电器的输出端接到了PLC上。黄色线为信号线，接到PLC的输出端Q0.0，蓝色线接0V，绿色线为信号线，接到PLC的输出端Q0.1，红色线接+24V

该编码器为AB计数四倍频，所以必须有AB相，这里AB相分别接到了PLC的输入端。粉色线和白色线为AB相，红色线接+24V，蓝色线接0V

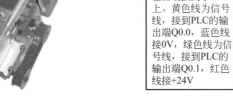

图 7-19 皮带输送装置   图 7-20   皮带输送装置连接图

c. 料杯供料模块。料杯供料模块主要由透明有机玻璃圆筒、用于存储的杯体、型材基体、椭圆地脚盘、门式井架、推料舌块、柱形气缸、气阀岛模块、电气接口模块、磁性开关、光纤传感器等组成。其功能主要是供给料杯。料杯供料模块图如图 7-21 所示。

使用说明

当光纤传感器有信号时，说明圆形料井中有物料，这时控制推料气缸的电磁阀得电，推料气缸推出。料杯供料模块通常与料盖供料模块一起配合传送带模块、龙门检测模块、气动三爪卡盘模块、称重模块、仓库存储装置、自动定位模块、压合机装置等进行工作。具体如图 7-21 所示。

图 7-21   料杯供料模块图

• 光纤传感器。

光纤传感器接线图如图 7-22 所示。

光纤传感器参数见表 7-4。

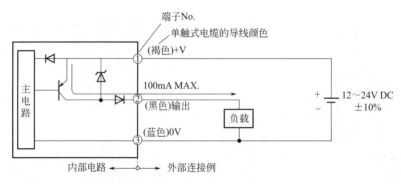

图 7-22　光纤传感器接线图

表 7-4　光纤传感器参数表

种类	连接器型	
	NPN 输出	PNP 输出
型号	FX-501	FX-501P
电源电压	$12 \sim 24\text{V DC}^{+10\%}_{-15\%}$ 脉动 P-P10％以下	
耗电量	常规状态下：960mW 以下（电源电压 24V，消耗电流 40mA 以下） 环保模式下：680mW 以下（电源电压 24V 消耗电流 28mA 以下）	
检测输出	NPN 开路集电极晶体管 ・最大流入电流：100mA ・外加电压：30V DC 以下 ・剩余电压：2V 以下 （流入电流为 50mA 时）	PNP 开路集电极晶体管 ・最大流入电流：50mA ・外加电压：30V DC 以下 ・剩余电压：2V 以下 （源电流为 100mA 时）
输出动作	入光时 ON/非入光时 ON 切换式	
短路保护	配备	
响应时间	H-SP：25μs 以下。FAST：60μs 以下。STD：250μs 以下。LONG：2ms 以下。U-LG：4ms 以下。HYPR：24ms 以下	
保护结构	IP40(IEC)	
使用环境温度	－10～＋55℃［紧贴安装 4～7 台时：－10～＋50℃。紧贴安装 8～16 台时：－10～＋45℃（无结露或结冰）。保存时：－20～＋70℃］	
使用环境湿度	35％～85％RH，保存时－35％～＋85％RH	
材质	主体外壳：聚碳酸酯。键：聚缩醛树脂。保护罩：聚碳酸酯	
重量（仅主体）	约 15g	
附件	FX-MB1（放大器保护封条）：1 组	

光纤传感器放大器如图 7-23 所示。

・磁性开关。在井式供料单元中，使用磁性开关作为推料气缸的原点和限位，其参数和使用方法如下。

磁性开关的接线如图 7-24 所示。

磁性开关参数表见表 7-5。

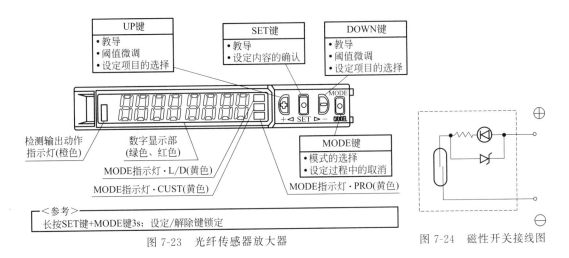

图 7-23　光纤传感器放大器

图 7-24　磁性开关接线图

表 7-5　磁性开关参数表

磁性开关		
型号	D-C73	CS-9D
工作电压	DC24V 或 AC110V	5～120V
电流范围	DC24V：5～40mA AC110V：5～20mA	100mA 10W

　　磁性开关调节说明。当磁性开关处于磁性气缸内磁环正上方时，磁性开关指示 LED 亮，有信号输出，当磁性开关不能正确进行位置指示时，请移动磁性开关的位置，使其正常工作。

　　料杯供料模块连接图见图 7-25。

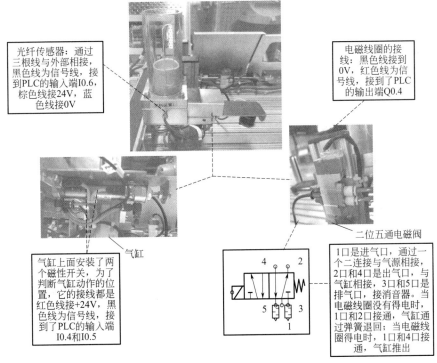

图 7-25　料杯供料模块连接图

d. 气动三爪卡盘装置。

结构组成：气动三爪卡盘、卡盘安装座、状态指示灯、电气接口模块等。

功能：可以自动装夹圆形工件。

使用说明

气动三爪卡盘主要用于圆形工件的加工，出于实训安全考虑，加工过程通过上方绿色指示灯进行表示。当绿色指示灯闪烁或常亮时表示工件正在加工；当绿色指示灯不亮时表示加工结束或停止。气动三爪卡盘装置通常配合自动门、仓库存储装置、供料装置等进行工作，具体如图 7-26 和图 7-27 所示。

图 7-26　气动三爪卡盘装置

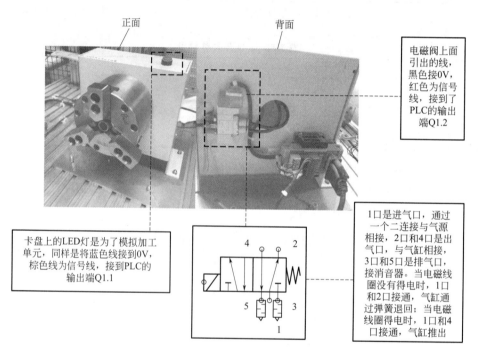

正面　背面

电磁阀上面引出的线，黑色接0V，红色为信号线，接到了PLC的输出端Q1.2

卡盘上的LED灯是为了模拟加工单元，同样是将蓝色线接到0V，棕色线为信号线，接到PLC的输出端Q1.1

1口是进气口，通过一个二连接与气源相接，2口和4口是出气口，与气缸相接，3口和5口是排气口，接消音器。当电磁线圈没有得电时，1口和2口接通，气缸通过弹簧退回；当电磁线圈得电时，1口和4口接通，气缸推出

图 7-27　气动三爪卡盘连接图

e. 对射式传感器装置。

结构组成：型材基体、对射式传感器、接线端子等。

功能：可以检测物料到达的位置和数量。

使用说明

对射式传感器装置主要用于光学的、非接触的物体的检测，可以对物料的位置和数量进行检测。对射式传感器装置通常可配合供料装置、皮带输送装置、仓库存储装置、斜滑道等完成存储、分拣和出入库等工作。

- 对射式传感器接线图如图 7-28 所示。
- 对射式传感器参数表见表 7-6。

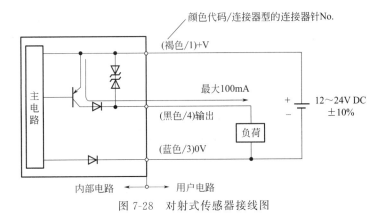

图 7-28　对射式传感器接线图

表 7-6　对射式传感器参数表

电源电压	DC12～24V
消耗电流	≤20mA
最大输出电流	100mA
检测范围	10m
灵敏度调节	连续可变调节器
重复精度	≤0.5mm
检测输出操作	可在入光时 ON 或遮光时 ON 之间调节
反应时间	1ms 以下

• 对射式传感器的调整。

进行极性调整，如表 7-7 所示。

表 7-7　极性调整说明

工作转换开关	说明
	当工作转换开关按顺时针方向转到底(L 侧)时,则进入检测模式 ON
	当工作转换开关按逆时针转到底(D 侧)时,则进入非检测模式 ON

调节传感器灵敏度。传感器的上面有一个 ⊕ 的标准，通过它可以调节传感器的灵敏度。灵敏度调节图如图 7-29 所示。

黄色 LED 灯：指示光束接收状态。

绿色 LED 灯亮起：连接工作电压。

开关阈值调校。

接通工作电压后，绿色 LED 灯亮。通过水平和垂直旋转传感器，传感器与接收器进行最佳对准。正确对齐后，黄色的 LED 灯就会一直亮着。如果没有对准正确，黄色 LED 灯闪烁。对准完成后，将物体移动到光路中测试其功能，具体如图 7-30 所示。

f. 自动门装置。

结构组成：固定门、活动门、直线导轨、圆柱气缸、型材基体、

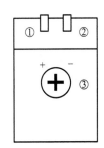

图 7-29　灵敏度调节图

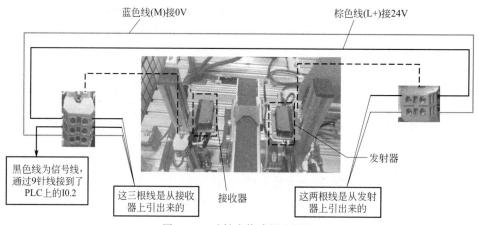

蓝色线(M)接0V　　　　　　　　棕色线(L+)接24V

黑色线为信号线，通过9针线接到了PLC上的I0.2

这三根线是从接收器上引出来的

接收器

这两根线是从发射器上引出来的

发射器

图 7-30　对射式传感器连接图

位置传感器等，具体如图 7-31 所示。

功能：机床的安全防护门，可根据加工状态自动开启与关闭。

g. 立体仓库存储装置。立体仓库装置由圆弧形库架、层板、型材基体、椭圆地脚盘等部分组成。可以对料块种类进行分布式存储。库层的间距、高度可根据实际需要进行调节，具体如图 7-32 所示。

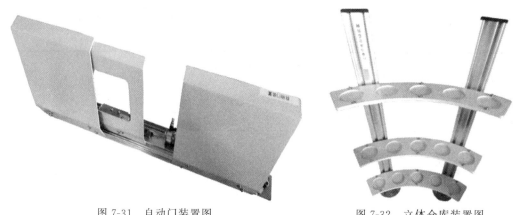

图 7-31　自动门装置图　　　　　　　　图 7-32　立体仓库装置图

使用说明

立体仓库装置主要用于放置成品物料，通过改变机器人 X、Y、Z 三轴的坐标可以将物料放在立体仓库的任意位置。

h. 整体搭建效果图如图 7-33 所示。

⑥ 机械安装

a. 将 T 形旋母平行放入型材凹槽内。

b. 组合平垫、弹垫和内六角螺钉。

c. 用专用内六角工具将模块安装到型材上。

d. 旋紧后用手轻轻晃动模块检查是否安装牢固，安装完成的模块与型材垂直，T 形旋母与型材成 90° 直角。

图 7-33　机器人上下料系统搭建效果图

下面以立体库的安装进行具体说明，具体如图 7-34 所示。

 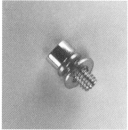 

(a) T形旋母平行放入型材凹槽　　　(b) 组合内六角螺钉　　　(c) 安装立体库

图 7-34　立体库安装示意图

按照上述方式分别对料杯供料模块、皮带传送装置、自动门装置、气动三爪卡盘装置等进行安装。

⑦ 设备接线

a. 通过 25 针数据线将 PLC 与桌面端子排连接。桌面端子排如图 7-35 所示。

图 7-35　桌面端子排

b. 通过 9 针数据线将模块与桌面端子排连接，从而实现 PLC 与模块的连接。电气接口模块如图 7-36 所示。

图 7-36 电气接口模块

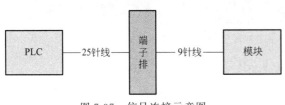

图 7-37 信号连接示意图

借助旋转剥线钳剥下 9 针线一端的外皮，具体尺寸根据实际情况而定。将散头线剥去外皮后套入裸端子并用压线钳压紧。安装时用小号一字螺丝刀压下前端万可端子，将线头插入圆孔内，松开万可端子，轻拉一下检查导线是否连接牢固。

c. PLC 与模块的连接示意图如图 7-37 所示。

（4）上下料工作站软件系统

① 机器人编程与调试

a. 机器人编程。

主程序：

```
DEF process( )
Int ge
Int tiao;定义变量
INI
PTP p18 VEL＝5 ％ PDAT20 TOOL[1] BASE[0]
PTP p19 VEL＝5 ％ PDAT21 TOOL[1] BASE[0]
tiao＝0
ge＝0
fang( )
OUT 1 ' ' STATE＝FALSE;初始化
PTP HOME VEL＝10 ％ DEFAULT
loop
OUT 1' ' STATE＝TRUE
If ge＝＝10 then
SPTP P5 VEL＝5 ％ PDAT5 TOOL[1] BASE[0]
SPTP P6 VEL＝5 ％ PDAT7 TOOL[1] BASE[0]
endif
```

```
SPTP P3 VEL＝5% PDAT2TOOL[1] BASE[0]
if ge＜＝0 then
tiao＝0
ge＝ge＋1                      当 ge≤0 时执行
endif
if ge＞＝4 then
tiao＝1
ge＝ge-1                       当 ge≥0 时执行
endif
if tiao＝＝0 then
OUT 1‘’STATE＝TRUE;置位 OUT1 信号
OUT 1‘’STATE＝FALSE;复位 OUT1 信号
xp2＝xp1;将 P1 位置赋给 P2
xp2.z＝xp2.z＋100;在 Z 轴正方向上升 100mm
SPTP P2 VEL＝5% PDAT1 TOOL[1] BASE[0]      当 tiao＝＝0 时执行
SLIN P1 VEL＝0.05M/S CPDAT1 TOOL[1] BASE[0]
jia()
SLIN P2 VEL＝0.05M/S CPDAT2 TOOL[1] BASE[0]
SPTP P3 VEL＝5% PDAT3 TOOL[1] BASE[0]
endif
if tiao＝＝0 then
WAIT TIME＝1 SEC;等待 1s
OUT 8‘’STATE＝TRUE;置位 OUT8 信号
OUT 6‘’STATE＝FALSE;复位 OUT6 信号
WAIT FOR( IN 8‘’);等待 IN8 信号
WAIT TIME＝1 SEC;等待 1s
xp2＝xp7;将 P7 位置赋给 P2
xp2.y＝xp2.y-30;在 Y 轴负方向移动 30mm
SPTP P2 VEL＝5% PDAT13 TOOL[1] BASE[0]
SLIN P7 VEL＝0.05M/S CPDAT9 TOOL[1] BASE[0]
OUT 6‘’STATE＝TRUE;置位 OUT6 信号
WAIT TIME＝1.5 SEC;等待 1.5s
fang();调用"放"子程序
SLIN P2 VEL＝0.05M/S CPDAT10 TOOL[1] BASE[0]
SPTP P3 VEL＝5% PDAT14 TOOL[1] BASE[0]
OUT 8‘’STATE＝FALSE;复位 OUT8 信号
WAIT FOR( IN 7‘’);等待 IN7 信号
WAIT TIME＝1 SEC;等待 1s
OUT 7‘’STATE＝TRUE;置位 OUT7 信号
WAIT TIME＝5 SEC;等待 5s
OUT 7‘’STATE＝FALSE;复位 OUT7 信号
WAIT TIME＝1 SEC;等待 1s
OUT 8‘’STATE＝TRUE;置位 OUT8 信号
WAIT FOR( IN 8‘’);等待 IN8 信号
WAIT TIME＝1 SEC;等待 1s
```

```
xp2＝xp7;将 P7 位置赋给 P2
xp2. y＝xp2. y-30;沿 Y 轴负方向移动 30mm
SPTP P2 VEL＝5 %  PDAT15 TOOL[1] BASE[0]
SLIN P7 VEL＝0. 05M/S CPDAT11 TOOL[1] BASE[0]
jia();调用"夹"子程序
WAIT TIME＝1 SEC;等待 1s
OUT 6 ' ' STATE＝FALSE;复位 OUT6 信号
WAIT TIME＝1 SEC;等待 1s
SLIN P2 VEL＝0. 05M/S CPDAT12 TOOL[1] BASE[0]
SPTP P3 VEL＝5 %  PDAT16 TOOL[1] BASE[0]
OUT 8 ' ' STATE＝FALSE;复位 OUT8 信号
endif
if ge＝＝1 then
xp2＝xp6
xp2. z＝xp2. z＋30      当 ge＝＝1 时执行
xp2. y＝xp2. y-100
endif
if ge＝＝2 then
xp2＝xp6
xp2. z＝xp2. z＋155
xp2. y＝xp2. y-100     当 ge＝＝2 时执行
xp2. x＝xp2. x
endif
if ge＝＝3 then
xp2＝xp6               当 ge＝＝3 时执行
xp2. z＝xp2. z＋283
xp2. y＝xp2. y-100
xp2. x＝xp2. x
endif
SPTP P14 VEL＝5 %  PDAT17 TOOL[1] BASE[0]
SPTP P2 VEL＝5 %  PDAT8 TOOL[1] BASE[0]
xp2. y＝xp2. y＋100;沿 Y 轴正方向移动 100mm
SLIN P2 VEL＝0. 05M/S CPDAT3 TOOL[1] BASE[0]
xp2. z＝xp2. z-30;沿 Z 轴负方向移动 30mm
SLIN P2 VEL＝0. 05M/S CPDAT4TOOL[1] BASE[0]
If tiao＝＝0 then
fang()
else                  当 tiao 为 0 时执行"放"子程序;
jia()                 否则执行"夹"子程序
endif
xp2. z＝xp2. z＋30;沿 Z 轴正方向移动 30mm
SLIN P2 VEL＝0. 05M/S CPDAT5 TOOL[1] BASE[0]
xp2. y＝xp2. y-100;沿 Y 轴负方向移动 100mm
SLIN P2 VEL＝0. 05M/S CPDAT6 TOOL[1] BASE[0]
SPTP P3 VEL＝5 %  PDAT9 TOOL[1] BASE[0]
```

```
If tiao==0 then
ge=ge+1
endif
If tiao==1 then
xp2=xp5;将 P5 位置赋给 P2
xp2.z=xp2.z+30;沿 Z 轴正方向移动 30mm
SPTP P2 VEL=5% PDAT10 TOOL[1] BASE[0]
SLIN P5 VEL=0.05M/S CPDAT7 TOOL[1] BASE[0]
fang();调用"放"子程序
SLIN P2 VEL=0.05M/S CPDAT8 TOOL[1] BASE[0]
SPTP P3 VEL=5% PDAT12 TOOL[1] BASE[0]
ge=ge-1
endif
WAIT FOR( IN 6 ' ' );等待 IN6 信号
endloop;结束循环
END
```

"夹"料子程序：

```
DEF jia()
WAIT Time=1 sec;等待 1s
OUT 22 ' ' State=FALSE;复位信号 OUT22
OUT 19 ' ' State=TRUE;置位信号 OUT19
WAIT Time=1 sec;等待 1s
OUT 19 ' ' State=FALSE;复位信号 OUT19
end
```

"放"料子程序

```
DEF fang()
WAIT Time=1 sec;等待 1s
OUT 19 ' ' State=FALSE;复位信号 OUT19
OUT 22 ' ' State=TRUE;置位信号 OUT22
WAIT Time=1 sec;等待 1s
OUT 22 ' ' State=FALSE;复位信号 OUT22
end
```

　　b. 机器人调试运行。机器人示教点调试如下：

　　• 选中程序模块，单击"选定"按钮进入程序；

　　• 手动操作机器人，使机器人 TCP 移至目标点位置进行轨迹示教；

　　• 进行"程序复位"或选中程序某一行开始手动运行（具体操作：按下使能键的同时按下启动按钮）；

　　• 观察机器人运行轨迹是否严格遵循示教轨迹进行运行，如遇问题先确认对应程序语句或程序段，根据实际情况进行调试即可。

② PLC 编程与调试　根据控制要求编写 PLC 程序，本案例程序如图 7-38 所示。

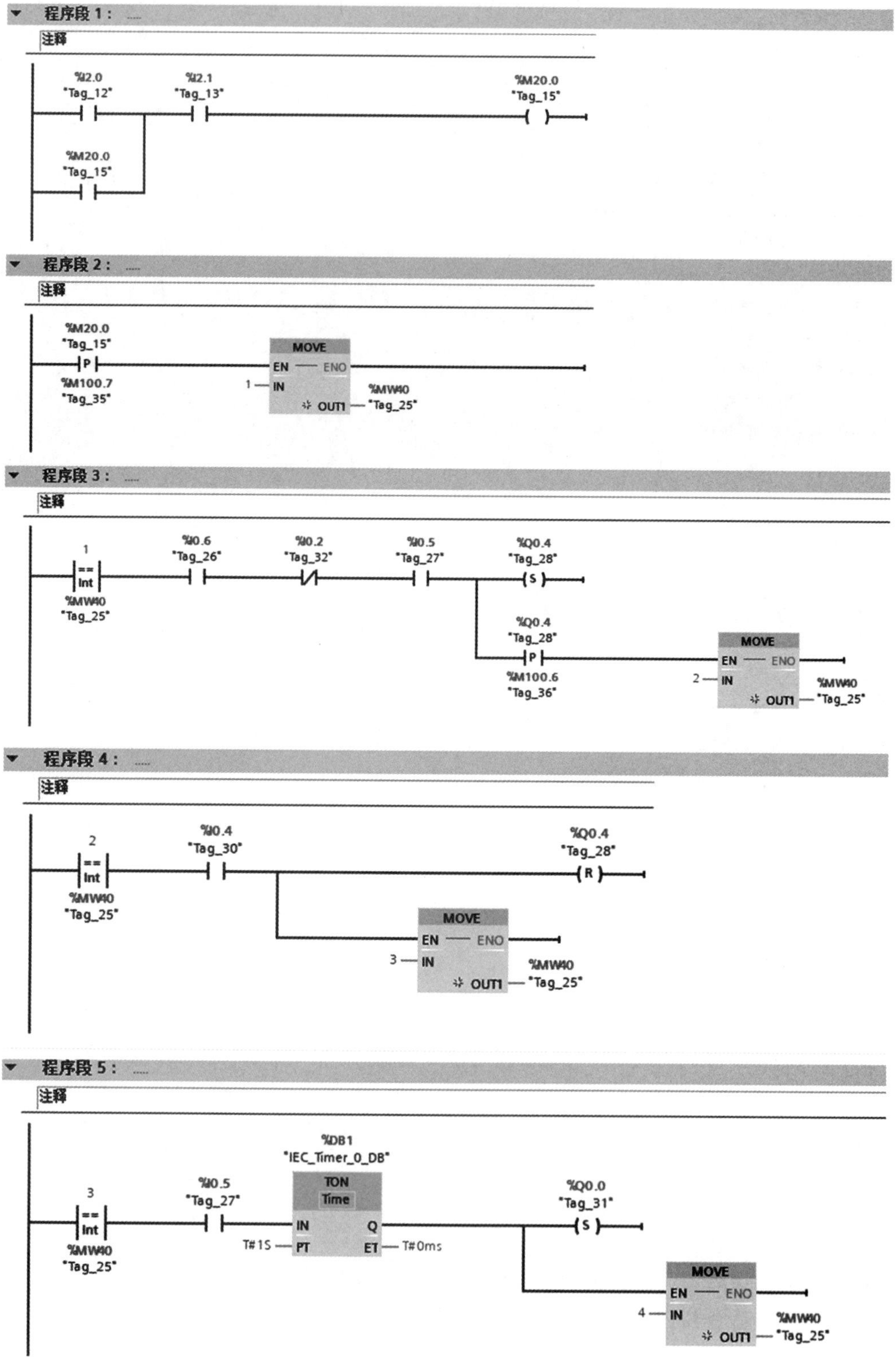

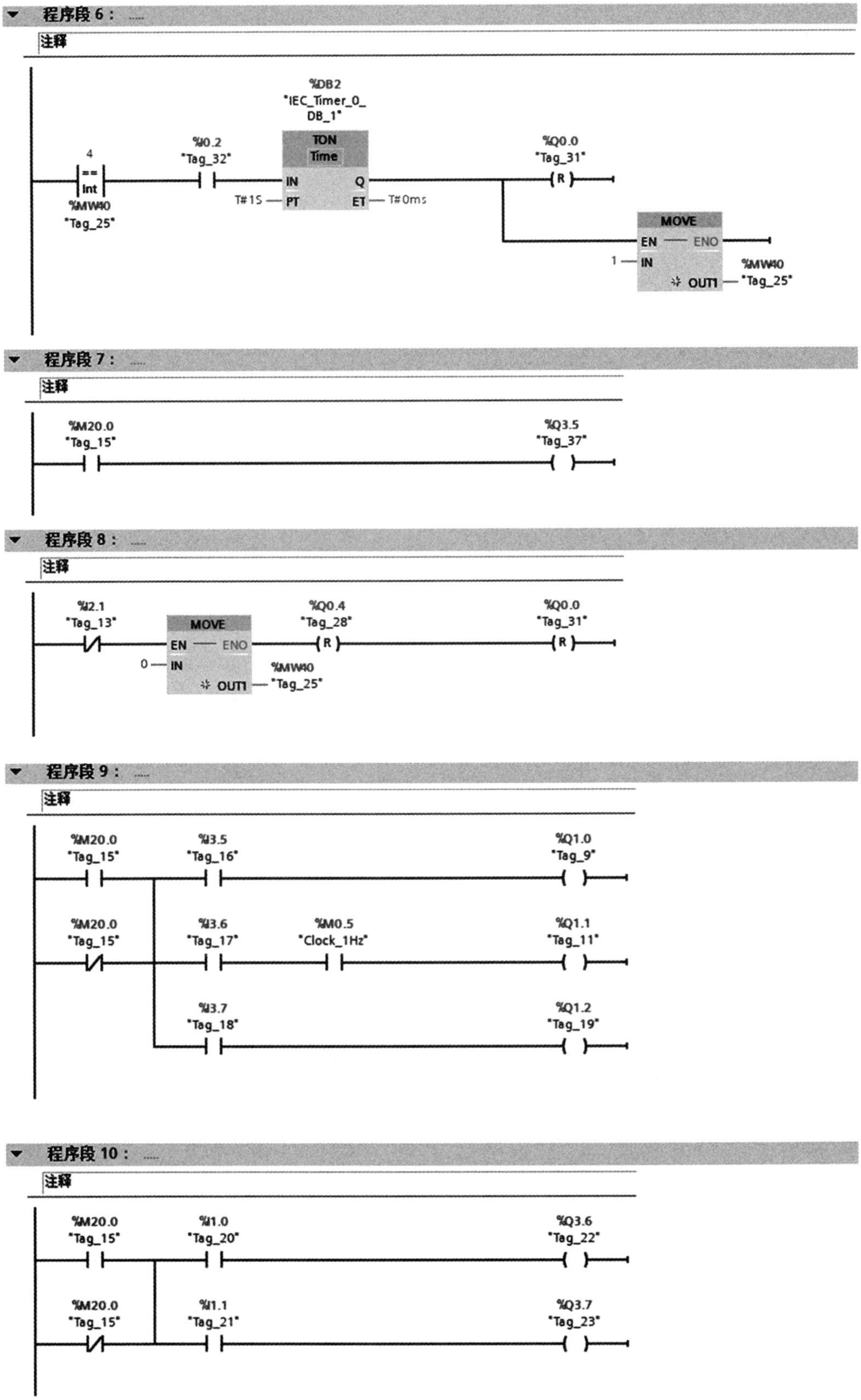
程序段 6： .....
注释
%DB2
"IEC_Timer_0_DB_1"
TON
Time
4
==
Int
%MW40
"Tag_25"
%I0.2
"Tag_32"
IN
Q
T#1S
PT
ET
T#0ms
%Q0.0
"Tag_31"
R
MOVE
EN
ENO
1
IN
OUT1
%MW40
"Tag_25"
程序段 7： .....
注释
%M20.0
"Tag_15"
%Q3.5
"Tag_37"
程序段 8： .....
注释
%I2.1
"Tag_13"
MOVE
EN
ENO
0
IN
OUT1
%MW40
"Tag_25"
%Q0.4
"Tag_28"
R
%Q0.0
"Tag_31"
R
程序段 9： .....
注释
%M20.0
"Tag_15"
%I3.5
"Tag_16"
%Q1.0
"Tag_9"
%M20.0
"Tag_15"
%I3.6
"Tag_17"
%M0.5
"Clock_1Hz"
%Q1.1
"Tag_11"
%I3.7
"Tag_18"
%Q1.2
"Tag_19"
程序段 10： .....
注释
%M20.0
"Tag_15"
%I1.0
"Tag_20"
%Q3.6
"Tag_22"
%M20.0
"Tag_15"
%I1.1
"Tag_21"
%Q3.7
"Tag_23"

图 7-38

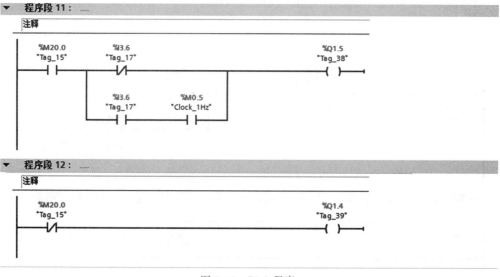

图 7-38　PLC 程序

（5）设备调试与运行

① 硬件检测

a.查看机器人工作站的所有元件是否有明显的损坏，用手轻微晃动各元件观察是否有明显的松动和移位等。如果发现存在以上情况，应及时调整和更换元件，避免发生事故或产生损失。

b.检查设备是否存在 24V 电源短接或虚接的现象，并按照接线图纸检查接线是否正确。

c.接通气源，检查气压是否在 0.3～0.6MPa 之间。按下电磁阀手动按钮，确认气缸及传感器的初始状态。

d.检查机器人工作站上是否存在杂物，如果有，应及时清理。

② 设备试运行

a.检查运动路径是否有障碍物，若存在，应及时进行清理。

b.调试时确保运行方式为手动慢速运行（T1）模式，按下使能键和启动键并保持，使机器人按给定的运动轨迹进行移动。如果出现运动点的位置不对等情况，应及时进行调试。

c.程序试运行完成并无错误后，将示教器运行方式切换到自动运行模式，选定程序并按下启动键，启动程序即可。

③ 设备调试　在系统开始运行前，需要对设备上的相关气缸速度、气缸上的磁性开关以及传感器信号进行调试，以确保整个工作站能顺利完成整个工作任务。

a.传感器信号调节。本案例用到的传感器为对射式传感器，调试时需注意传感器的角度与高度，将其调整到合适的位置以便于工作时可准确地对物料进行检测和信号反馈，尽量避免运行时被其他部件影响。

b.气缸的速度调节。调节气缸节流阀，控制气缸进出气体的流量，确保气缸推出的动作舒畅柔和。

④ 外部自动运行模式　通过之前的学习可以了解到 KUKA 工业机器人有四种运行模式，包括手动慢速运行（T1）、手动快速运行（T2）、自动运行（AUT）和外部自动运行

（AUT EXT）。操作时可根据不同的场合对运行模式进行选择，选用外部自动运行模式时需要进行外部自动运行配置以达到通过外部设备控制机器人动作的目的。外部设备可以是按钮，也可以是上级控制系统（如 PLC）等。

外部自动运行显示界面如图 7-39 所示。

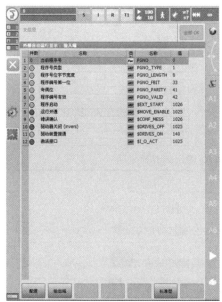

(a)外部输入信号界面　　　　　　　　　　(b)外部输出信号界面

图 7-39　外部自动运行显示界面

外部自动运行显示界面包括控制器的输入/输出信号、当前信号状态和关联的通用 I/O 信号端口。

外部输入端信号状态由通用信号的状态决定，具体取决于每个信号后面的值。如果外部输入端信号后面的值为"6"，则信号由通用输入信号 IN［6］状态控制。

外部输出信号的状态由通用输出信号显示，具体取决于每个信号后面的值，如果外部输出后面的值为"8"，则该信号由通用输出信号 OUT［8］显示。如果当前外部输出信号状态为"1"，则通用输出信号 OUT［8］状态为"1"；如果当前外部输出信号状态为"0"，则通用输出信号 OUT［8］状态为"0"。

a.显示外部自动运行的输入/输出端。单击"主菜单"→选择"显示"→"输入/输出端"→"外部自动运行"。具体操作如图 7-40 所示。详细显示界面如图 7-41 所示，具体说明见表 7-8。

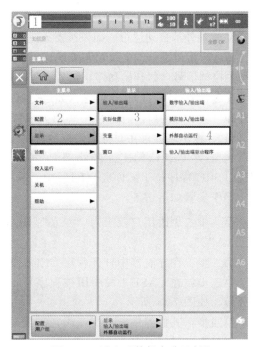

图 7-40　进入"外部自动运行"

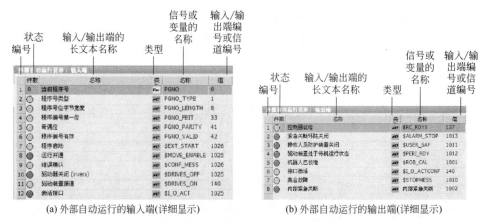

(a) 外部自动运行的输入端(详细显示)　　　　(b) 外部自动运行的输出端(详细显示)

图 7-41　显示外部自动运行输入/输出端

表 7-8　外部自动运行输入/输出端界面说明

名称	说明
状态	灰色:未激活(FALSE) ⬤ 红色:激活(TRUE) ⬤
类型	绿色:输入/输出端 I/O 黄色:变量或系统变量 Var

> 💡**注意**　只有按下"详细信息"才能显示"类型""信号或变量的名称"和"输入/输出端编号或信道编号"。

b. 配置外部自动运行。如果机器人进程由一个上级控制系统进行控制，则这一控制通过外部自动运行接口进行。上级控制系统通过外部自动运行接口向机器人控制系统发出机器人进程的相关控制信号（如开始和停止信号、程序编号、错误确认等）。机器人控制系统向上级控制系统发送有关机器人的状态信息（如运行状态、驱动装置状态、位置、故障等）。为了能够使用外部自动运行接口，需进行一些相关配置，包括配置 CELL. SRC 程序，配置外部自动运行接口输入/输出端，只在要将错误编号传输给上级控制系统时配置文件 P00. DAT。

· 配置 CELL. SRC。在外部自动运行模式下，程序可通过 CELL. SRC 程序调用。CELL. SRC 程序位于文件夹"R1"中。具体说明如图 7-42 所示。

操作步骤如下。

第一步：更改用户权限为"专家"。单击主菜单 ⓢ→"用户组"→"专家"→输入密码"KUKA"。

第二步：在导航器中打开程序 CELL. SRC，如图 7-43 所示。

第三步：在 CASE 1 段中用被程序号 1 调用的程序名称替换 EXAMPLE1，删除名称前的分号，如图 7-44 所示。

第四步：其他程序参考第三步，需要时可添加其他的 CASE 名称。

第五步：关闭 CELL. SRC 程序。

· 配置外部自动运行的输入/输出端。

第一步：单击主菜单，选择"配置"→"输入/输出端"→"外部自动运行"。

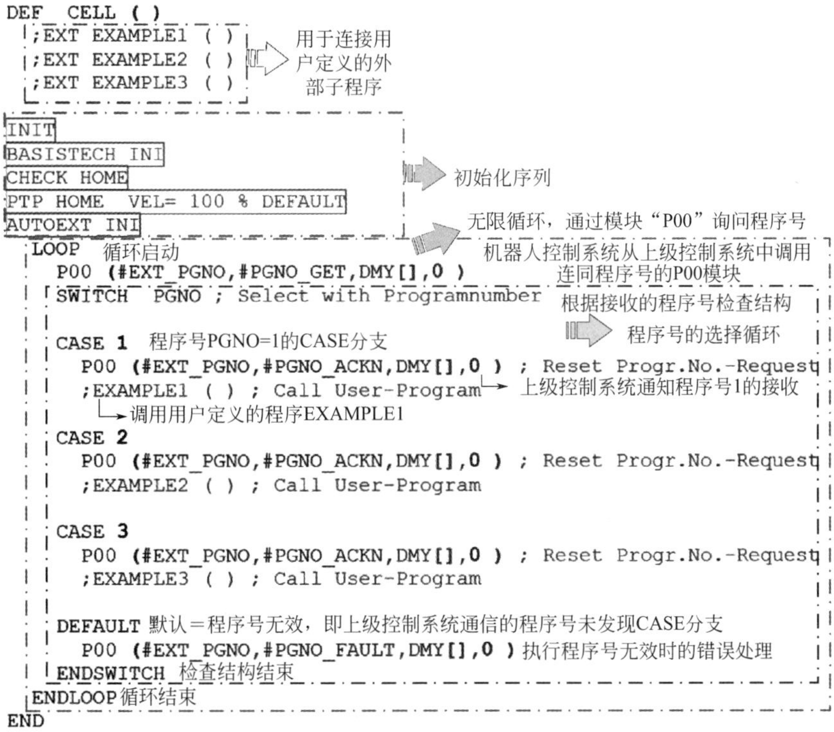

DEF CELL ( )
;EXT EXAMPLE1 ( )
;EXT EXAMPLE2 ( )
;EXT EXAMPLE3 ( )
用于连接用户定义的外部子程序
INIT
BASISTECH INI
CHECK HOME
PTP HOME VEL= 100 % DEFAULT
AUTOEXT INI
初始化序列
无限循环，通过模块“P00”询问程序号
LOOP 循环启动
机器人控制系统从上级控制系统中调用连同程序号的P00模块
P00 (#EXT_PGNO,#PGNO_GET,DMY[],0)
SWITCH PGNO ; Select with Programnumber
根据接收的程序号检查结构
程序号的选择循环
CASE 1 程序号PGNO=1的CASE分支
P00 (#EXT_PGNO,#PGNO_ACKN,DMY[],0) ; Reset Progr.No.-Request
;EXAMPLE1 ( ) ; Call User-Program
上级控制系统通知程序号1的接收
调用用户定义的程序EXAMPLE1
CASE 2
P00 (#EXT_PGNO,#PGNO_ACKN,DMY[],0) ; Reset Progr.No.-Request
;EXAMPLE2 ( ) ; Call User-Program
CASE 3
P00 (#EXT_PGNO,#PGNO_ACKN,DMY[],0) ; Reset Progr.No.-Request
;EXAMPLE3 ( ) ; Call User-Program
DEFAULT 默认=程序号无效，即上级控制系统通信的程序号未发现CASE分支
P00 (#EXT_PGNO,#PGNO_FAULT,DMY[],0) 执行程序号无效时的错误处理
ENDSWITCH 检查结构结束
ENDLOOP 循环结束
END

图 7-42　CELL. SRC 程序说明

导航器
过滤器：详细信息
...的内容：R1
MAIZI-PC (KRC:\)
R1
STEU
(A:\)
(C:\)
(D:\)
名称
扩...
注释
Mada
Program
System
TP
cell
src
HANDLER on external

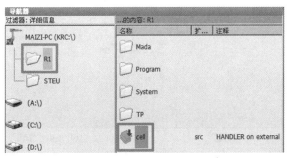

图 7-43　打开 CELL. SRC 程序

```
CASE 1
  P00 (#EXT_PGNO,#PGNO_ACKN,DMY[],0 ) ; Reset Progr.No.-Request
   MY_PROGRAM( ) ; Call User-Program
```

图 7-44　更改调用的程序名称

第二步：默认进入“外部自动运行显示：输入端”窗口，单击“详细信息”。默认显示标准型界面，该界面只显示编号、状态和输入/输出端长文本名称。

第三步：单击“配置”，进行输入或输出端口的配置。

第四步：选择需要配置的信号，单击“编辑”（或“加工”）。

第五步：输入相应数值，单击“OK”。例如：输入端“程序启动”后的值改为“6”，即表示外部输入信号“程序启动”由外部通用信号 IN［6］控制；输出端“驱动装置处于待机运行状态”后的值改为“8”，即表示外部输出信号“驱动装置处于待机运行状态”由外部通用信号 OUT［8］显示。

操作实例如图 7-45 所示。

(a) 进入外部自动运行界面

(b) 单击"详细信息"

(c) 单击"配置"

(d) 单击"编辑"

(e) 更改输入端数值

(f) 更改输出端数值

图 7-45　配置外部自动运行输入/输出端

外部自动运行的输入端/输出端信号被写保护，但是任何时候都可以读取或者在程序中使用。

c.启动外部自动运行。外部信号控制机器人启动可以通过程序号进行程序的选定，也可以不通过程序号直接选定好要运行的程序进行外部启动。通过程序号选定的方式相对较为复杂，但灵活性更强，可以实现向机器人给定不同的程序号来控制机器人自动运行不同程序的功能。此处主要介绍一种较为简单的方式，即不通过程序号而是通过选定好要运行的程序进行外部启动机器人的方法。

第一步：在 T1 模式下把用户程序按控制要求插入到程序 CELL.SRC 当中。选定 CELL.SRC 程序，将运行模式切换至 AUTEXT。

第二步：在机器人系统没有报错的条件下，PLC 一上电就给机器人发出"运行开通，$MOVE_ENABLE"信号。该信号需要一直接通且不能为 1025。

第三步：PLC 给完"运行开通，$MOVE_ENABLE"信号 500ms 后再给机器人"驱动器关闭，$DRIVES_OFF"信号。该信号需要一直接通且不能为 1025。

第四步：PLC 给完"驱动器关闭，$DRIVES_OFF"信号 500ms 后再给机器人"驱动装置接通，$DRIVES_ON"信号。

第五步：当机器人接收到"驱动装置接通，$DRIVES_ON"信号后给 PLC 发出"驱动装置处于待机状态，$PERI_RDY"信号。

第六步：PLC 接收到机器人发出的"驱动装置处于待机状态，$PERI_RDY"信号后再将"驱动装置接通，$DRIVES_ON"信号断开。

第七步：PLC 发送给机器人一个"程序启动，$EXT_START"脉冲信号就可以启动机器人。

外部停止机器人：断掉信号"$DRIVES_OFF"，这种停止是断掉机器人伺服。

d.配置实例说明。

第一步：用户权限切换至"专家"模式。

"主菜单"→"配置"→"用户组"→"专家"→输入密码"KUKA"→"登录"。

第二步：配置外部输入/输出端，如图 7-46 所示。

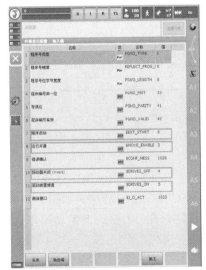
(a) 外部启动输入配置

(b) 外部启动输出配置

图 7-46 外部启动输入/输出端配置

机器人与 PLC 之间的信息交互示意图如图 7-47 所示。

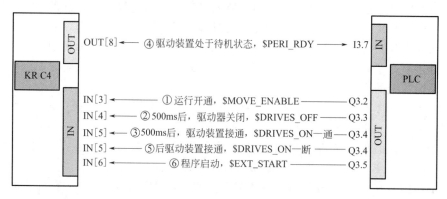

图 7-47　机器人与 PLC 之间的信息交互示意图

第三步：PLC 组态编程，如图 7-48 所示为样例程序。

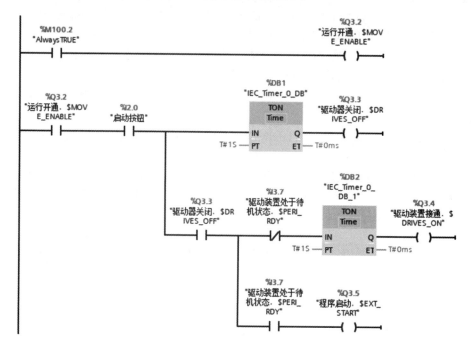

图 7-48　PLC 样例程序

第四步：配置 CELL. SRC 程序。

在"专家"模式下进入，打开 CELL. SRC 程序。CELL. SRC 程序路径：R1/CELL. SRC。在 CELL. SRC 程序中输入要选定的程序名称后关闭 CELL. SRC 程序，如图 7-49 所示。

第五步：以"选定"形式进入 CELL. SRC 程序，在 T1 模式下手动操作机器人回原点，如图 7-50 所示。

第六步：以上操作皆在"T1"模式下进行，当机器人到达原点位置后，将运行模式转为"外部自动运行模式"。

第七步：按下启动按钮即可启动运行之前选定的程序。PLC 样例程序为点动功能，当抬起按钮立即停止运行。

1 ;EXT EXAMPLE1 ( )
2 ;EXT EXAMPLE2 ( )
3 ;EXT EXAMPLE3 ( )
4
5 INIT
6 BASISTECH INI
7 CHECK HOME
8 PTP HOME Vel= 100 % DEFAULT
9 AUTOEXT INI
10 LOOP
11 program1()
选定的程序
12 ENDLOOP

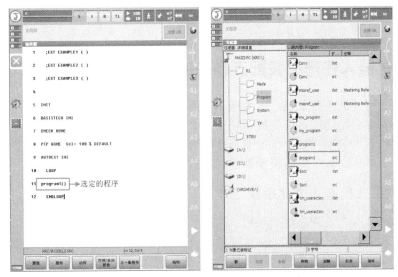

图 7-49 在 CELL. SRC 中添加选定程序

(6) 实施注意事项及故障分析

① 注意事项

a. 进行示教编程时，运行方式必须处于 T1 模式下，否则无法进行机器人的程序编辑。

b. 操作人员必须穿戴安全帽、绝缘鞋等防护工具。

c. 关机的正确方法是：主页面→登录“专家”模式→主页面→关机，严禁非正常关机。

d. 插拔气管时注意操作方式，切忌生拉硬拽。正确的操作为：拆卸时一只手轻压自动卡头，另一只手将气管拔出；安装时直接插接即可。

5 INIT
6 BASISTECH INI
7 CHECK HOME
8⇒PTP HOME Vel= 100 % DEFAULT
9 AUTOEXT INI
10 LOOP
11 program1()
12 ENDLOOP

图 7-50 T1 模式下手动操作机器人回原点

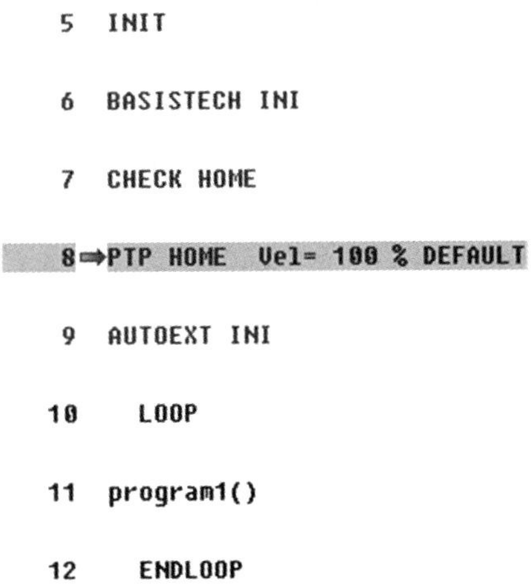

② 故障分析

a. 问题：在运行过程中可能出现平行夹“夹”“放”失灵的情况，如还未到达指定位置在运行途中就执行了“夹”或“放”的动作。

解决方式：检查【OUT】指令是否选择了“CONT”，此处应为【空白】。

b. 问题：程序报错，错误列表中显示“变量未定义”，分别在 SRC 和 DAT 中进行定义都无法解决。

原因：编程时写错，将数字 0 错写成字母 O。

类似的编写错误还有：在输入程序时漏写 ENDIF/ENDLOOP，SWITCH 错写成 SWICH。

解决：编程时输入 IF/LOOP/DEF 后换行，马上输入 ENDIF/ENDLOOP/END 以避免后期输入时漏写。

c. 问题：外部自动运行时没有给 PLC 发出反馈信号“驱动装置处于待机状态，$PERI_RDY”。

原因：可能是安全回路断开影响了信号的传递。

解决：检查设备前门锁、后门锁传感器和光幕信号等是否有门没关或者传感器没有信号等情况。后门锁传感器接触良好时会发出红色亮光；光幕中间不能有遮挡物，当有物体遮挡时控制柜中的继电器会随即动作且光幕信号灯颜色会由绿色变为红色。

7.2 工业机器人在产品装配工作站的应用

随着自动化行业的不断发展，人力成本不断上升，劳动力短缺现象日益严重，装配机器人逐渐显示出其强大的功能，可完成精密组装、装配工作等，具有高速度、高精度、小型化等优势。采用机器人装配可减少生产制造企业人员流动带来的影响，并为企业提高产品质量和一致性。扩大产能，减少资料浪费并提高生产率。

7.2.1 认识工业机器人产品装配工作站

（1）工业机器人在产品装配领域的应用

装配在现代工业生产中占有十分重要的地位。有关资料表明，装配劳动量占产品劳动量的 50%～60%，在有些场合，这一比例甚至更高。例如，在电子器件厂的芯片装配、电路板的生产中，装配劳动量占产品劳动量的 70%～80%。因此，用机器人来实现自动化装配作业十分重要。

本节从产品装配机器人的分类、工作站的基本组成、硬件介绍等方面介绍产品装配整个工作系统，使读者能够更深入了解并掌握产品装配机器人工作站的工作流程以及相关模块的组成。

（2）产品装配系统认知

① 装配机器人分类　在工业机器人装配生产线中，装配机器人大多由四轴至六轴组成。目前，常见的装配机器人以臂部运行形式的不同，可分为直角式装配机器人、关节式装配机器人。

a.直角式装配机器人。直角式装配机器人又称单轴机械手，以 XYZ 直角坐标系统称为基本数学模型，整体结构模块化设计。可用于零部件移送、简单插入、旋拧等作业，广泛运用于节能灯装配、电子类产品装配和液晶屏装配等场所，如图 7-51 所示。

b.关节式装配机器人。关节式装配机器人分为水平串联关节式、垂直串联关节式和并联关节式装配机器人。

• 水平串联关节式装配机器人又称为平面关节型装配机器人或 SCARA 机器人，是目前装配器生产线上应用数量最多的一类装配机器人。它属于精密型装配机器人，具有速度快、精度高、柔性好等特点，驱动多为交流伺服电机，保证其较高的重复定位精度，广泛运用于电子、机械和轻工业等有关产品的装配，适合工厂柔性化生产需求，如图 7-52 所示。

图 7-51　直角式装配机器人

图 7-52　水平串联关节式装配机器人

• 垂直串联关节式装配机器人一般有 6 个自由度，可在空间任意位置确定任意位姿，面向对象多为三维空间的任意位置和姿势的作业，如图 7-53 所示。

• 并联关节式装配机器人又称为拳头机器人、蜘蛛机器人或 Deta 机器人，是一款轻型、结构紧凑高速装配机器人，如图 7-54 所示。可安装在任意倾斜角度上，独特的并联机构可实现快速、敏捷动作且减少了非累积定位误差。其具有小巧高效、安装方便、精确灵敏等优点，广泛运用于 IT、电子装配等领域。

图 7-53　垂直串联关节式装配机器人

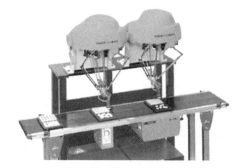
图 7-54　并联关节式装配机器人

② 装配机器人的优点　装配机器人是工业生产中用于装配生产线上对零件或部件进行装配的一类工业机器人。作为柔性自动化装配的核心设备，其具有精度高、工作稳定、柔顺性好、动作迅速等优点。

归纳起来，装配机器人的主要优点如下。

a. 操作速度快，加速性能好，缩短工作循环时间。

b. 精度高，具有极高的重复定位精度，保证装配精度。

c. 提高生产效率，解决单一繁重体力劳动。

d. 改善工人劳动条件，摆脱有毒、有辐射装备环境。

e. 可靠性好、适应性强、稳定性高。

f. 柔顺性好、工作范围小，能与其他系统配套使用。

（3）工业机器人产品装配工作站的一般组成

装配机器人工作站主要由机器人、控制柜、末端执行装置、示教器、装配工作台和传感器系统组成，如图 7-55 所示。

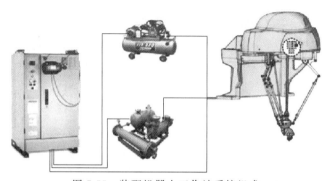
图 7-55　装配机器人工作站系统组成

① 装配机器人　装配机器人主要是用于对料块进行装配，并将装配好的产品搬运到储存仓中。如图 7-56 所示为 KUKA 装配机器人。

② 控制柜及示教器　控制柜作为机器人的控制系统，相当于人的大脑，用来控制机器人的运动。操作员通过示教器给控制柜发出指令，控制柜接收到信号后执行机器人动作，从而完成相应的任务。如图 7-57 所示为 KUKA 机器人控制柜。

图 7-56　装配机器人　　　　　　　　　　　　图 7-57　控制柜

③ 末端执行装置　末端执行器安装在机器人的第 A6 轴上，常见的末端执行器形式有吸附式、夹板式、抓取式、组合式。

a. 夹板式：夹板式手爪常用于机器人码垛过程中，一般有单板式和双板式两种。夹板式手爪常用于较规则的物料搬运中。

b. 抓取式：抓取式手爪比夹板式手爪运用较灵活，可以适应不同形状和袋装的物料的抓取。

c. 组合式：组合式手爪是通过组合各单组手爪的优势而成的一种手爪，它的灵活性较大，各单组手爪之间既可以单独使用又可配合使用，可同时满足多种物料的抓取。

④ 输送装置　如图 7-58 所示，在机器人装配生产线上，输送装置主要用于将工件输送到各工作点，在输送装置中以传送带为主。

图 7-58　装配输送线

7.2.2　工业机器人产品装配工作站案例

本小节通过对 KUKA 工业机器人装配工作站的任务分析、硬件介绍、程序编写等进行讲解，帮助读者了解产品装配工作站的工作原理及流程。

（1）产品装配工作站的工作任务

一台工业机器人料杯加盖装配模拟工作站由 6 轴机器人单元、智能平面仓储装置、立体库装置、工件压合装置以及可编程控制器组成，工作站整体图如图 7-59 所示。通过编写机器人程序，利用机器人夹爪将料杯及料盖从智能平面仓储装置中取出放置到工件压合装置上，压合完成后机器人将成品送入立体库中。

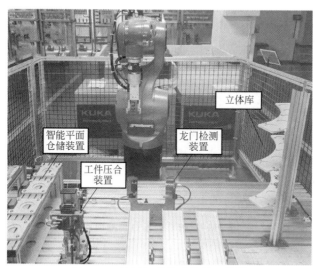

图 7-59　料杯加盖装配模拟工作站

具体控制要求如下：

① 连接好机器人、可编程控制器以及各组成模块等的接线；

② 按下电源启动按钮，系统上电；

③ 将机器人运行方式切换到自动运行（AUT）；

④ 按下手持示教器启动键，机器人首先回到初始位置执行装配任务；

⑤ 机器人完成任务后，反馈给 PLC 一个完成信号，同时使 HL1 绿灯亮。

（2）产品装配工作站硬件系统

① 系统配置　料杯加盖装配工作站系统配置见表 7-9。

表 7-9　料杯加盖装配工作站系统配置表

名称	型号	数量	说明
机器人本体	KUKA KR 6 R700 sixx	1	机器人与控制系统
机器人控制柜	KR C4 compact	1	
示教器	KCP4 smartPAD	1	
PLC 模块	CPU 1513 C DC/DC/DC	1	—
数字量输入单元	6ES7521-1BL00-0AB0	1	PLC 输入输出模块
数字量输出单元	6ES7522-1BL00-0AB0	1	
漫反射传感器	GBT6-P1211	4	智能平面仓库有无料块检测
电磁阀	SY3120-SG-C4	2	机器人夹爪夹紧、松开控制
磁性开关	D-CT3	2	工件压合到位
电源启动开关	CW42B2-28251LF101	1	工作站电源启动与停止
急停按钮	LA39-B2-RO2Z1R	1	用于紧急停止

② 系统框图　机器人料杯加盖装配工作通过机器人与 PLC 之间的信号互换机器人接口来实现，并控制整个工作站的运行。现场设备启动、急停按钮、传感器、继电器等为 PLC 的输入/输出设备。系统框图如图 7-60 所示。

图 7-60　系统框图

③ 系统参数配置　产品装配工作站系统参数配置主要分为 PLC 信号配置和机器人信号配置两类，具体信号配置如下。

a. PLC 的 I/O 信号配置：PLC 的 I/O 信号配置见表 7-10。

表 7-10　PLC 的 I/O 信号配置

输入信号				输出信号			
序号	地址	符号	注释	序号	地址	符号	注释
1	I0.0	T-SQ1	仓库 1 检测	1	Q0.0	K-YV0	气缸电磁阀
2	I0.1	T-SQ2	仓库 2 检测	2	Q2.1	HL1	绿灯
3	I0.2	T-SQ3	仓库 3 检测	3	Q3.0	Start	PLC 给机器人的启动信号
4	I0.3	T-SQ4	仓库 4 检测	4	Q3.2	finish	压合装置完成动作信号
5	I0.4	K-SQ1	气缸原点检测				
6	I0.5	K-SQ2	气缸推出到位检测				
7	I2.0	SB1	启动按钮				
8	I2.1	SB2	停止按钮				

b. 机器人与 PLC 的 I/O 接口信号：机器人与 PLC 的输入输出接口配置见表 7-11 和表 7-12。

表 7-11　机器人与 PLC 的输入接口配置

PLC1500 输出地址	映射	机器人数字输入端	端口说明
Q3.0	→	IN[1]	PLC 给机器人的启动信号
Q3.2	→	IN[4]	PLC 给机器人的压合完成信号

表 7-12　机器人与 PLC 的输出接口配置

机器人数字输出端	映射	PLC1500 输入地址	端口说明
OUT[1]	→	I3.0	机器人给 PLC 的任务完成信号
OUT[4]	→	I3.4	机器人给 PLC 的取料完成信号

④ 电气连接

a. PLC 开关量输入电路。PLC 开关量输入电路包括传感器、按钮等信号。PLC 的开关量输入电路如图 7-61 所示。

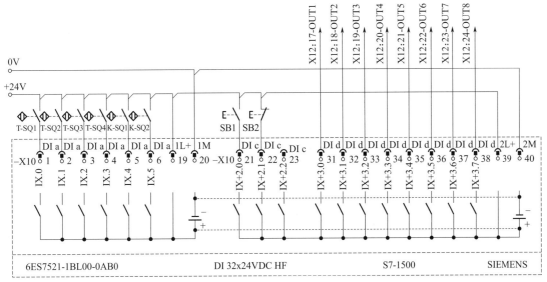

图 7-61　PLC 开关量输入电路

b. PLC 开关量输出电路。PLC 开关量输出电路包括继电器、指示灯等信号。PLC 的开关量输出电路如图 7-62 所示。

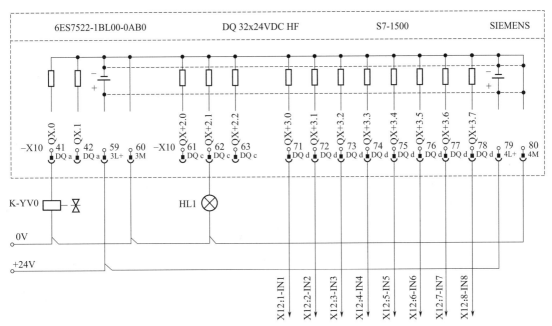

图 7-62　PLC 开关量输出电路

c. 机器人输出与 PLC 输入接口电路。机器人输出与 PLC 输入接口电路如图 7-63 所示。

d. 机器人输入与 PLC 输出接口电路。机器人输入与 PLC 输出接口电路如图 7-64 所示。

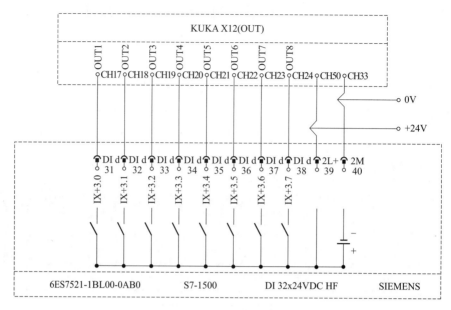

图 7-63　机器人输出与 PLC 输入接口电路

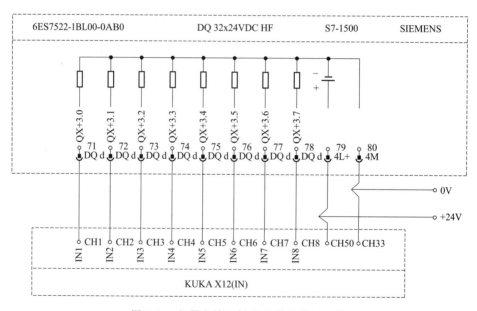

图 7-64　机器人输入与 PLC 输出接口电路

　　e. 机器人输出控制夹爪电路。机器人输出控制电磁阀电路如图 7-65 所示，通过控制电磁阀的 YV1～YV2 来进行物料的抓取与释放。

　　f. 机器人安全接口电路。机器人在运行过程中，为了防止出现机器人伤人的事件，将机器人安全回路接入电路中，在出现有人进入机器人工作区域或者出现紧急情况时自动停止机器人。机器人安全接口电路如图 7-66 所示。

　　⑤ 模块安装与接线

　　a. 立体库装置。

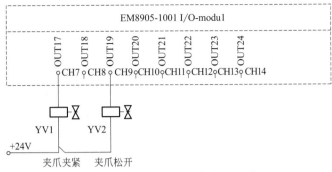

图 7-65　机器人输出控制夹爪电路

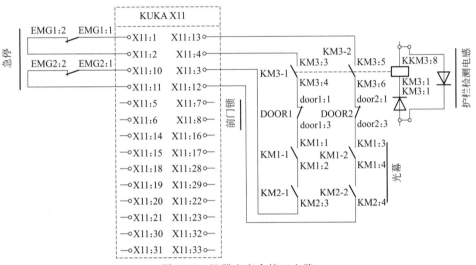

图 7-66　机器人安全接口电路

模块组成

立体库装置由圆弧形库架、层板、型材基体、椭圆地脚板等部分组成，如图 7-67 所示。

主要功能

主要用来放置成品物料，可对料块种类进行分布式储存。库存的间距、高度可根据实际需要进行调节。

使用说明

立体库装置主要是放成品物料的，机器人可以通过改变 XYZ 三轴的坐标来将物料放在立体库的任意位置。

模块安装

通过内六角螺钉、平垫、弹垫和 T 形旋母来固定立体库装置，具体安装步骤如下：

- 将 T 形旋母平行放入型材的凹槽内，如图 7-68 所示。
- 将平垫、弹垫、内六角螺钉组合在一起，如图 7-69 所示。

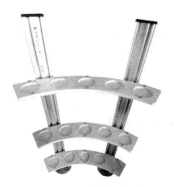

图 7-67　立体库装置

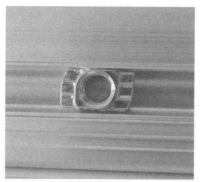

图 7-68　T 形旋母放入凹槽内

图 7-69　组合内六角螺钉

- 再将立体库装置安放在工作台合适的位置，并将组合完的内六角螺钉放入立体库装置的固定孔中，并与凹槽内的 T 形旋母相对，如图 7-70 所示。
- 然后用内六角扳手将内六角螺钉拧紧，如图 7-71 所示。拧紧后用手轻轻晃动立体库装置，查看是否安装牢固。

图 7-70　放置立体库装置

图 7-71　拧紧内六角螺钉

b. 工件压合装置。

模块组成

工件压合装置由 1 个压紧气缸、1 个 SMC 电磁阀、2 个磁性开关、1 个电气接口模块、4 个黄色料杯和料杯盖、4 个蓝色料杯和料杯盖等组成，如图 7-72 所示。

主要功能

可对料杯和料杯盖进行压合组装，辅助机器人进行装配工作。

使用说明

合压机装置主要是用来压合料杯与料盖，首先机器人夹具夹一个料杯放到合压机托盘上，其次机器人夹具再夹一个料盖放到料杯上面，最后 PLC 输出一个信号给

图 7-72　工件压合装置

气缸电磁阀，压合气缸，使料杯和料盖组装到一起。其通常配合料杯和料盖供给装置和斜滑槽等装置使用。

模块安装与接线

- 模块安装：将模块安放在工作台合适的位置，利用内六角工具将其固定在工作台上，具体步骤同"立体库装置的模块安装"。
- 工件压合装置的电气连接：

工件压合装置连接了 2 个输入信号和 1 个输出信号，本项目中选择桌面集线器引出的编号为 C3 的 9 针数据线与工件压合装置上的 9 针集线器进行连接，从而实现与 PLC 的通信。工件压合装置与 PLC 的接线如图 7-73 所示。

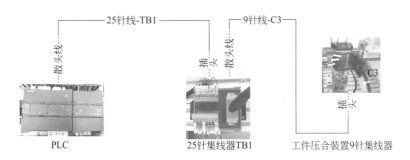

图 7-73　工件压合装置与 PLC 的接线

工件压合装置的工作步骤如下：

- 首先将料杯和料盖分别搬运至压合装置中，如图 7-74 所示；
- 料杯和料盖到位以后，触发气缸推出信号，工件压合装置进行压合，如图 7-75 所示。

图 7-74　工件到位　　　　　图 7-75　压合工件

c.智能平面仓储装置。

模块组成

智能平面仓储装置由四个工位平面库和四个漫反射传感器组成，如图 7-76 所示。

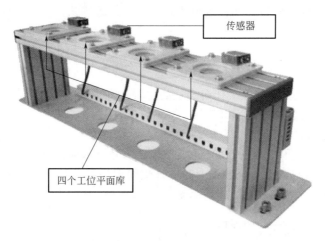

图 7-76　智能平面仓储装置

主要功能

可以对物料进行存储，并对每个工位有无料块进行检测。该装置在产品装配、搬运、码垛及机床上下料等中的应用较为广泛。

模块安装

智能平面仓储装置的安装与工件压合装置的方法一样。

模块电气连接

智能平面仓储装置连接了 4 个输入信号，本项目中选择桌面集线器引出的编号为 C1 的 9 针数据线与工件压合装置上的 9 针集线器进行连接，从而实现与 PLC 的通信。智能平面仓储装置与 PLC 的接线如图 7-77 所示。

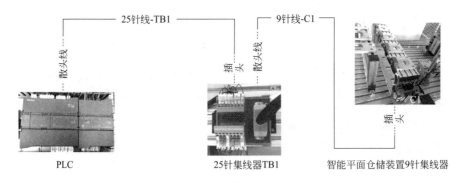

图 7-77　智能平面仓储装置与 PLC 的接线

（3）产品装配工作站软件系统

① PLC 编程与调试　根据控制要求编写 PLC 程序，本案例程序如图 7-78 所示。

② 机器人程序与调试

a. 机器人程序。

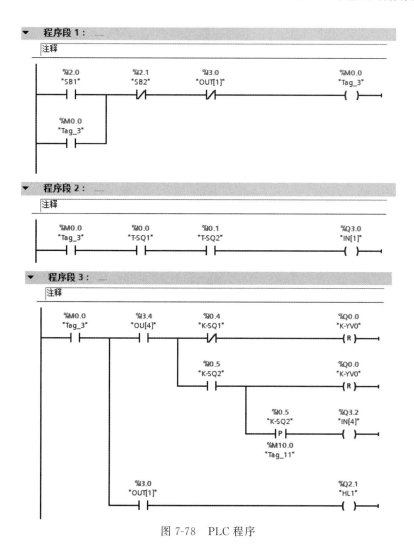

图 7-78　PLC 程序

主程序：

```
DEF assemble
decl int duo;定义变量
INI
duo＝0;给变量赋值          ┐
fang( )                    ├
OUT 4' ' State＝FALSE      ├程序初始化
OUT 5' ' State＝FALSE      ┘
PTP HOME Vel＝100%  DEFAULT
If duo＝＝100 then
SPTP P2 Vel＝5%  PDAT2 Tool[1] Base[0];料杯所在库位置
SPTP P3 Vel＝5%  PDAT3 Tool[1] Base[0];料盖所在位置          此处 duo＝100 无任何意义,
SPTP P4 Vel＝5%  PDAT4 Tool[1] Base[0];压合装置中料杯位置    仅仅是为了定义坐标
SPTP P5 Vel＝5%  PDAT5 Tool[1] Base[0];立体库中库 1 位置
SPTP P6 Vel＝5%  PDAT6 Tool[1] Base[0];压合装置中料盖位置
Endif
```

```
WAIT FOR ( IN 1 '  ');等待启动信号
Loop
SPTP P1 Vel＝5%  PDAT1 Tool[1] Base[0];安全点
If duo＞＝3 then
OUT 5'  'State＝TRUE
Exit ;当 duo 的值大于等于 3 时,退出循环程序
Endif
If duo＜3then
xp7＝xp2
xp7. z＝xp2. z＋80
SPTP P7 Vel＝5%  PDAT7 Tool[1] Base[0];中间点
SLIN P2 Vel＝0.05m/s CPDAT1 Tool[1] Base[0];料杯立体库中的位置
SLIN P7 Vel＝0.05m/s CPDAT13 Tool[1] Base[0];中间点
liaobei( );调用"料杯"子程序
xp7＝xp3
xp7. z＝xp3. z＋80
SPTP P7 Vel＝5%  PDAT8 Tool[1] Base[0];中间点
SLIN P3 Vel＝0.05m/s CPDAT5 Tool[1] Base[0];料盖立体库中的位置
jia( );调用"夹"子程序
SLIN P7 Vel＝0.05m/s CPDAT14 Tool[1] Base[0];中间点
liaogai( );调用"料盖"子程序
OUT 4'  'State＝TRUE;机器人完成料杯和料盖放入压合装置中的信号
WAIT FOR ( IN 4'  ');压合装置完成工件的压合信号
switch duo
case 0 xp7＝xp5;将立体库中库 1 的位置 P5 赋给中间点 P7
case 1 xp7. y＝xp5. y-38;将立体库中库 2 的位置赋给中间点 P7
case 2 xp7. y＝xp5. y-76;将立体库中库 3 的位置赋给中间点 P7
endswitch
xp8＝xp7
xp8. x＝xp7. x＋100
SLIN P8 Vel＝0.05m/s CPDAT9 Tool[1] Base[0];中间点
SLIN P7 Vel＝0.05m/s CPDAT8 Tool[1] Base[0];中间点
SPTP P8 Vel＝5%  PDAT9Tool[1] Base[0]
SPTP P1 Vel＝5%  PDAT10 Tool[1] Base[0];安全点
duo＝duo＋1;duo 的值加 1
endif
endloop
PTP HOME Vel＝100%  DEFAULT;初始位置
END
```

子程序:

```
def jia( );"夹"料子程序
WAIT Time＝1 sec
OUT 22'  'State＝FALSE
OUT 19'  'State＝TRUE
```

```
WAIT Time＝1 sec
OUT 19' ' State＝FALSE
end
def fang( );"放"料子程序
WAIT Time＝1 sec
OUT 19' ' State＝FALSE
OUT 22' ' State＝TRUE
WAIT Time＝1 sec
OUT 22' ' State＝FALSE
end
def liaobei( );放料杯子程序
xp7＝xp4
xp7.x＝xp4.x＋100
SPTP P7 Vel＝5%  PDAT11 Tool[1] Base[0];中间点
SLIN P4 Vel＝0.05m/s CPDAT12 Tool[1] Base[0];压合装置中加工位置
Fang( );调用"放"子程序
SLIN P7 Vel＝0.05m/s CPDAT19 Tool[1] Base[0];中间点
end
def liaogai( );放料盖子程序
xp6＝xp4
xp6.x＝xp4.z＋80
xp7＝xp6
xp7.x＝xp6.x＋100
SPTP P7 Vel＝5%  PDAT12 Tool[1] Base[0];中间点
SLIN P6 Vel＝0.05m/s CPDAT20 Tool[1] Base[0];压合装置中料盖的位置
fang( );调用"放"子程序
SLIN P7 Vel＝0.05m/s CPDAT21 Tool[1] Base[0];中间点
END
```

b. 程序调试运行。

机器人示教点调试如下：

- 手动操作机器人，使机器人 TCP 移至安全点 P1 位置，如图 7-79 所示。
- 手动操作机器人，使机器人 TCP 移至 P2 点位置，如图 7-80 所示。

图 7-79　安全点 P1 位置

图 7-80　机器人 TCP 移至 P2 点位置

- 手动操作机器人，使机器人 TCP 移至 P3 点位置，如图 7-81 所示。
- 手动操作机器人，使机器人 TCP 移至 P4 点位置，如图 7-82 所示。

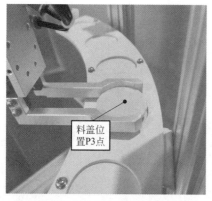

图 7-81　机器人 TCP 移至 P3 点位置

图 7-82　机器人 TCP 移至 P4 点位置

- 手动操作机器人，使机器人 TCP 移至 P5 点位置，如图 7-83 所示。
- 手动操作机器人，使机器人 TCP 移至 P6 点位置，如图 7-84 所示。

图 7-83　机器人 TCP 移至 P5 点位置

图 7-84　机器人 TCP 移至 P6 位置

（4）设备调试与运行

① 硬件检测

a. 查看机器人工作站的所有元件是否有明显的损坏，以及用手轻微晃动各元件观察是否有明显的松动和移位等。如果发现存在以上等情况，应及时调整和更换元件，避免发生事故或产生损失。

b. 检查设备是否存在 24V 电源短接或虚接的现象，并按照接线图纸检查接线是否正确。

c. 接通气源，检查气动二联件的气压是否在 0.3～0.6MPa 之间。按下电磁阀手动按钮，确认各气缸及传感器的初始状态。

d. 检查机器人工作站上是否存在杂物，如果有，应及时清理。

② 设备试运行

a. 检查运动路径是否有障碍物，若存在，应及时进行清理。

b. 确保运行方式为手动慢速运行（T1）模式，按下使能键和启动键并保持，使机器人按给定的运动轨迹进行移动。如果出现运动点的位置不对，应及时进行调试。

c.程序试运行完成并无错误后，将示教器运行方式切换到自动运行（T2）模式下，选定程序并按下启动键，启动程序即可。

③ 设备调试　在系统开始运行前，需要对设备上的相关气缸速度、气缸上的磁性开关以及传感器信号进行调试，以确保整个工作站能顺利完成整个工作任务。

a.传感器信号调节。案例中智能平面仓储装置上的传感器为漫反射传感器，调试主要是调节传感器的感应范围，漫反射传感器的检测范围一般在 35~140mm 之间。

• 首先将漫反射传感器设定为亮通或是暗通模式，本项目中设置为亮通模式，如图 7-85（a）所示。

• 灵敏度调节：将需要被漫反射传感器检测到的物体放置在漫反射传感器的前方需要被检测到的位置，然后用十字螺丝刀调节灵敏度调节旋钮，黄色 LED 灯缓慢亮起，如图 7-85（b）所示。

(a) 设置亮通模式　　　　　　(b) 调节检测距离

图 7-85　传感器信号调节

b.气缸的速度调节。调节工件压合装置上的气缸节流阀，控制气缸进出气体的流量，确保气缸推出的动作舒畅柔和，具体操作如图 7-86 所示。

c.气缸前后限位（磁性开关）的调节。调节工件压合装置上的气缸前后的磁性开关，确保气缸伸出或者缩回时，磁性开关能够检测并输出信号。如果检测不到信号，移动磁性开关到合适位置即可，如图 7-87 所示。

图 7-86　调节气缸节流阀

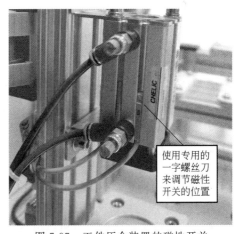

图 7-87　工件压合装置的磁性开关

（5）实施注意事项及故障分析

① 注意事项

a.进行示教编程时，运行方式必须处于 T1 模式下，否则无法进行机器人的程序编辑。

b.操作人员必须穿戴安全帽、绝缘鞋等防护工具。

② 故障分析

a.在运行调试过程中，发现气缸无法复位。

故障原因

有很多种原因都会导致气缸无法复位，例如：没有气压或者气缸的磁性开关信号丢失。

解决方法

打开气源或者调节磁性开关的位置。

b.传感器无检测信号。

故障原因

接线错误、传感器损坏等都会导致传感器无检测信号。

解决方法

检查线路并修改、更换传感器等。

7.3 工业机器人在智能制造工厂的联动应用

本节让读者全面了解多学科交叉融合开发应用技巧及应用，重点是从工业机器人应用领域介绍智能制造工厂的组成和结构，智能数字化工厂 MES 和 ERP 系统应用等。

7.3.1 智能制造工厂的结构组成及特点

智能制造工厂根据机电一体化、机械制造、计算机通信、电子信息、自动化、人工智能领域的工程生产设备设计而建成，其涵盖机器人、工业网络、运行控制、可编程序控制、传感检测与测量、液压与气动、计算机控制、软件工程、控制工程及数控加工等技术技能，这些技术技能知识深度融合，再根据国际技术标准建设智能制造工厂。以下从单元组成和功能特点两个方面进行详细阐述。

（1）智能制造工厂的结构组成

智能制造工厂主要由监控与调度、物流仓库、产品生产线、产品加工与制作、机器人装配、机器人搬运、产品视觉检测、AGV 导航群等模块组成，主要结构如图 7-88 所示。

（2）智能制造工厂的功能特点

智能制造工厂具有使用灵活、高效节能、安全防护及全智能网络化等功能特点。

① 全方位数据调度功能　实现数字化立体库对加工物料出库、生产线运输、数控加工、机器人搬运、产品装配、产品视觉检测和 AGV 运载协同合作运行等的智能化处理。

② 个性化实践应用功能　智能制造工厂各个组成单元可独立分布进行运行，可以根据专业领域单独进行实践应用，也可以分层次分模块进行应用，如机器人智能装配单元可作为机器人领域单独安装在工厂需求领域，具有灵活、实用、节能环保及共享等特点。

③ 信息网络化监管功能　智能制造的全过程数据信息进行可视化管理，如物流管理信息、网络下单信息、电子看板监视功能等。支持客户网络下单，进行定制个性化产品，全自动完成客户需求。

图 7-88　智能制造工厂

　　④ 全自动柔性制造功能　智能制造工厂整合数控车床、数控铣床、物流仓库、装配机器人、搬运机器人、视觉质量检测、产品生产线等单元，实现工厂全自动加工产品，体现智能制造的智慧性。

　　⑤ 体感化虚拟现实功能　VR 虚拟现实功能，动态画面和真实体感融合在三维环境中；AR 增强现实功能，实时地将视觉拍摄全景及位置跟踪进行数据图像处理，实现智能制造工厂虚拟和现实全景互动。

7.3.2　智能制造工厂系统联动应用

　　（1）智能制造工厂现场控制系统应用

　　本章介绍的智能制造工厂由立体仓库、铣床加工中心、车床加工中心、视觉检测系统、机器人装配系统和物流传输带等组成，具体 MES 系统控制如图 7-89 所示。

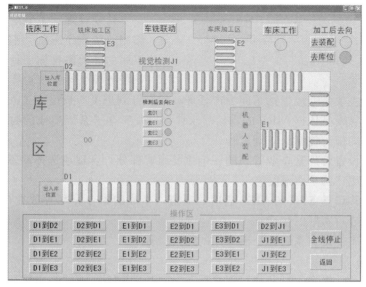

图 7-89　智能制造工厂控制系统应用

图 7-89 中各控制按钮说明如下：

① "铣床工作" 按钮：按下 "铣床工作" 按钮，铣床准备加工工作。

② "车床工作" 按钮：按下 "车床工作" 按钮，车床准备加工工作。

③ "车铣联动" 按钮：按下 "车铣联动" 按钮，车、铣床准备联动工作。

④ "去装配" 按钮：按下 "去装配" 按钮，等待物料到装配区域去装配。

⑤ "去库位" 按钮：按下 "去库位" 按钮，装配好的产品到对应的库位。

⑥ "去 D1" 按钮：按下 "去 D1" 按钮，产品装配完成后到 D1 库位。

⑦ "去 E1" 按钮：按下 "去 E1" 按钮，加工零件后到 E1 库位准备装配。

⑧ "去 E2" 按钮：按下 "去 E2" 按钮，检测材料后到 E2 库位准备车加工。

⑨ "去 E3" 按钮：按下 "去 E3" 按钮，检测材料后到 E3 库位准备铣加工。

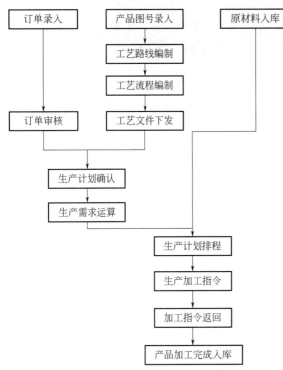

图 7-90 智能制造工厂产品生产流程图

本系统实现了机床与工业机器人联动应用，通过不同的按钮可以灵活控制各单元运行，也可以根据任务配合 ERP 软件进行系统智能制造加工。

(2) 智能数字化工厂 ERP 系统应用

ERP 智能管理系统一般包括销售管理、工艺管理、计划管理、车间管理、采购管理、设备管理、接口管理和系统设置管理等，具体产品定制工艺流程如图 7-90 所示。

销售管理：主要用于销售订单的录入、销售订单的审核。销售订单的录入审核自动生成主生产计划。

工艺管理：工艺管理模块是其他管理模块的基础，其主要是通过对原始工艺数据的特定编制来达到和生产管理模块结合的应用。

计划管理：主要是进行主生产计划编制，依据 MRP、制造工艺路线与各工序的能力编排加工计划，下达车间生产任务单生产需求运算。

车间管理：主要是完成下达车间生产任务，控制计划进度，最终完工入库。

采购管理：主要是依据 MRP 的物料需求计划以及库存子系统生成的物料需求生成采购计划进行组织、实施与控制的管理过程。

设备管理：设备管理是企业管理的一个重要组成部分，合理地选择设备，正确地使用设备才能保持企业生产的正常进行。

接口管理：接口是 EPR 与 MES 通信的通道，生成的指令全部存放在接口处等待 MES 读取，指挥车间进行实际的生产加工。

系统设置：主要是对系统的功能应用的操作管理。

① 销售管理

a. 客户信息录入操作。打开 "销售管理" → "基础资料" → "客户信息" 菜单页面，单击 "信息编辑" 按钮进入编辑页面，输入客户代号、客户名称、销售员代码、销售员姓名等基本信息后单击"新增"按钮，即可成功录入客户的基本信息，如图 7-91 所示。

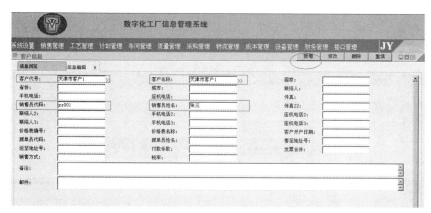

图 7-91　客户信息录入操作

b. 销售订单录入及审核操作。打开"销售管理"→"销售订单管理"→"销售订单录入"菜单页面，单击"销售订单录入"按钮进入销售订单编辑页面，在该页面中，如果选择销售订单号，则对选择的销售订单进行编辑，如果为空，则录入新的销售订单；然后单击"确定"按钮，如图 7-92 所示。

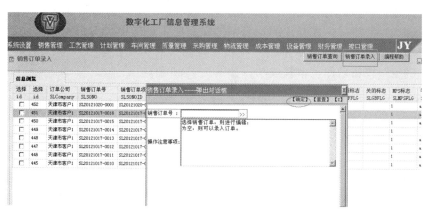

图 7-92　销售订单录入及审核操作

在表头中选择"订单公司""订单录入日"进行录入；在表体中选择"承诺发货日""产品代码""产品名称""单价""计量单位""订购数量"加工要求等信息后单击"保存"按钮即录入订单成功，如图 7-93 所示。

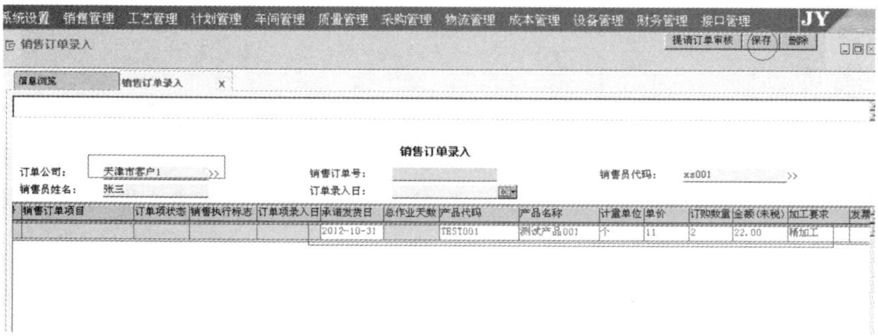

图 7-93　产品订单录入确定

打开"销售管理"→"销售订单管理"→"销售订单录入"菜单页面，单击"销售订单录入"按钮进入销售订单编辑页面，选择准备提请审核销售订单号，单击"确定"按钮进入编辑页面，单击"提请订单审核"按钮，在弹出的页面中输入负责人后勾选对应的选项，单击"确定"按钮提请审核即可成功，如图7-94所示。

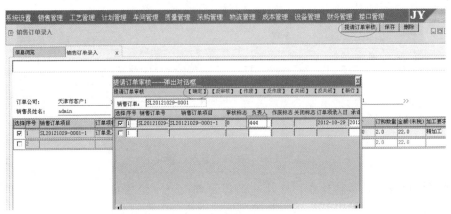

图7-94　产品订单审核

打开"销售管理"→"销售订单管理"→"销售订单部长审核"菜单页面，单击"销售订单审核"按钮，在弹出的页面中选择"销售审核标志"为提请部长审核，然后选择单击销售订单号的">>"符号，在弹出的页面中选择需要审核的销售订单，单击"确定"按钮，进入审核页面，单击"销售订单审核"按钮，在弹出的页面中输入负责人后勾选前面的选项，单击"确定"按钮后即可审核成功，如图7-95所示。

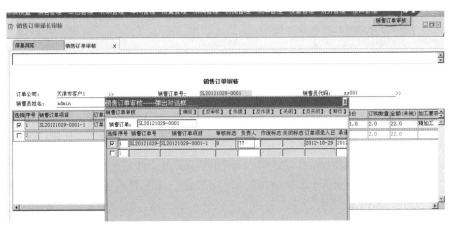

图7-95　产品下单成功

② 工艺管理

a.工艺编制基础数据操作。本系统工艺编制的基础数据是工艺编码库和工艺资源库的基础信息，分别有工艺类型编码、工艺路线项目编码、工序名编码、设备编码、辅料编码、原材料编码、企业车间、工作中心、工作中心设备、工作中心员工、工具和工序数控程序等。

工艺类型编码、工艺路线项目编码、工序名编码、设备编码、辅料编码、原材料编码、企业车间、产品大部件、工作中心、工作中心员工和工具等的编制比较简单，以辅料编码为例，具体操作如下。

• 进入"工艺路线项目编码"菜单，单击"信息维护"按钮进入信息维护页面，按照列表显示要求，填写需要的内容后单击"新增"按钮即可增加成功，如图 7-96 所示。

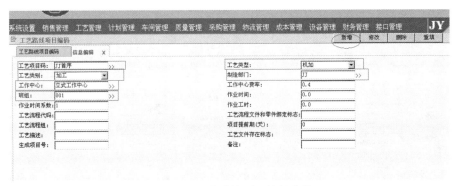

图 7-96　工艺路线项目编码菜单

• 如果所编辑的某个工艺路线项目编码信息有误，则需选中有误的信息单击"信息维护"按钮，填写正确的内容后单击"修改"按钮即可成功。

工作中心设备的编制和其他基础信息的编制有所区别，具体操作如下。

• 从菜单中进入"工作中心设备"界面，单击"信息维护"，进入编制页面，如图 7-97 所示。

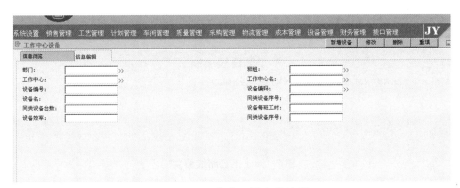

图 7-97　工作中心设备的编制

• 单击"新增设备"按钮，如图 7-98 所示。

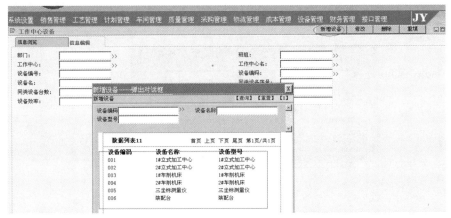

图 7-98　"新增设备"按钮

• 在弹出框中选择需要在工作中心中添加的设备，增加成功后，单击工作中心框后面的">>"按钮，选择该设备对应的"工作中心"，单击"确认"后，单击"修改"即可完成对工作中心内设备的添加，如图7-99所示。

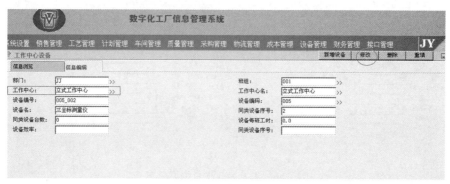

图 7-99 "修改"按钮

b.工艺路线编制操作。

• 打开"工艺管理子系统"，进入"工艺文件编制"菜单，再进入"工艺路线编制"，进入工艺路线编制的操作界面，如图7-100所示。

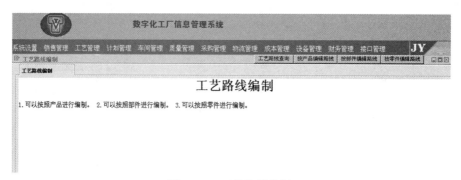

图 7-100 工艺路线编制

• 单击"按产品编辑路线"按钮，选择要对工艺路线编制的产品，如图7-101所示。

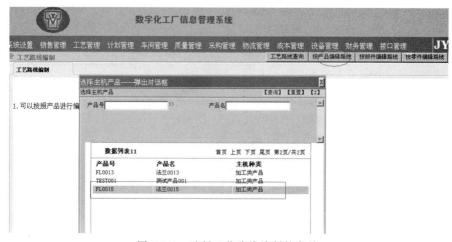

图 7-101 选择工艺路线编制的产品

• 单击"零件号",弹出"工艺路线编辑"对话框,选中复选框单击"修改",弹出"标准工艺路线"对话框,选择要添加的路线,单击"确定"按钮增加一条路线成功,如果对编辑过的路线插入一条路线则单击"插入",选择要插入的路线,单击"确定"增加要插入的路线,如图 7-102 所示。

图 7-102 产品工艺路线编制

c.工艺文件下发操作。工艺文件下发主要是用于对技术工艺管理文件下发成生产工艺管理文件的说明。具体操作如下。

• 打开"工艺管理子系统",进入工艺文件下发菜单中的"技术工艺文件下发子菜单"中的页面,单击"工艺文件下发"按钮,打开"工艺文件下发"页面,对应的操作有"按零件下发文件""按部件下发文件""按产品下发文件"以及"下发确定"等,如图 7-103 所示。

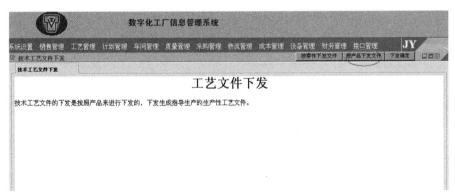

图 7-103 工艺文件下发

• 在页面中可以选择按零部件以及产品的形式下发产品工艺路线文件,单击分别对应的按钮进行选择,最后单击"下发确定"即可下发成功,如图 7-104 所示。

③ 计划管理

a.计划管理基础数据操作

• 生产日历用来设置自然工作日,自然工作日才能参与生产排程,打开"计划管理"→"生产计划基础编码"→"生产日历"菜单页面,单击"日期维护"按钮,选择自然日期作为工厂的工作日历,填写"日期属性"为工作日后,单击"新增"按钮,即可设置成功,如图 7-105 所示。

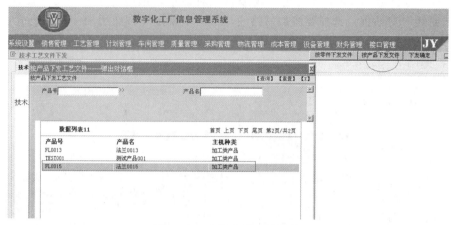

图 7-104　确认产品工艺下发

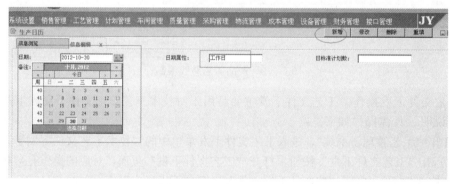

图 7-105　生产日程的选定

• 生产工艺数据查询，打开"工艺管理"→"生产工艺文件"→"BOM 结构"→"制造结构库"菜单页面，单击"树状报表"按钮，在弹出的对话框中输入要查询的产品号或零件号，就可以查看它的 BOM 生产工艺结构，如图 7-106 和图 7-107 所示。

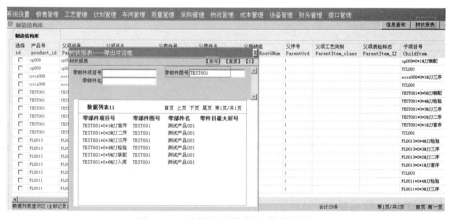

图 7-106　"制造结构库"菜单页面

b. 主生产计划编制操作。销售订单的录入审核自动生成主生产计划，主生产计划需要确认后才能生成生产需求计划。

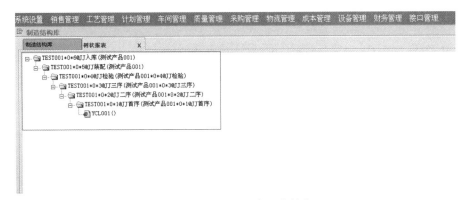

图 7-107　BOM 生产工艺结构

• 打开“计划管理”→“主生产计划基础编码”→“主生产计划编制”菜单页面，选择由销售订单生成的单个主生产计划，单击“主计划确认”按钮，如图 7-108 所示。

选择 id	零件标示 PartID	主计划号 mps_code	主序号 mps_num	计划产出日 mps_Day	计划产出量 Dayplannum	需求日 requiredate	需求量 requiresum	销售订单号 SLSONO	销售订单项目号 SLSONOID	产品编号 Item	产品名称 Name	主计划状态 dmps_state	主 m
□	20121017-0012		0	2012-10-30	1.0	2012-10-31	1.0	SL20121017-0011	SL20121017-0011-1	FL0013	法兰0013	安排计划	20
□	20121017-0013		0	2012-10-30	1.0	2012-10-24	1.0	SL20121017-0012	SL20121017-0012-1	FL0013	法兰0013	安排计划	20
□	20121017-0014		0	2012-10-24	1.0	2012-10-24	1.0	SL20121017-0013	SL20121017-0013-1	FL0013	法兰0013	安排计划	20
□	20121017-0015		0	2012-10-31	1.0	2012-10-31	1.0	SL20121017-0014	SL20121017-0014-1	FL0013	法兰0013	安排计划	20
□	20121017-0016		0	2012-10-31	1.0	2012-10-31	1.0	SL20121017-0015	SL20121017-0015-1	FL0013	法兰0013	安排计划	20
□	20121017-0017		0	2012-10-31	1.0	2012-10-24	1.0	SL20121017-0016	SL20121017-0016-1	TEST001	测试产品001	安排计划	20
□	20121017-0018		1	2012-10-31	1.0	2012-10-24	1.0	SL20121017-0016	SL20121017-0016-1	TEST001	测试产品001	安排计划	20
□	20121020-0001		0	2012-10-30	1.0	2012-10-31	1.0	SL20121020-0001	SL20121020-0001-1	TEST001	测试产品001	安排计划	20
☑	20121029-0001		0		1.0	2012-10-31	1.0	SL20121029-0001	SL20121029-0001-1	TEST001	测试产品001	录入计划	
□	20121029-0002		1		1.0	2012-10-31	1.0	SL20121029-0001	SL20121029-0001-1	TEST001	测试产品001	录入计划	

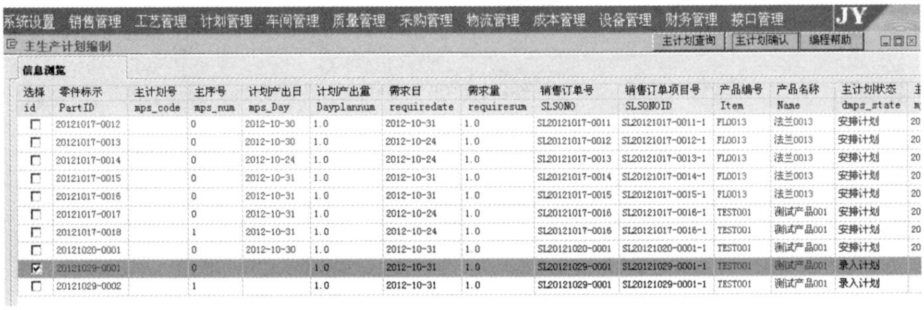

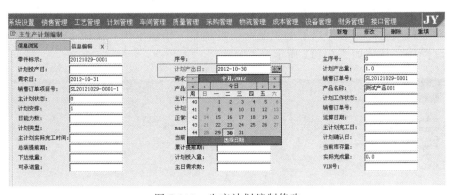

图 7-108　生产计划编制确认

• 在页面中进行“计划产出日”的填写后，单击“修改”按钮后即可操作成功，如图 7-109 所示。

图 7-109　生产计划编制修改

c. 生产需求运算操作。零部件需求运算主要是根据主计划来确定生产车间的零部件需求。零部件需求的编制步骤：打开“计划管理”→“生产需求”→“生产需求运算”菜单页面，单击“需求运算”按钮，在弹出的页面中单击“运行”，需求运算即可成功，具体如图 7-110 所示。

d. 车间生产计划下达操作。打开“计划管理”→“生产计划”→“车间生产计划”→“机加-车间生产计划编制”菜单页面，单击“生成并排程车间生产计划”按钮，在弹出的页面中选择“确定”后即可下达成功，如图 7-111 所示。

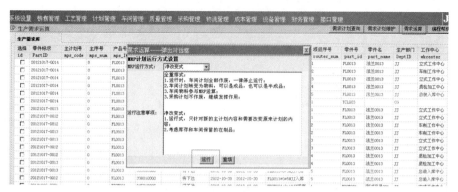

图 7-110　生产需求运算操作

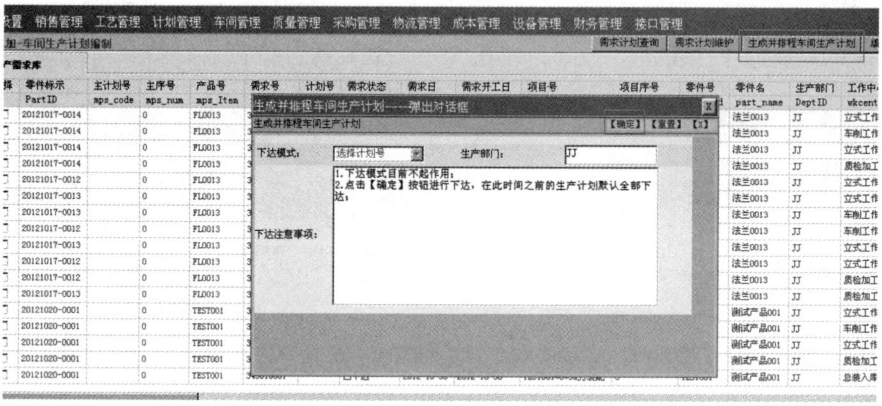

图 7-111　车间生产计划下达操作

④ 车间管理

a. 车间管理基础数据操作。打开"车间管理"→"车间组织编码"→"企业部门"菜单页面，单击"信息维护"按钮，在弹出的信息编辑页面中输入相关的信息，单击"保存"后即完成企业部门的新增。选择以后的企业部门再单击"信息维护"按钮，则可对企业部门信息进行修改操作，具体如图 7-112 所示。

图 7-112　车间管理基础数据操作

b. 车间管理计划查询操作。打开"车间管理"→"车间生产计划"→"车间生产计划派工"→"车间生产计划派工"菜单页面，可以对已经生成的生产计划进行查询，如图 7-113 所示。

⑤ 采购管理

本系统采购管理的数据是经过主计划运算后生成的采购、外协计划及其生成的物检、物流计划。其主要工作是如何进行采购、外协的物料到货后进行物检入库等操作。

图 7-113　车间管理计划查询操作

采购计划库从 ERP 运算中生成，如图 7-114 所示。

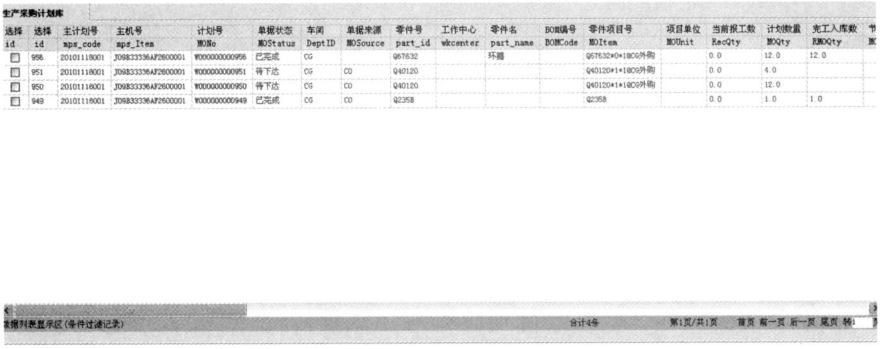

图 7-114　采购计划库 ERP 运算

采购材料到货后，进行到货单编辑，生成采购到货单，首先填写主表信息，到货单号为供应商＋到货日期，自动生成，具体如图 7-115 所示。

图 7-115　采购货单编辑

到货后进行物检，物检完成后，将物检合格的零部件或者原材料进行入库，如图 7-116 所示。

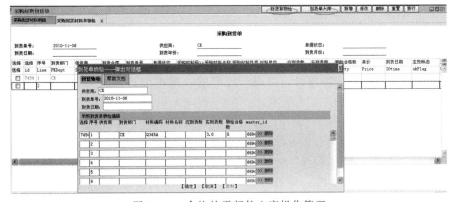

图 7-116　合格的零部件入库操作管理

⑥ 物流管理

a. 物流管理基础数据信息及操作。物流管理是企业物料管理的核心，是指企业为了生产、销售等经营管理需要而对计划存储、流通的有关物品进行相应的管理，如对存储的物品进行接收、发放、存储保管等一系列的管理活动。

• 打开"物流管理"→"物流基础编码"→"供应商编码"菜单页面，直接单击"供应商维护"按钮，则用于增加新的供应商，选择某个供应商再单击"供应商维护"按钮则能对已有信息进行修改。填写供应商编码、供应商名称、国家、省份、城市等相关信息，单击"新增"则完成供应商的添加，具体如图 7-117 所示。

图 7-117 增加物流供应商

• 打开"物流管理"→"物流基础编码"→"原材料编码"菜单页面，直接单击"原材料维护"按钮，在信息编辑页面填写原材料码、原材料名等信息，单击"新增"按钮完成原材料的新增。选择已有原材料，单击"原材料维护"按钮则可以对已有信息进行修改，具体如图 7-118 所示。

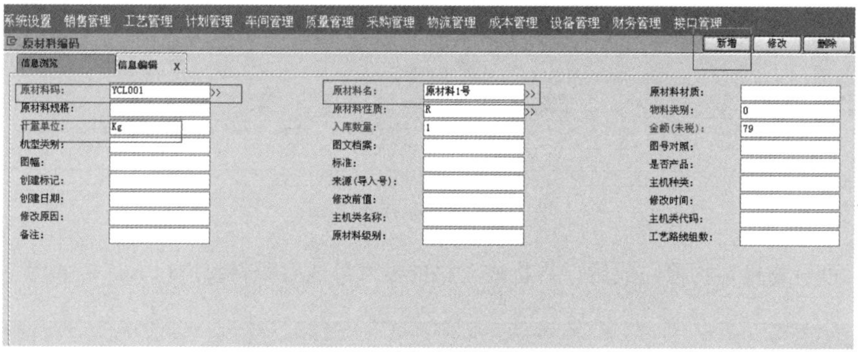

图 7-118 完成原材料的新增

b. 入库操作。打开"物流管理"→"出入库管理"→"入库管理"菜单页面，单击"入库单录入"按钮。选择入库单号，则进行已有的入库单编辑；为空则可以录入新的入库单；单击"确定"，具体如图 7-119 所示。

选择"原材料公司码"，物料编号在弹出对话框里选择相应的信息，单击"保存"按钮，即完成入库单的录入，如图 7-120 所示。

c. 出库操作。打开"物流管理"→"出入库管理"→"出库管理"菜单页面，单击"出库单录入"按钮。选择出库单号，则进行已有的出库单编辑；为空则可以录入新的出库单。单击"确定"。在出库单录入界面选择客户代号、物料编号等信息后单击"保存"按钮，即可完成出库单录入，具体如图 7-121 所示。

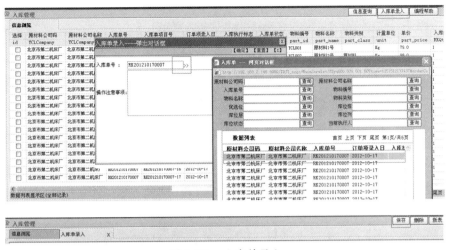

图 7-119　入库单录入

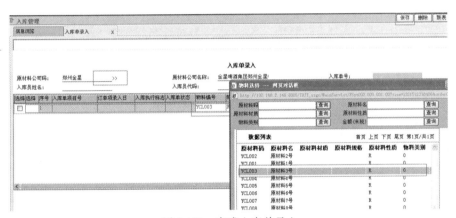

图 7-120　完成入库单录入

图 7-121　完成出库单录入

　　d. 移库操作。打开"物流管理"→"出入库管理"→"移库管理"菜单页面，单击"移库单录入"按钮。选择入库单号，则进行已有的移库单编辑；为空则可以录入新的移库单。单击"确定"。在移库单录入界面单击物料编号下面的空白处，在弹出对话框中选择要移动的库位，单击"保存"按钮即可完成移库单录入，如图 7-122 所示。

　　e. 综合查询操作。打开"物流管理"→"物流基础编码"→"库位编码"菜单页面，单击"库位维护"按钮进入编辑页面，选择所需的库位，单击"新增"按钮，选中某个已有库位，单击"库位维护"按钮即可对库位信息进行修改，如图 7-123 所示。

图 7-122　移库单录入

图 7-123　综合查询信息修改

库位实时查询是用来查询库位的具体信息。单击"库位实时查询"按钮，设置查询条件则可以对现有的库位信息进行查询，还可以通过"Excel下载"按钮下载查询的结果，如图 7-124 所示。

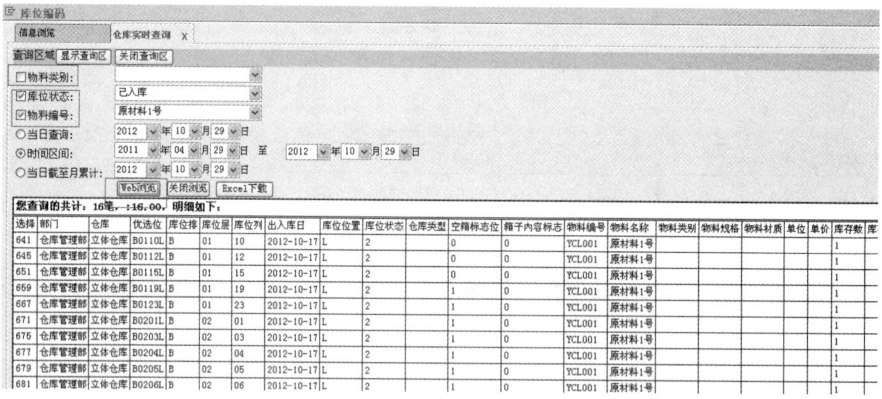

图 7-124　库位实时查询

库位查看是通过平面图的方式查看库位信息。单击"库位查看"按钮，弹出库位二维平面图，鼠标接近或停留在某个库位上面，就会自动浮现现在这个库位的具体信息，如图 7-125 所示。

⑦ 设备管理

a. 设备管理基础信息操作。设备编码，打开"设备管理"→"设备基础信息"→"设备编码"菜单页面，单击"信息维护"按钮进入编辑页面，选择设备编码，单击"新增"按

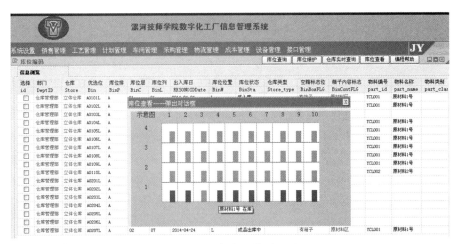

图 7-125　库位二维平面图

钮，即完成新的设备的增加。选中某个已有设备，单击"设备维护"按钮则可对设备信息进行修改，具体如图 7-126 所示。

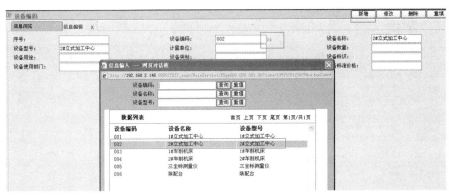

图 7-126　设备基础信息操作

工作中心设备：工作中心设备的编制和其他基础信息的编制有所区别，具体操作如下。

• 打开"设备管理"→"设备基础信息"→"工作中心设备"菜单页面，单击"信息维护"，进入信息编制页面，如图 7-127 所示。

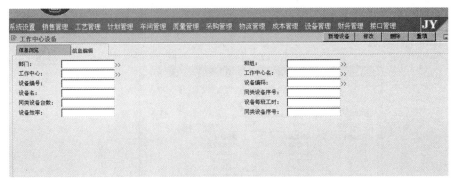

图 7-127　信息页面编制

• 单击"新增设备"按钮，如图 7-128 所示。

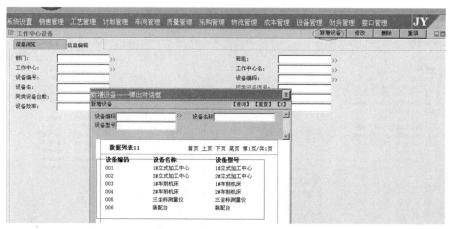

图 7-128　新增设备选择

· 在弹出框中选择需要在工作中心中添加的设备，增加成功后，单击工作中心框后面的"＞＞"按钮，选择该设备对应的工作中心，单击"确认"后，单击"修改"即可完成对工作中心内设备的添加，如图 7-129 所示。

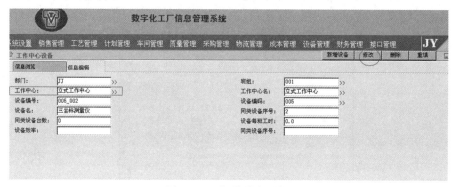

图 7-129　新增设备添加

b. 设备运行管理操作。打开"设备管理"→"设备运行管理"→"设备运行"菜单页面，单击"信息维护"，进入信息编制页面。选择"设备编码"，单击"新增"按钮即可完成设备的新增。选中已有的设备，单击"信息维护"按钮则可对已有的设备信息进行修改，如图 7-130 所示。如图 7-131 所示为机器人装配台的运行管理操作。

图 7-130　设备运行管理操作

图 7-131　机器人装配台的运行管理操作

c.设备维护管理操作。打开"设备管理"→"设备维护管理"→"设备检修"菜单页面，单击"信息维护"，进入"信息编制"页面。填写设备名称，单击"新增"按钮即可完成设备的新增。选中已有的设备，单击"信息维护"按钮则可对已有的设备信息进行修改，如图 7-132 所示。

图 7-132　设备维护管理操作

⑧ 接口管理

输出缓存区的作用是暂存所有的指令，打开"接口管理"→"接口管理设置"→"输出缓存区"菜单页面，单击"信息查询"按钮，输入查询条件，单击"查询"按钮即可完成查询操作，如图 7-133 所示。

图 7-133　接口管理查询

接口运行器设置，打开"接口管理"→"接口管理设置"→"接口运行器设置"菜单页面，选中当前页面的数据项后单击"控制器设置"按钮，选择运行或关闭接口，是否随系统启动，单击"修改"按钮即可完成接口控制器设置操作，如图 7-134 所示。

图 7-134　结构控制器设置

第 8 章

工业机器人控制系统的调整与保养

8.1 工业机器人控制系统的调整

工业机器人在使用专用的工具、仪器调整后，才可以按照笛卡儿坐标系轨迹运动到本系统期望的编程位置。所以任何控制系统中，必须给工业机器人定义机械位置，经过调整后把机器人各运动轴检测到的编码器的坐标值存储起来，如图 8-1 所示为 KUKA 工业机器人零点坐标机械位置。

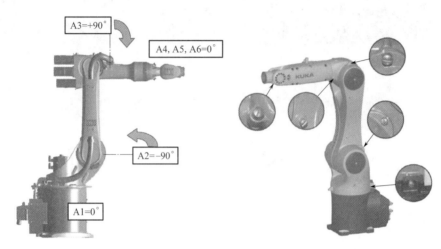

图 8-1　KUKA 工业机器人零点坐标机械位置

每个品牌的工业机器人调整位置基本一致，但操作各有所不同，即使是同一型号的工业机器人之间的精确位置坐标也是有所区别的，不能完全一样。在以下几种情况下需要对工业机器人进行零点标定。在进行工业机器人零点标定之前需要使用示教器或者其他方法对机器人的原零点坐标原点数据进行删除。

① 工业机器人在工作过程中发生碰撞；
② 工业机器人在更换传动部件后；
③ 工业机器人在投入生产运行前；
④ 工业机器人在没用控制系统操作运行的情况下更改位置；
⑤ 在操作维护后，调整或者更换过机器人的电动机、减速器、机械系统零部件等；
⑥ 工业机器人超速运行后必须进行调整；
⑦ 工业机器人的位置改变后必须进行调整；
⑧ 工业机器人超过极限位置运行；
⑨ 工业机器人的整个系统硬盘重新更换或者安装等；
⑩ 其他可能造成机器人零点丢失的情况。

为了在调整过程中能够精准地找到机器人的零点坐标，需要使用千分表和电子测量器对机器人进行调整。机器人厂家专门为其配备了 EMT 或者 EMD 工具，并且其可以使机器人的每个轴自动移到对应的机械位置，而千分表必须在轴坐标系运动模式下手动移动各轴至机械零位。所以，EMT 或者 EMD 在实际应用中使用比较多。如图 8-2 和图 8-3 所示，分别为电子测量器和千分表零点调整。

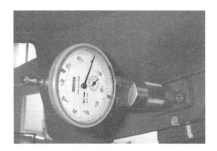

图 8-2　电子测量器零点调整　　　　　　　　图 8-3　千分表零点调整

在调整工业机器人系统时，不同的零点标定应用不同的 EMD 测量筒，不同测量筒的防护盖的尺寸有所不同。如 SEMD 的测量筒的防护盖配 M20 的细螺纹，MEMD 的测量筒的防护盖配 M8 的细螺纹。

（1）零点标定组件

EMD 包含 SEMD 和 MEMD 的零点标定组件，如图 8-4 所示，其主要包括零点标定盒、带螺丝刀的 MEMD、带螺丝刀的 SEMD 及数据电缆。数据电缆包括一根细电缆和一根粗电缆；细电缆是测量电缆，用于将 SEMD 或者 MEMD 与零点标定盒连接；粗电缆是 Ether-CAT 通信电缆，用于将零点标定盒与机器人本体上 X32 接口相连接。

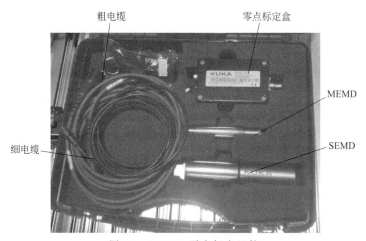

图 8-4　KUKA 零点标定组件

如图 8-5 所示，使用 EMD 零点标定时，机器人控制系统自动将机器人移动到零点标定位置。一般坐标调整：先不带负载进行零点标定，然后带负载进行零点标定。根据不同的负载，机器人可以保存不同负载情况下的多次零点标定。机器人系统零点调整主要应用在首次的检查。如果遇到机器人由于维护等原因造成首次调整数据丢失，可以还原首次调整，因为机器人在记忆中的偏差在调整后继续保存，所以机器人可以计算首次调整的数据。

（2）预标定位

机器人操作员进行零点标定之前必须使用示教器移动各个轴到预零点标定位置（预标定位），如图 8-6 所示。具体方法为：机器人运行在 T1 手动模式，从 A1 轴开始逐一移动各轴，并且各轴必须从"＋"向"－"移动，使零点标定白色标记相互重叠达到预定位置。

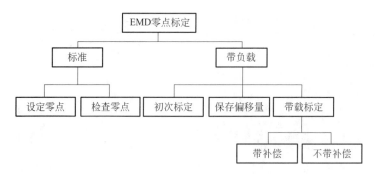

图 8-5　EMD 零点标定

图 8-6　机器人各轴预标定位

（3）首次零点标定

使用零点标定组件首次进行机器人零点调整必须要保证：机器人没有安装工具或者工件等负载，机器人工作在 T1 模式，每个轴都在预定零点位置，机器人不在任务选择程序下工作。具体操作步骤如下。

① 取下机器人本体上 X32 接口的盖子，如图 8-7 所示。

② 把大电缆（EtherCAT 通信电缆）连接到机器人本体 X32 接口和零点标定盒上，如图 8-8 所示。

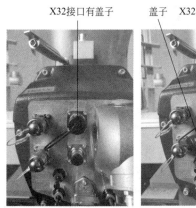
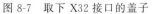

图 8-7　取下 X32 接口的盖子

图 8-8　大电缆连接

③ EMD 作为螺丝刀拧下所标定轴的测量筒上的防护盖，如图 8-9 所示。一些机器人的 A6 轴没有对应的测量筒，需要选择其他方法进行零点标定。

④ 观察 EMD 方向，将 EMD 不带螺丝刀功能的一侧正确拧到测量筒上，如图 8-10 所示。仔细观察小电缆插座上的标记，理解数据线接到 EMD 上的方法，正确连接；将小电缆

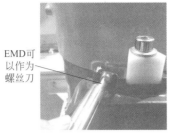

图 8-9　EMD 拧下测量筒的防护盖

的另一端连接到标定盒上，如图 8-11 所示。

图 8-10　EMD 拧到测量筒上　　　　　图 8-11　小电缆正确连接

⑤ 将示教器运行在"专家"模式。在主菜单中选择"投入运行"→"调整"→"EMD"→"标准"→"执行零点校正"，示教器的界面如图 8-12 所示。

⑥ 然后出现零点标定丢失的轴，丢失的轴在界面中不会出现，可以直接进行标定。如果对 A1～A6 轴逐一进行调整，需要逐一取消校正的 A1～A6 轴，直至"无轴可取消校正"，如图 8-13 所示。

⑦ 通过电子测量器 EMD 对机器人每个轴进行零点标定，在此过程中必须保证机器人无负荷。如对 A1 轴调整，单击"校正"，按下示教器的确认开关和启动键，机器人 A1 轴缓慢从"＋"向"－"运行，在此过程中听到机器人发出"嘎喳"的声音，说明 EMD 通过了测量接口零点标定的切口，则零点标定的位置数据被机器人控制系统计算并保存，机器人自动停止运行，示教器的窗口中 A1 轴随即消失，具体如图 8-14 所示。图中两个"绿点"分别表示"测量筒与 EMD 正确连接"和"标定点在预定位置"，否则是红色，需要调整到绿色才可零点标定。

⑧ 首先把测量线从 EMD 上取下，其次把 EMD 从机器人测量筒旋转下来，然后将防护盖装好。其他轴重复③～⑧过程完成零点校正。

⑨ 一些机器人的 A6 轴的调整方法和其他轴不一样，因为 A6 轴标定位置没有测量筒，是通过一个"黑色箭头和黑色细线对齐"进行调整的。如图 8-15 所示为手动操作机器人到预定位置和对应的界面，最后界面中的"红点"变为"绿点"，到达对应的零点预标定位置。

一般情况下调整完 A5 轴后，包括 A6 轴在内都会在界面中消失，需要取消后重新进入"参考"选项中进行调整，如图 8-16 所示。选择界面中"投入运行"→"调整"→"取消校正"取消 A6 轴，"投入运行"→"调整"→"参考"，然后选项窗口中的基准零点标定自动打开，显示 A6，完成机器人"零点校正"。

图 8-12　打开示教器零点标定界面

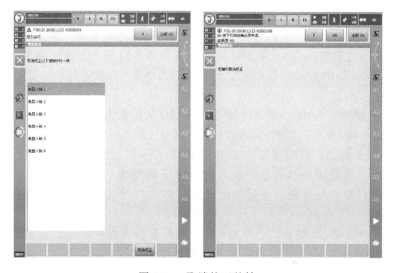

图 8-13　取消校正的轴

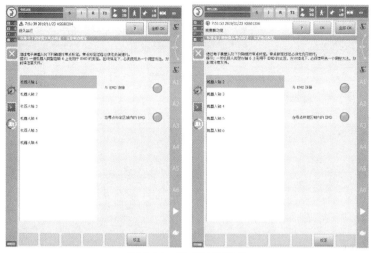

图 8-14　零点标定界面

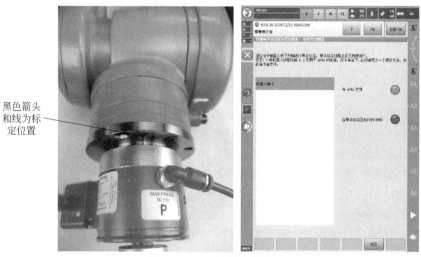

黑色箭头和线为标定位置

图 8-15　A6 轴标定位置

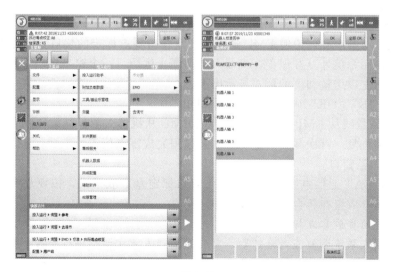

图 8-16

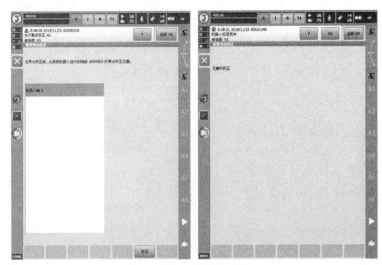

图 8-16 A6 基准零点校正

⑩ 关闭示教器窗口。

⑪ 将 EtherCAT 通信电缆从机器人 X32 接口标定盒上取下来，按规范放到工具组建箱中，锁好工具箱，放置在符合条件的环境中。

（4）偏差学习

机器人系统调整时，涉及的偏差学习（即保存偏移量）需要带负载进行校正，与首次零点调整的差值被存储。若机器人带各种不同负载进行工作，则需要对每个工具负载进行偏差学习。机器人进行偏差学习时，必须保证和首次零点标定处于同一环境，确保工具负载装到法兰上，所有轴处于预定位置，工作在 T1 手动模式。

① 在主菜单中选择"投入运行"→"调整"→"EMD"→"带负载校正"→"偏量学习"，如图 8-17 所示。

② 输入工具编号，用按键"K""工具""OK"确认。一个窗口自动打开，所有为学习的工具轴都显示出来，编号最小的轴已被选定。

③ EMD、电缆线连接方法前面已经赘述，请参考操作。

④ 在界面中选择"学习"，按下启动键和确认键，如图 8-18 所示。在此过程中听到机器人发出"嘎喳"的声音，说明 EMD 通过了测量接口零点标定的切口，则零点标定的位置数据被机器人控制系统计算并保存，机器人自动停止运行，一个窗口自动打开，该轴上与首次零点标定的偏差以增量和度的形式显示出来。

⑤ 用按键"K""OK"确认，该轴在窗口中消失。

⑥ 首先把测量线从 EMD 上取下，其次把 EMD 从机器人测量筒旋转下来，然后将防护盖装好。其他轴重复"首次零点标定"③～⑧过程完成零点校正。

⑦ 关闭示教器窗口。

⑧ 将 EtherCAT 通信电缆从机器人 X32 接口标定盒上取下来，按规范放到工具组建箱中，锁好工具箱，放置在符合条件的环境中。

（5）带偏量的负载零点标定检查

一般在机器人系统调整或者维护后，需要对机器人首次调整进行检查。如果由于更换电机或者发生碰撞等原因造成首次调整的数据丢失，则需要还原首次调整数据。由于机器人在经过学习偏差后，调整的数据仍然保存，因此机器人可以计算首次调整的数据。工作人员在

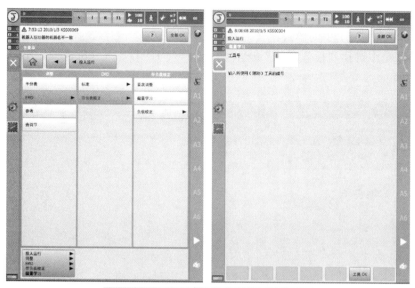

图 8-17　偏量学习

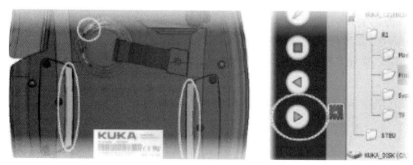

图 8-18　按下启动键和确认键

对机器人的某一轴进行检查之前，必须完成对所有较低编号的轴的调整。机器人检查零点标定时，必须保证和首次零点标定处于同一环境，确保工具负载装到法兰上，所有轴处于预零点标定位置，工作在 T1 手动模式。

① 在主菜单中选择"投入运行"→"调整"→"EMD"→"负载校正"→"带偏量"，如图 8-19 所示。

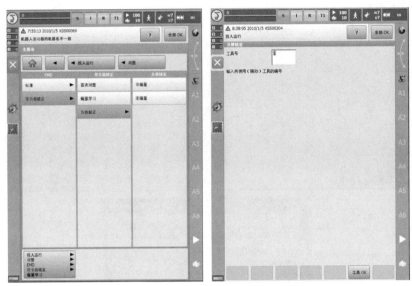

图 8-19　进入带偏量界面、输入程序号

② 输入工具编号，用工具"OK"确认。一个窗口自动打开，所有已经用此工具对其进行了偏差学习的轴都显示出来，编号最小的轴已被选定。

③ EMD、电缆线连接方法前面已经赘述，请参考操作。

④ 在界面中选择"检验"，按下启动键和确认键。如果 EMD 通过了测量接口零点标定的测量切口，则零点标定的位置数据被机器人控制系统计算，机器人自动停止运行，与偏差学习的差异被显示出来。

⑤ 需要时，使用"备份"来存储这些数据，旧的零点标定数据会被删除。需要注意机器人的 A4、A5、A6 轴以机械方式相互连接，如当 A4 轴的数据被删除时，轴 A5 和 A6 的数据也会被删除。如果要恢复丢失的首次零点标定数值，则必须保存这些数据。

⑥ 首先把测量线从 EMD 上取下，其次把 EMD 从机器人测量筒旋转下来，然后将防护盖装好。其他轴重复"首次零点校正"③~⑧过程完成零点校正。

⑦ 关闭示教器窗口。

⑧ 将 EtherCAT 通信电缆从机器人 X32 接口标定盒上取下来，按规范放到工具组建箱中，锁好工具箱，放置在符合条件的环境中。

(6) 使用千分表进行调整

工业机器人操作采用千分表调整零点坐标时，机器人必须带载调整，由在 T1 模式手动将机器人的 A1~A6 轴从"+"向"-"的方向移动到预调整位置，如图 8-20 所示。这种调整方法无法将不同负载的多种调整位置的数据都储存下来。

① 在主菜单中选择"投入运行"→"调整"→"千分表"，会自动弹出一个窗口。窗口中所有未经调整的轴均会显示出来。首先调整的轴必须被标记。

② 从轴上取下测量筒的防护盖，将千分表装到测量筒上，如图 8-21 所示。用内六角扳

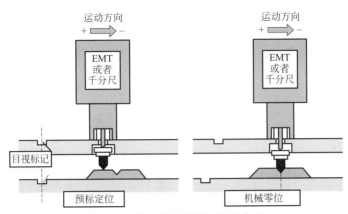

图 8-20　零点标定机器人运动方向

手松开千分表颈部的螺栓。转动表盘，直至能清晰读数。将测量筒的螺栓按入千分表直至止挡处。用内六角扳手重新拧紧千分表颈部的螺栓。

③ 由于工业机器人必须在很低转速找到零点标定位置，必须将手动倍率降低到 1%。

④ 将轴由"＋"向"－"运行。在测量切口的最低位置即可看到指针反转处，将千分表置为零位。如果无意间超过了最低位置，则将轴来回运行，直至达到最低位置。至于是由"＋"向"－"或由"－"向"＋"运行，则无关紧要。

⑤ 重新将轴移回预调位置。

⑥ 将轴由"＋"向"－"运动，直至指针处于零位前约 5～10 个分度。将机器人切换到增量

图 8-21　千分表零点标定方法

式手动运行模式。然后手动操作各轴由"＋"向"－"运行，直至到达零位。单击"零点标定"进行调整。已调整过的轴从选项窗口中消失。

⑦ 从测量筒上取下千分表，将防护盖重新装好。机器人由增量式手动运行模式重新切换到普通正常运行模式，对所有待调整的轴重复"首次零点标定"小节中的步骤②～⑪，最后关闭示教器窗口。

⑧ 将千分表从测量筒上取下来，盖好防护盖。按规范放到工具组建箱中，锁好工具箱，放置在符合条件的环境中。

8.2　工业机器人控制系统的保养

8.2.1　工业机器人本体的周期保养

作为工业机器人操作员，必须要了解工业机器人常用部件的使用和维护保养，掌握工业机器人维修和保养的相关知识，能够对工业机器人机械和电气系统进行日常性、周期性维护和保养。不同的工业机器人的保养工作大同小异，一般的机器人设备交付后，要按照规定的保养周期进行润滑。

（1）保养计划

工业机器人操作员对机器人进行定期保养以确保机器人正常工作，不影响生产加工。要

定期对工业机器人进行检查，因为可预测的情形也会导致机器人损坏，所以必须做好维护与保养工作。如 KUKA 工业机器人具体保养包括电缆的检查、A1～A6 轴运动情况、本体齿轮箱及手腕等是否有漏油、机器人零位、机器人电池、机器人马达与刹车、A1～A6 轴润滑、A1～A6 轴限位挡块、配重及紧固等。KUKA 机器人本体主要部分维护保养计划，如表 8-1 所示。

表 8-1　工业机器人本体主要部分维护保养计划

维护项目	维护周期	任务
轴 A1～A6	2000 小时	给轴 A1～A6 换油
本体紧固	100 小时	拧紧锚栓的固定螺栓和螺母,在投入运行后紧固一次
油压检查	6 个月	检查压力,必要时进行调整极限值,油压低于极限值 5bar
配重检查	6 个月	平衡配重,目测状态
润滑	12 个月	在大臂和转盘的轴承上都有注油嘴

　　KUKA 工业机器人只许使用其允许的品牌润滑油，没有经过 KUKA 公司准许的润滑材料会导致机械部位提前出现磨损或者损坏。排油时要注意，排出的油量与时间和温度有关，必须测定放出的油量，并且只允许注入同等规格的同等油量的油，给出的油量是首次注入齿轮箱的实际油量。若流出的油量少于注入的油量的 70%，则用测定的排出油量的油冲洗齿轮箱，然后加注同放出的油量相当的润滑油。机器人在冲洗过程中，以手动移动速度在整个轴范围内移动轴。对工业机器人进行任何保养、维修或更换润滑油等操作前，为了获取有关于齿轮箱润滑油的最新信息，必须仔细查看保养手册，选择润滑油类型，核对货号和与特定齿轮箱中的润滑油量有关的信息。

　　（2）工业机器人更换润滑油的流程

　　a.准备工具：气动加油枪、棘轮扳手、梅花内六角、开口活动扳手、棘轮套装、万用表、密封胶，具体如表 8-2 所示。

表 8-2　机器人换油工具

序号	名称	工具实物
1	气动加油枪	
2	棘轮扳手	
3	梅花内六角	

序号	名称	工具实物
4	开口活动扳手	
5	棘轮套装	
6	万用表	
7	密封胶	

b.准备材料：加油桶、抹布、接油桶、气管、除锈剂、螺纹胶，具体如表 8-3 所示。

表 8-3　机器人换油辅助材料

序号	名称	材料实物
1	加油桶	
2	抹布	
3	接油桶	
4	气管	

序号	名称	材料实物
5	除锈剂	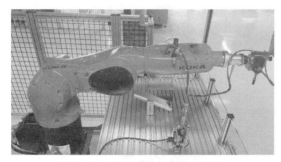
6	螺纹胶	

c. 调整好机器人的姿态，将机器人的 A1～A6 轴趋于直线型展开，如图 8-22 所示。确认机器人 A1～A6 轴关节有无异响，目视各关节轴有无漏油现象，手触电机是否发烫。

图 8-22 调整机器人直线型状态

d. 如图 8-23 所示，使用内六角工具将 A1 轴的加油口紧固的螺栓松开；如图 8-24 所示，使用扳手将 A1 轴的出油口紧固的螺栓松开；注意将接油桶放在出油口下面，防止漏油；在此过程中螺栓可能根据实际情况需要敲击，操作时注意敲击力度，以免损坏设备或者出现人身安全等事故。具体步骤如下。

A1轴加油口

图 8-23 A1 轴的加油口

A1轴出油口

图 8-24 A1 轴的出油口

• 拧下维修阀的密封盖，将排油软管的锁紧螺母拧到维修阀上，拧上锁紧螺母后打开维修阀，里面的油会流出来，将接油桶放到软管下。适当的时候使用抹布、除锈剂进行设备维护。

• 旋出电机塔上的两个排气螺栓进行排油，需要测定排出的油量，在适当的方式下存放与清除油液。

• 拆下排油软管并将气动加油枪连接到加油口进行加油，通过测量排出的油量加入规定的油量。

• 装上并拧紧两个排气螺栓，在油位指示器上观察油位在中间刻度位置，过几分钟后重新检查油位，适当的时候需要加油校正。

• 拧开取下气动加油枪，拧上维修阀的密封盖，同时检查维修阀是否密封，必要时使用螺纹胶进行密封。

e. 如图 8-25 所示，使用内六角工具将 A2 轴的加油口紧固的螺栓松开；如图 8-26 所示，使用扳手将 A2 轴的出油口紧固的螺栓松开；注意将接油桶放在出油口下面，防止漏油；在此过程中螺栓可能根据实际情况需要敲击，操作时注意敲击力度，以免损坏设备或者出现人身安全等事故。具体步骤如下。

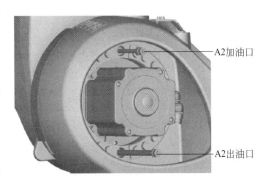

图 8-25　A2 轴的加出油口示意图

• 拧下排油软管的锁紧螺母，里面的油会流出来，将接油桶放到软管下进行排油，在适当的方式下存放与清除油液。适当的时候使用抹布、除锈剂进行设备维护。

• 拆下排油软管并将气动加油枪连接到加油口进行加油，通过测量排出的油量加入规定的油量。在油位指示器上观察油位在中间刻度位置或者观察出油口的油量，过几分钟后重新检查油位，适当的时候需要加油校正。

• 拧开取下气动加油枪，拧上维修阀的密封盖，同时检查维修阀是否密封，必要时使用螺纹胶进行密封。

图 8-26　A2 轴的加、出油口实际过程

f. 如图 8-27 所示，使用内六角工具将 A3 轴的加油口紧固的螺栓松开；如图 8-28 所示，使用扳手将 A3 轴的出油口紧固的螺栓松开；注意将接油桶放在出油口下面，防止漏油；在此过程中螺栓可能根据实际情况需要敲击，操作时注意敲击力度，以免损坏设备或者出现人身安全等事故。具体步骤如下。

• 拧下维修阀的密封盖，将排油软管的锁紧螺母拧到维修阀上，拧上锁紧螺母后打开维修

图 8-27　A3 轴的加油口

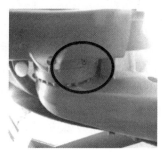

图 8-28　A3 轴的出油口

阀，里面的油会流出来，将接油桶放到软管下。适当的时候使用抹布、除锈剂进行设备维护。

- 需要测定排出的油量，在适当的方式下存放与清除油液。

- 拆下排油软管并将气动加油枪连接到加油口进行加油，通过测量排出的油量加入规定的油量，过几分钟后重新检查油位，适当的时候需要加油校正。

- 拧开取下气动加油枪，拧上维修阀的密封盖，同时检查维修阀是否密封，必要时使用螺纹胶进行密封。

g. 如图 8-29 所示，使用内六角工具将 A4 轴的加油口紧固的螺栓松开；如图 8-30 所示，使用扳手将 A4 轴的出油口紧固的螺栓松开；注意将接油桶放在出油口下面，防止漏油；在此过程中螺栓可能根据实际情况需要敲击，操作时注意敲击力度，以免损坏设备或者出现人身安全等事故。

图 8-29　A4 轴的加油口

h. 如图 8-31 所示，使用内六角工具将 A5 轴的加油口紧固的螺栓松开；如图 8-32 所示，使用扳手将 A5 轴的出油口紧固的螺栓松开；注意将接油桶放在出油口下面，防止漏油；在此过程中螺栓可能根据实际情况需要敲击，操作时注意敲击力度，以免损坏设备或者出现人身安全等事故。

A4轴出油口塞子

图 8-30　A4 轴的出油口

A5轴加油塞子

图 8-31　A5 轴的加油口

A5轴出油塞子

图 8-32　A5 轴的出油口

i. 如图 8-33 所示，使用内六角工具将 A6 轴的加油口紧固的螺栓松开；如图 8-33 所示，使用扳手将 A6 轴的出油口紧固的螺栓松开；注意将接油桶放在出油口下面，防止漏油；在此过程中螺栓可能根据实际情况需要敲击，操作时注意敲击力度，以免损坏设备或者出现人身安全等事故。

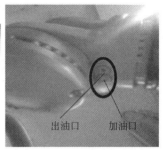

A轴加、出油口

出油口　加油口

图 8-33　A6 轴的加、出油口

（3）调节机器人本体的平衡

一般情况下，机器人都在不断运行，这时平衡缸导向套部位需要定期加注一些润滑脂进行维护。如液气类需要定期检查其压力值是否低于设定压力值偏差范围，同时要说明平衡缸力矩最小的地方是机械臂 A2 轴的零点位置。不同的机型气压和油压均不相同，需要根据参考手册查找出厂设定压力值，如表 8-4 所示为部分机型压力设定范围。

表 8-4　KUKA 部分机型压力设定范围

序号	机器人类型	气压范围/bar	油压范围/bar
1	KR 125/3	65	155
2	KR 125 L100/3	65	155
3	KR 125 L90/3	65	155
4	KR 150/3	90	140
5	KR 150 L150/3	90	140
6	KR 150 L120/3	90	140
7	KR 200/3	95	145

图 8-34　气压弹簧平衡系统

一般情况下，KUKA 工业机器人的平衡系统有三种类型，分别是弹簧平衡缸（SSCBS）、液氮缸（HPCBS）和气压弹簧（GSCBS），如图 8-34 所示为气压弹簧平衡系统。一般工业现场中机器人的机械臂都在不断运行，产生的节拍有时出现共振声音，导致磨损工业机器人。一般情况下，工业机器人的机械臂磨损是不可逆的，无法修复，所以工业中长期运行的机器人要做好定期维护与保养，以延长其使用寿命。平衡缸的噪声消除方法如下。

① 把工业机器人本体固定在平台上，保证机器人安全可靠，不会侧翻。

② 尽量将机器人的连杆 A2 往"＋"方向移动。

③ 拆卸 CBS 阀盖的 4 颗螺钉，取下阀盖。

④ 用润滑脂将 CBS 内部上油，将轴 2 尽可能往正负方向移动几次。观察润滑程度，如果效果不佳，再给内部上一次润滑脂。

⑤ 拧紧轴承块上的两个螺钉，用 4 颗螺钉拧紧安装 CBS 阀盖，完成噪声的消除。

8.2.2　工业机器人控制柜的保养

（1）保养的前提条件

为了人身安全和设备安全，在进行工业机器人保养之前必须确保工作环境安全，以及具备工具、零件、材料等。

① 机器人控制系统必须保持关机状态，并具有可防意外重启的保护措施。即使在关机状态下，从电源接口 X1 至主开关的线路也带电！在接触导线时此电源电压可造成人员受伤。

② 电源线已断电。

③ 按 ESD 准则作业。

（2）保养的具体位置

工业机器人系统的保养包括清洁工作、更换电池、更换 PC 机风扇、更换内部风扇、平衡压力封隔器等，具体见图 8-35 和表 8-5。

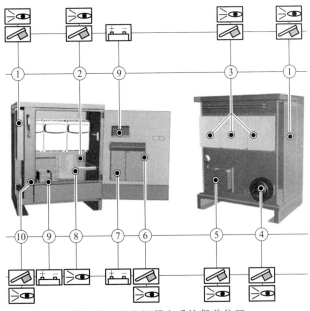

图 8-35　工业机器人系统保养位置

表 8-5　KUKA 工业机器人控制系统保养周期

序号	保养位置	保养周期	具体任务
1	换热器	2 年以内	根据安置条件和污染程度，用刷子清洁换热器
2	压力平衡塞	视情况	根据安置条件和污染程度，检查压力平衡塞外观；白色滤芯颜色改变时必须更换
3	散热器等	视情况	根据装配条件和污染程度用刷子清洁散热器、KPP、KSP 以及低压电器元件
4	外风扇	2 年以内	根据装配条件和污染程度，用刷子清洁外风扇
5	散热器低压电源件	2 年以内	根据装配条件和污染程度，用刷子清洁散热器低压电源件
6	PC 机风扇	5 年以内	更换控制系统 PC 机的风扇
7	主板电池	5 年以内	更换主板电池
8	扩展型继电器输出端	1 年	检查使用的 SIB 和/或者 SIB 扩展型继电器输出端功能是否正常
9	蓄电池	视情况	更换蓄电池
10	内部风扇	5 年以内	如果有的话，更换内部风扇

① 清洁工作　工业机器人外部清洁位置包括换热器、电脑风扇、KPP 和 KSP、外部风扇等。一般原则是：溶解冷却片和风扇片上的脏污，并用软刷清除；在清洁工作时，必须注意遵守清洁剂生产厂家的使用说明；必须防止清洁剂渗入电器部件内；不允许使用压缩空气进行清洁；请勿用水喷射。

工业机器人外部清洁具体步骤：

a.使积聚的灰尘松散一些，然后吸走；

b.用浸有柔性清洁剂的抹布清洁机器人控制系统；

c. 用不含溶解剂的清洁剂清洁线缆、塑料部件和软管；

d. 更换已损坏或看不清楚的文字说明和铭牌，补充缺失的说明和铭牌。

② 更换主板电池　控制设备电脑主板上的电池只允许在 KUKA 维修服务部同意的条件下由得到授权的保养维修人员进行更换。如图 8-36 所示，主板电池具体更换方法：

a. 关断 KR C4 控制系统并锁定以防重新启动；

b. 打开电脑机盖；

c. 小心解开卡箍，然后将电池取出；

d. 换上新的主板电池；

e. 将卡箍重新锁紧；

f. 接通控制系统并检查 BIOS（基本输入输出系统）的设置；

g. 实施功能测试。

图 8-36　更换主板电池

③ 了解保养用盖板　通过一个保养盖板，用户可以方便维护控制系统的组件，因此在维护时无须打开控制系统盖罩，主要包括的组件：风扇、硬盘、蓄电池、内存和 BIOS 蓄电池。具体操作如下：

a. 关断 KR C4 compact / KUKA sunrise cabinet 并切断电源；

b. 在控制部件左侧，松开保养用盖板的 8 个螺栓，如图 8-37 所示；

螺栓

图 8-37　松开盖板的 8 个螺栓

c. 取下保养用盖板，按图 8-38 拔下硬盘和风扇；

d. 根据需求可以保养或更换如图 8-39 所示的组件，包括蓄电池、BIOS 电池及内存等。

执行保养单中的某项工作时，必须根据以下要求进行一次目测检查：检查保险装置、接触器、插头连接及 PCB 是否安装牢固；检查电缆是否有损坏；检查接地点位均衡导线的连接；检查所有设备部件是否磨损或者损坏。

风扇1　　　　硬盘　　　　风扇2

图 8-38　控制柜的风扇和硬盘

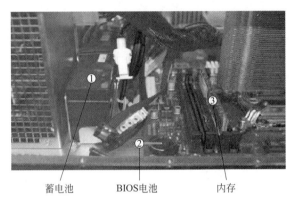

蓄电池　　　　BIOS电池　　　　内存

图 8-39　控制柜的风扇和硬盘组件

参考文献

[1] 舒志兵. 机电一体化系统应用实例解析 [M]. 北京：中国电力出版社，2009.

[2] 王高潮. 材料科学与工程导论 [M]. 北京：机械工业出版社，2006.

[3] 邱庆. 工业机器人拆装与调试 [M]. 武汉：华中科技大学出版社，2016.

[4] 罗庆生，韩宝玲. 光机电一体化系统常用机构 [M]. 北京：机械工业出版社，2009.

[5] 叶艳辉，张华，王帅，等. 小型移动焊接机器人结构设计 [J]. 焊接学报，2016.

[6] 韩鸿鸾. 工业机器人工作站系统集成与应用 [M]. 北京：化学工业出版社，2019.

[7] 上海交通大学. 机电词典 [M]. 北京：机械工业出版社，1991.

[8] 张建勋. 现代焊接制造与管理 [M]. 北京：机械工业出版社，2013.

[9] 刘文波，陈白宁，段智敏. 工业机器人 [M]. 沈阳：东北大学出版社，2007.

[10] 杨杰忠，刘国磊，等. 工业机器人工作站系统集成技术 [M]. 北京：电子工业出版社，2020.

[11] 钟健，鲍清岩，等. 工业机器人基础编程与调试——KUKA 机器人 [M]. 北京：电子工业出版社，2019.

[12] 杨波，陈令平，张天洪，等. KUKA 机器人应用技能实训 [M]. 北京：中国电力出版社，2019.

[13] 林燕文，李曙生，等. 工业机器人应用基础——基于 KUKA 机器人 [M]. 北京：北京航空航天大学出版社，2017.

[14] 韩鸿鸾，丛培兰，谷青松. 工业机器人系统安装调试与维护 [M]. 北京：化学工业出版社，2017.